本书系国家社科基金重点项目"韧性视角下的城市灾害风险评估与治理研究"（19AZZ007）和国家社科基金一般项目"气候变化背景下城市灾害系统性风险溢出效应与应对效度研究"（23BZZ049）的阶段性成果之一。

本书受中国博士后科学基金项目（2021M691503）的资助。

安全韧性城市评价与政府治理研究

刘泽照　马瑞　著

中国社会科学出版社

图书在版编目(CIP)数据

安全韧性城市评价与政府治理研究/刘泽照,马瑞著. —北京:
中国社会科学出版社,2023.12
ISBN 978 - 7 - 5227 - 3126 - 1

Ⅰ.①安…　Ⅱ.①刘…②马…　Ⅲ.①城市管理—安全管理—
研究—中国　Ⅳ.①X92②D63

中国国家版本馆 CIP 数据核字(2024)第 040711 号

出 版 人	赵剑英
责任编辑	李斯佳
责任校对	赵雪姣
责任印制	戴　宽

出　　版	中国社会科学出版社
社　　址	北京鼓楼西大街甲 158 号
邮　　编	100720
网　　址	http://www.csspw.cn
发 行 部	010 - 84083685
门 市 部	010 - 84029450
经　　销	新华书店及其他书店

印　　刷	北京君升印刷有限公司
装　　订	廊坊市广阳区广增装订厂
版　　次	2023 年 12 月第 1 版
印　　次	2023 年 12 月第 1 次印刷

开　　本	710 × 1000　1/16
印　　张	22.25
插　　页	2
字　　数	313 千字
定　　价	129.00 元

序言一　推进韧性城市建设和能力现代化

　　坚持统筹发展和安全，实现高质量发展和高水平安全的良性互动是我们的根本遵循。城市作为现代人类生产生活运行的重要空间载体，产生巨量财富的同时也面临越来越多的不确定因素和未知风险，不时暴露出其脆弱性的一面，人们对于安全、宜居、可持续发展的需求更加紧迫。党的十八大以来，以习近平同志为核心的党中央立足我国城镇化发展特征和全球化变局，就城市治理做出一系列重大战略决策和政策举措，明确统筹安全与发展的战略要求，推动中国城市现代化向着高质量发展与高水平安全的目标迈进。党的二十大报告指出，坚持人民城市人民建、人民城市为人民，提高城市规划、建设、治理水平，加快转变超大特大城市发展方式。这也为未来一段时期推进我国城市发展及治理提供了根本遵循和行动指南。其中，安全韧性城市建设是现代城市治理的重要内容，获得国际社会和社会各界的高度关注，联合国可持续发展（SDGs）2030 年目标中专门设立了"建设包容、安全、有韧性和可持续的城市住区"的相关论述，许多理论及实务工作者从各自的专业领域、不同视角积极探索城市韧性治理的相关研究和地方实践，形成了较为丰富的理论成果和解决模式。

　　安全韧性理念引入城市治理体现了城市安全发展的新思维与建设方向。总体来看，国内外安全韧性城市概念的界定和地区实践大都是围绕城市系统的综合能力而展开，其关注的焦点包括冲击复原能力、抵御重组能力、持续适应与学习能力等层面的动态表现，以体现城市应对灾害风险等各类不确定性的应对能力。随着我国城市空间治理以及新发展格局的开拓演进，安全韧性理念越来越多地进入到城市规划及应急管理体系，普遍共识与创新思路在各地正加速汇聚。需要从问题导向、目标导向和结果导向出发，探索既具有普遍特征又富有地区特色的可持续发展路径，研究安全韧性城市建设的重点内容、关键环节、测度方法等，提出政府治理新思维和对各级党委政府和领导干部的能力要求。

《安全韧性城市评价及政府治理研究》一书是一本探讨国内外安全韧性城市发展脉络和综合评价的专著，将基础理论与地区实践相结合进行了深入浅出的论述，展现出理实相济的研究特色，值得关注和推介。作为一项探索性研究，本书围绕当代城市可持续发展及韧性治理目标，立足灾害应对视角，展现不同国家、地区安全韧性城市建设的宏观图景，构建了系统评价框架并以特定省域为观测对象进行分析，提供了安全韧性城市评价的相关认知轨迹和应用路径。根据我了解，作者近年来一直从事应急管理、公共安全领域理论研究和政策研究，跟踪中西方国家韧性治理理论前沿，深入了解国家关于统筹安全与发展的战略思想及其城市治理的重大决策部署。正因为此，本书论述过程中做到了政治性与学理性的统一，让读者准确地了解和把握我国政府关于韧性城市建设的总体要求及规划，确立鲜明的政治站位和城市可持续发展导向。同时，本书以国内外基础理论和国家/地区实践为知识支撑，引介阐析了国内外最新研究成果，从宏微观角度展现所构建的安全韧性城市评价认知思路，具有比较扎实的学术支撑和学理逻辑。本书遵循理实相依的研究思想，实现理论性与实践性的统一，依据特定省域的客观数据及一线调查，对提炼构建的系统评价框架进行具体操作和评估应用，让理论更好地服务现实发展需求，增加了本书的实用性和可读性。

如何更好地统筹发展与安全、推动高质量的韧性城市建设，对于当下中国是一个富有挑战性的问题，这无疑对各级政府的治理能力及人才支撑提出更高要求。近年来的实践表明，在一个高度不确定性的现代风险社会，城市系统韧性和政府能力提升的重要性、紧迫性凸显，亟待增强该领域的研究和创新实践。中国建设安全韧性城市，尤其需要着眼于国情、地情，从多个学科、多个范式开展广泛深入探索，为我国城市空间规划与系统能力建设提供理论启发和政策参考。

相信本书的出版，对加强我国韧性城市理论研究与实务工作，完善高水平安全战略举措会有积极的启示价值，也希望未来能够有更多的理论和实务工作者参与该领域的交流讨论，为"打造宜居、韧性、智慧城市"添砖加瓦。最后，也借此机会，希望作者再接再厉，在安全应急等研究领域继续深耕细作，并作出自身积极贡献。

是为序。

朱正威

教授、博士生导师

西安交通大学公共安全与应急管理研究中心主任

序言二 积极探路 为城市韧性治理贡献力量

　　习近平总书记强调："城市发展不能只考虑规模经济效益，必须把生态和安全放在更加突出的位置，统筹城市布局的经济需要、生活需要、生态需要、安全需要。"① 当前，伴随我国城镇化进程和大变局时代的加速演进，城市社会系统正面临各种灾害风险的可能冲击，这既包括自然风险、客观风险、技术风险，也有大量的人为风险、主观风险、制度风险，这些风险及其衍生的复杂不确定性对城市治理体系和政府能力都提出了新的要求。城市，尤其是超大特大城市的基础设施、资源、生态环境承受着更大压力，人口、建筑、生产生活要素的聚集也对各类灾害风险形成放大效应，进一步加剧了城市自身的脆弱性，比如新冠疫情以及近年来一系列极端气候灾害的发生给城市系统带来了深刻影响。正因如此，统筹安全与发展，防范和化解当代城市运行中的风险、增强城市安全韧性日益重要而迫切，韧性及韧性治理相关的研究探讨也成为学界和政府实务部门高度关注的概念话语。

　　按照国际社会的普遍认知，"韧性城市"通常是城市系统及其治理体系具备一种综合能力，能够凭借这种能力有效抵御灾害风险带来的内外部冲击，合理调配资源并快速恢复。在当前学术研究和社会语

---

　　① 习近平：《论把握新发展阶段、贯彻新发展理念、构建新发展格局》，中央文献出版社 2021 年版，第 346 页。

境下，韧性作为一种系统性能力逻辑嵌入城市治理结构，具有"工具理性"与"价值理性"的双重功能，提供了城市建设与可持续发展的一种建设思路。一方面，从工具理性的维度分析，韧性思维要求直面城市系统面临的灾害风险，运用智慧化、数字化等技术手段增强城市响应的科学性、精准性水平，体现"器"的观点；另一方面，从价值理性的维度分析，韧性思维强调提升城市治理的参与性、公正性，加强多主体多要素协同联动，促进城市治理的公共理性和介入共识，体现"道"的意蕴。这其中涵盖了治理结构开放、治理流程优化、治理资源整合、治理机制创新等功能价值，培育以信任、合作为主要特征的社会资本，以更好地应对城市灾害风险的冲击。近年来，在北京、上海、成都等城市的新一轮城市总体规划中，均有"加强城市应对灾害的能力和提高城市韧性"等相关表述，并制定了具体的发展战略及建设方案，凸显了新的时代条件下城市风险治理的政策诉求。

从已有理论研究及实务发展来看，安全韧性城市建设是一个系统工程，包含了基础设施韧性、经济韧性、社会韧性、生态韧性等多个层次，其建设涉及城市规划、应急管理、政策体系等多环节，针对此做评价类研究本身就是一件挑战性工作，也有可能存在争议。本书作者在探索过程中从城市系统的现实情景入手，采取问题导向、实践导向和实证导向的研究路径，以具有异质性特征的城市区域为切口，构建防灾减灾的韧性研究视角并探寻政府韧性治理及其韧性评价主题，无疑值得肯定。对此，本人拟提出如下希望，以期进一步推动该领域的深入研究。

一是中西互鉴、以我为主，探索构建宽视角、多维度安全韧性城市评价与治理的概念谱系、学理分析框架。需要明确的是，韧性概念及其早期成果来自西方学界，被引介到国内并应用到城市安全领域时间不长，我国韧性城市理论研究及建设实践尚处于初级阶段，还不能适应高质量发展和高水平安全的国家战略要求，与国际上先行地区的韧性城市建设相比有较大差距，发展重点与制度支撑体系也有明显差别。故此，应树立因地制宜、因势利导的研究思路，积极发挥"探路者"角色，探索具有鲜明中国特征的安全韧性城市评价分析框架，拓展韧性评估深度广度，合理借鉴国际上成熟的理论成果及实践做法，持续提升韧性治理效能，为我国韧性城市理论研究与建设提供靶向准、高质量的政策方案，同时也为世界贡献有中国特色、中国元素的发展经验。

二是深化政产学研合作，加强共建共促共享，推动多学科、宽层次的交流互动和开放融合。无疑，城市的韧性治理是一个复杂的系统工程，现实中触及多个学科领域，亦是应用型很强的建设内容，考察该对象并做出发展评价需要坚持点面结合、多向观测的研究思路，积极推动搭建合作平台载体。学术性平台有助于聚集韧性评价与城市安全发展相关领域的骨干力量，形成高校科研院所、党政机关、基层单位及各类智库组织联动互促的优势，对韧性治理研究和评估实务工作产生聚合、催化作用。就近年来已掌握的情况来看，党政机关和政研部门对城市如何统筹安全与发展的工作需求十分迫切，更加关注各地实践经验与工具方法支持；学术界研究也呈现出理实相济的有益拓展势头，更注重提炼城市治理实践创新和实务工作对理论研究的综合支持。据了解，2022 年全国公共安全基础标准化技术委员会推出的《安全韧性城市评价指南》就是前期政产学研合作的一项力作成果，可以吸收借鉴。各类城市治理等研究平台的搭建和跨部门互动等系列活动，促进了更大范围的交流合作，改变了传统"两张皮"的现象，对于当代城市韧性建设具有特殊作用。

三是聚焦重点、稳扎稳打，凝练总结地区经验与标准规范。中华人民共和国成立以来，我国先后召开过四次中央城市工作会议，对城市发展中面临的系列安全问题及具体政策做出明确部署。当前，面对新时期、新形势、新变化，特别因新冠疫情、系列极端灾害带来的广泛深刻影响，中央对城乡应对重大突发公共事件的综合能力提出更高要求，这其中也包括韧性城市、韧性治理相关的内容表述。防范化解重大风险，以高水平安全保障高质量发展，已然成为新时代城市工作与治理能力现代化的应有之义。城市韧性治理及其发展评价要聚焦"双高"战略思想，坚持系统观念、系统思维，将地区创新实践与顶层设计有效结合，将数字智能治理与城市韧性治理有效结合，积小步成大步，努力探索城市系统统筹安全与发展的稳健路径。同时，要特别注重安全韧性城市评价标准、行业标准、工具方法等层面的探索，更大范围地凝聚社会共识，打通学界与实务部门之间的隔阂。

四是群策群力，引导培育安全韧性城市研究及评价领域的社会智库发展壮大。目前，与环境影响评价、社会稳定风险评估等制度化工作相比，安全韧性城市评价无论从理论还是从地区实践来看均相对较为滞后。相关高水平研究智库缺乏，通用的评估规则规范尚未形成，有限成果的质量参差不齐。这种情况与我国韧性城市、智慧城市建设起步较晚、地区发展不平衡、决策者注意力分散有关。正因如此，才需赋予更大开拓空间，给相关领域研究者和有关职能部门发挥引领作用创造补空补缺的客观条件。诚然，习近平总书记指出："人民城市人民建、人民城市为人民。"[①] 人民是城市治理的主体，也是韧性治理效能的见证者、评判者和评价者，应牢固树立人民主体性观念，发挥人民群众及各类社会平台的参与共建作用。未来需要克服险阻，从多个方面对韧性城市研究方面的智库部门进行精心引导培育，如此假以时日必将结出硕果，为我国城市安全韧性领域知识生产及政府治理作出更大贡献。

《安全韧性城市评价与政府治理研究》一书的出版，一定程度上反映了上述期待，是很好的追探尝试。本书融合理论研究、实践经验与实证分析的综合思路，有的是既成经验的总结提炼，有的研究内容还处于起步探索阶段，也有值得商榷的地方。但无论怎样，希望本书能够引起社会对当代城市韧性治理的广泛关注，进一步推动共促共建

---

① 习近平：《习近平著作选读》第一卷，人民出版社 2023 年版，第 27 页。

行动，使当代中国城市韧性治理研究出现蓬勃发展的局面。

应邀而做即为序。

童　星

教授、博士生导师

南京大学社会风险与公共危机研究中心主任

目　录

第一章 导论

第一节 研究背景

随着全球气候变化的影响，极端天气灾害、地质灾害、生态灾害、重大传染性疾病等突发事件呈现多发频发的态势，各类复杂耦合风险对城市发展带来的安全威胁日益增加，现代社会系统呈现出显著的"风险图景"，城市公共安全与发展形势面临严峻的内外部挑战。

中国政府高度重视防灾减灾与城市安全问题。2016年，习近平总书记就抗御自然灾害提出"两个坚持、三个转变"的重要论述，即坚持以防为主、防抗救相结合，坚持常态减灾和非常态救灾相统一，实现从注重灾后救助向注重灾前预防转变，从应对单一灾种向综合减灾转变，从减少灾害损失向减轻灾害风险转变。2017年，《北京城市总体规划（2016—2035年）》明确提出"加强城市防灾减灾能力，提高城市韧性"，成为国内较早将"韧性"的表述写入城市发展长期规划的地区。2020年11月，党的十九届五中全会通过《中共中央关于制定国民经济和社会发展第十四个五年规划和二〇三五年远景目标的建议》，明确提出要建设海绵城市、韧性城市。2021年4月，国务院办公厅制定印发了《关于加强城市内涝治理的实施意见》，正式提出要将城市作为有机生命体，建设海绵城市、韧性城市，因地制宜、因城施策，提升城市防洪排涝能力。由此，韧性城市被社会广泛关注。

一 国内城市化进程快速推进

城市是人类社会运行的重要地理空间。当代工业化、城镇化趋势快速发展，非农产业、人口、资源向城镇集聚的进程不断加快，带来城市空间一系列重大变革。21世纪以来，中国城市化水平持续提升，给经济社会发展面貌与人口形势带来深刻影响。根据国家统计局发布的第七次全国人口普查结果（见图1-1），截至2020年年底，我国常住人口城镇化率达到63.89%，城镇人口达90199万人，城市建成区面积达6.1万平方千米，城镇生产总值、固定资产投资占全国的比重均接近90%。此外，国家统计显示，北京、上海、广州、深圳、重庆、苏州、成都、杭州、天津、武汉、西安、郑州、青岛和长沙14个城市实现了常住人口超千万、GDP超万亿元人民币。京津冀、长三角、珠三角三大城市群以2.8%的国土面积集聚了全国18%的人口，创造了三成以上的国内生产总值，成为带动我国经济持续快速增长和参与国际经济合作与竞争的主要平台。

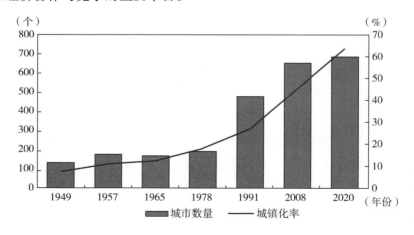

图 1-1 中国城市化进程（1949—2020 年）

根据国务院发布的《关于调整城市规模划分标准的通知（2014

年）》，城区常住人口 1000 万人以上的城市为超大城市，500 万人以上且 1000 万人以下的城市为特大城市。按照这一标准，目前我国超大特大城市数量已达 21 个，由于规模体量大、人口结构更复杂、流动性更高，这些城市呈现出风险密集性、连锁性、叠加性等特点，成为潜在的风险集聚中心，越来越多地面临来自城市灾害、社会秩序、生态环境等多领域的风险挑战和发展压力，一旦发生公共安全事件，极易产生放大效应，表现为突出的"空间脆弱性"①。在这种背景下，自然灾害、事故灾难、公共卫生事件、社会安全事件等往往会带来超预期的冲击，考验地方政府的应对能力。对此，我国就城镇化发展过程中的问题做出了一系列前瞻性的判断和回应。譬如，《国家新型城镇化规划（2014—2020 年）》中明确指出，必须深刻认识城镇化对经济社会发展的重大意义，牢牢把握城镇化蕴含的巨大机遇，准确研判城镇化的新趋势新特点，妥善应对城镇化面临的风险挑战。2021 年，《中华人民共和国国民经济和社会发展第十四个五年规划和 2035 年远景目标纲要》明确提出，要加快超大特大城市产业转移和功能疏解，加强超大特大城市治理中的风险防控。城市建设是城镇化的具体构成内容，如何提升城市防灾减灾救灾与风险管控能力以及统筹发展与安全目标，是当前我国新型城镇化战略面临的重大命题。2022 年 2 月，国务院正式发布《"十四五"国家应急体系规划》，特别强调了加强超大特大城市治理中的风险防控，严格控制区域风险等级及风险容量，城市安全治理要提升前瞻性和预见性。

二　城市各类灾害多发频发并发

近年来，我国城市系统不断遭受各类灾害事件的干扰与冲击，给经

---

① 吴晓林：《特大城市风险防控的"属地责任"与空间治理——基于空间脆弱性视角的分析》，《学海》2021 年第 5 期。

济社会发展带来了巨大影响。城市是一个实实在在的物理生活环境，也是国民经济和社会发展的重要载体，它聚集着众多人口、基础设施、信息资源以及复杂的人类活动。城市的人口数量、财富集聚度越来越大，对立体交通、供水供电、信息网络等基础设施的依赖性越来越强，同时全球气候变化、新兴科技发展衍生的不确定性，也不断凸显了城市脆弱性的一面。早在 1998 年，我国遭遇了全流域型特大洪水，之后的二十多年极端热浪、暴雨洪涝、泥石流、龙卷风等自然灾害事件频繁发生，很大程度上形成了城市灾害链影响。比如，2021 年河南郑州"7·20"特大暴雨灾害引发大范围的城市内涝、城乡山洪和严重地质灾害；2022年夏季汛期全国多地遭遇极端干旱灾害和 2023 年京津冀地区遭受百年一遇的极强降雨袭击，敲响了气候变化与国土空间安全的警钟。此外，根据国家应急管理部网站公布的 12 项重大灾害及安全事故调查报告（见表 1-1），我国城市除了受到自然灾害的冲击影响，因环境污染、交通事故、危险化学品等人为灾害引起的经济社会损失同样严重。

表 1-1 　　　　2015 年以来我国城市发生的重大灾害/安全事故

时间	地点	基本情况	伤亡损失
2015 年 8 月 12 日	天津市滨海新区	天津港"8·12"瑞海公司危险品仓库火灾爆炸事故是一起特别重大的生产安全责任事故。瑞海公司危险品仓库集装箱内的硝化棉在高温（天气）等因素的作用下加速分解放热，导致堆放的硝酸铵等危险化学品发生爆炸	造成 165 人遇难，798 人受伤住院治疗，304 幢建筑物、12428 辆商品汽车、7533 个集装箱受损，直接经济损失 68.66 亿元
2015 年 12 月 20 日	广东省深圳市光明新区	光明新区"12·20"滑坡事故是一起特别重大的生产安全责任事故。事发地红坳受纳场没有建设有效的导排水系统，加之事发前险情处置错误，造成重大人员伤亡和财产损失	造成 73 人死亡，33 栋建筑物被损毁、掩埋，直接经济损失 88112.23 万元
2016 年 6 月 26 日	湖南省郴州市宜凤高速公路宜章段	湖南郴州宜凤高速"6·26"事故是一起客车碰撞燃烧起火特别重大交通事故，是一起生产安全责任事故。司机疲劳驾驶造成车辆失控，与道路中央护栏发生碰撞，安全锤未按规定放置于车厢内，乘客无法击碎车窗逃生，造成重大人员伤亡	造成 35 人死亡、13 人受伤，直接经济损失 2290 余万元

续表

时间	地点	基本情况	伤亡损失
2016 年 10 月 31 日	重庆市永川区金山沟煤业公司	金山沟煤矿在违法开采区域采用国家明令禁止的"巷道式采煤"工艺，违章"裸眼"爆破产生的火焰引爆瓦斯，继而发生爆炸	造成 33 人死亡、直接经济损失 3682.22 万元
2016 年 11 月 24 日	江西省丰城发电厂	施工单位在丰城发电厂冷却塔筒壁混凝土强度不足的情况下，违规拆除模板，致使底部薄弱处坍塌，造成筒壁混凝土和模架体系连续倾塌坠落	造成 73 人死亡、2 人受伤，直接经济损失 10197.2 万元
2016 年 12 月 3 日	内蒙古自治区赤峰市	赤峰宝马煤矿借回撤越界区域内设备名义违法组织生产，工作面因停电停风，造成瓦斯积聚爆炸	造成 32 人死亡、20 人受伤，直接经济损失 4399 万元
2017 年 8 月 10 日	陕西省安康市境内京昆高速公路	京昆高速"8·10"事故是一起大客车碰撞隧道洞口端墙的特别重大道路交通事故。司机行经事故地点时超速行驶、疲劳驾驶，致使车辆向道路右侧偏离，正面冲撞秦岭 1 号隧道洞口端墙	造成 36 人死亡、13 人受伤，直接经济损失 3533 余万元
2019 年 3 月 21 日	江苏省盐城市响水县生态化工园区	江苏响水"3·21"特别重大爆炸事故是一起长期违法贮存危险废物导致自燃进而引发爆炸的特别重大生产安全责任事故。天嘉宜公司废旧仓库内长期违法贮存的硝化废料持续积热升温并导致自燃爆炸	造成 78 人死亡、76 人重伤，近千人住院治疗，直接经济损失 198635.07 万元
2019 年 9 月 28 日	长深高速公路江苏无锡段	"9·28"事故是一起大客车碰撞重型半挂汽车列车的特别重大道路交通事故。大客车在高速行驶过程中左前轮胎发生爆破，导致车辆失控，两次与中央隔离护栏碰撞，冲入对向车道，与对向正常行驶的大货车相撞	造成 36 人死亡、36 人受伤，直接经济损失 7100 余万元
2020 年 3 月 7 日	福建省泉州市鲤城区的欣佳酒店	"3·7"坍塌事故是一起因违法违规建设、改建和加固施工导致建筑物坍塌的重大生产安全责任事故	造成 29 人死亡、42 人受伤，直接经济损失 5794 万元
2021 年 7 月 17 日	河南郑州	河南郑州"7·20"特大暴雨灾害是一场因极端暴雨导致严重城市内涝、山洪滑坡等多灾并发，造成重大人员伤亡和财产损失的重大自然灾害，特别是发生了地铁、隧道等本不应该发生的严重伤亡事件	造成 380 人死亡，经济损失至少 409 亿元

资料来源：中华人民共和国应急管理部网站公布的 12 项重大灾害/事故调查报告，https://www. mem. gov. cn/gk/sgcc/tbzdsgdcbg/。

在国外，因全球气候变化带来的极端天气明显增多，且与新冠疫情交织，对世界多地城市发展与安全产生重大影响。2020 年年初以来，受极端高温热浪冲击，美国加州发生 8800 多起山火，7000 多幢建筑物被毁，累计过火面积超过 1.6 万平方千米，造成 31 人死亡，旧金山湾区被大量燃烧烟雾笼罩，如"世界末日"般场景。当年 8 月，孟加拉国遭遇 40 年来最大级别的降雨，导致 1/3 的国土被淹没，该国及其周边区域千余人死亡，超过 4100 万人受到暴雨和严重洪灾的影响。2021 年 7 月，罕见热浪持续袭击美国西部和加拿大西部、西南部，造成民众丧生的同时，也引发了整个加利福尼亚州和美国西部大部分地区的山火。欧洲卢森堡、比利时、荷兰、德国等国家也遭遇了前所未有的暴雨，引发大规模山体滑坡和泥石流，大量房屋和道路被冲毁。2022 年夏季，包括中国在内的北半球大片区域经历了突破历史纪录的高温热浪，3 月印度平均气温达到有历史气象记录 122 年来的最高值，极端高温引起的城市热浪不仅使多地民众长时间生活在痛苦之中，还导致了农作物大面积减产，拉闸限电成为常态，进一步诱发粮食危机和能源危机。这些频发并发的自然灾害给各国带来了巨大的经济与社会损害，也暴露出城市系统的显著脆弱性。

极端天气灾害、新冠疫情、各类事故灾难造成城市空间的巨大风险，由于城市系统自身的特点极易被急剧放大，城市安全问题越来越受到社会关注。随着各国政府对当代可持续发展认识的深化，城市安全保障同经济能级、基础设施、信息科技等硬实力成为 21 世纪城市竞争的热点，也成为评价城市综合竞争力的重要内容。城市既是国家重要的生产生活、财富资源集聚地，也是容易遭受各类风险灾害冲击的区域空间，亟待建设高质量的综合防灾减灾机制和应急管理体系，推动智慧化、专业化的城市安全发展。

从历史角度来看，现代城市灾难的演变整体经历了从生物个体到生物群体、从生物瘟疫到人类瘟疫、从人类个体到人类群体、从技术事故到人为事故、从无意事件到有意破坏、从单灾种到多灾种、从一个地区到整个区域、从一个国家到世界范围的复杂演变过程。风险灾害的耦合性、衍生性和极端性特征不断显现，城市灾害造成的损失和负面影响不断放大。虽然城市抵御灾害和应急能力有了明显提升，但是面对复杂、不确定性的现代风险，社会系统的应对依然暴露出诸多不适应性。大城市由于规模的巨型化、人口的高密度、多元化和流动性等特点，在各类风险灾害和突发事件面前表现出极其脆弱性的一面，也给城市风险治理和应急响应带来了严峻挑战。①

三 安全成为城市治理的重要理念

早在 2015 年，联合国便通过了《2030 年可持续发展议程》这一全球发展战略性框架文件，用于指导、评估与交流全球城市的可持续发展情况，该议程的一个重要目标是建设包容、安全、有抵御灾害能力和可持续性的城市和人类社会。次年，第三届"联合国住房和城市可持续发展大会"在厄瓜多尔基多举办，会议通过了《新城市议程》，明确提出建设有韧性和可持续的城市住区。2022 年，联合国政府间气候变化委员会（IPCC）发布第六次评估报告（AR6）的第二工作组报告《气候变化 2022：影响、适应和脆弱性》②，指出当代气候变化正给自然界和人类社会造成广泛而普遍的影响，包括气象灾害在内的多种灾害多发、频发，新型、复杂型风险的不断出现增加了全球应对难度，亟待增强包括城市在内的区域韧性发展水平。当前，如何提高城市系统面对现代风险及各类灾害事件应对和适应能力，是全球城市研究与政府治理的热点话题。

近年来，我国各省、市制定的城市发展总体规划普遍关注防灾减灾与公共安全治理，着力增强防范化解重大风险的系统能力，提升城市安全发展水平。习近平总书记就城市发展、应急管理等领域也多次强调"人民至上，生命至上"，切实防范重特大安全生产事故的发生。

---

① 赫磊等：《全球城市综合防灾规划中灾害特点及发展趋势研究》，《国际城市规划》2019 年第 6 期。

② 参见 IPCC，*The Sixth Assessment Report*："*Climate Change* 2022：*Impacts，Adaptation and Vulnerability*"，https：//www.ipcc.ch/report/ar6/wg2/resources/spm-headline-statements。

特别地，当今世界正经历百年未有之大变局，国际国内发展环境复杂，不确定性特征更为突出，"黑天鹅事件"和"灰犀牛事件"不断上演，城市俨然成为各类风险灾害孕育和脆弱性暴露的重要载体，由此带来城市治理的更大难度。面对种种困境与不确定性，传统的应急管理与灾害应对思维表现出一定的滞后性，不能很好地满足城市发展与人民要求，而现代安全韧性理念从动态角度为城市可持续发展提供了新的思路。2020年11月，"韧性城市"的概念被正式写入国家"十四五"规划纲要。2021年11月，全国公共安全基础标准化技术委员会（SAC/TC）发布《安全韧性城市评价指南》（GB/T 40947—2021），用于指导国内韧性城市建设。同年，"世界城市日"中国主场活动在上海举办，活动主题为"应对气候变化，建设韧性城市"，本次活动凝聚国际社会建设绿色低碳城市的共识，分享了大量国内外城市韧性建设导向的发展经验和做法。当前，安全韧性城市的概念已成为现代城市治理与安全发展的核心关键词之一。

综上所述，随着城市规模的迅速扩大以及人口的高度集聚，城市发展要素关联耦合的特征凸显且复杂多变，面临诸多灾害风险的影响，对政府治理提出更高的要求。一方面，城市空间承载的有限性与系统内部的脆弱性并存，加之现代"城市病"不断暴露，一定程度上降低了城市应对不确定性风险的承受能力；另一方面，全球气候变化与工业化过程交织演变，带来自然灾害和安全事故的频发，城市系统遭受内外部冲击加剧，诱发更多新的不确定性风险，城市发展安全问题引起国内外高度关注。尤其是2020年新冠疫情的暴发和全球蔓延，暴露出以超大特大城市为代表的地方公共卫生风险应对短板与不足，城市治理挑战愈加尖锐突出。新冠疫情被世界卫生组织（WHO）认定为"国际公共卫生紧急事件"，而人口稠密且流动性高的城市地区是疫情防控的重点和难点。因此，我国在推进新型城镇化过程中需要进一步思考如何增强城市应对风险灾害的韧性能力，如何积极面对人口老龄化、新兴技术发展和全球气候变化带来的新挑战。目前，国内韧性城市建设正如火如荼展开，安全韧性评价是识别城市发展漏洞和潜在薄弱环节的重要手段，探索科学的评价标准并客观反映安全韧性城市的建设成果，具有理论与实践的双重价值。

第二节 研究内容及方法

一 基本研究内容

"安全韧性城市"主题是一项多学科研究，涉及内容和视角十分庞杂，对其如何评价自然也存在较大难度。目前，国内学界针对城市安全韧性评估主要基于量化指标，其指标体系的构建与应用等研究处于探索阶段，尚未形成广泛、共识性的认知框架，各地在建设标准和规范上多有差异。本书在梳理总结已有研究成果的基础上，进一步挖掘城市安全韧性评价这一主题，并以特定省域（江苏省）的公开数据为依托进行分析论证，由此展现当前国内外研究及城市实践发展概貌（见图1-2）。具体来说，本书研究内容包括如下五点。

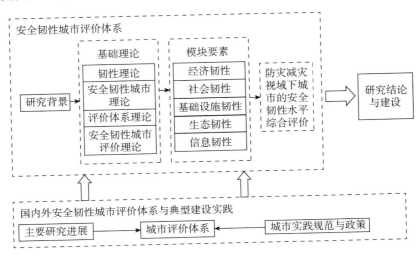

图1-2 本书研究思路与基本内容

（一）韧性城市理论、发展态势及国内外实践

安全成为当代城市发展的迫切需求，基于安全视角的韧性城市概念逐渐受到学术研究与政府实务部门的关注，国内研究围绕该主题也形成了多种认知表述，本书通过梳理国内外有关研究成果，对防灾减灾视域下的安全韧性城市概念及论域做出界定。在此基础上，概括介绍国内外典型地区的建设实践及国家政策，并对中国推动建设安全韧性城市的发展模式与基本方向提出初步思考，为后续评价研究与政策优化路径分析做好铺垫。

（二）安全韧性城市评价体系

安全韧性城市建设是一个长期动态的发展过程，为保证实施过程的精准性、可操作性，有必要对城市实践表现进行指导性评价。客观上，评价指标体系的构建本身是一项复杂的系统工作，本书基于国内外实践状况，从理论基础、评价方法、实际应用等方面对具有影响力的评价指标体系进行梳理并比较，重点总结国内研究的特色、优点及不足，提取凝练出安全韧性城市评价指标体系的一般步骤、关键要素，为构建既反映国际共识又体现本土特征的指标体系提供遵循依据。

（三）安全韧性城市评价实证应用分析

在初步构建综合评价体系框架的基础上，进一步从防灾减灾、脆弱性—韧性的视角对微观、中观及宏观层面的韧性理论内涵、测量及形成机制进行分析，结合统计学原理中指标权重的判定方式，选择层次分析法（AHP）和全局熵值法（GEM）相结合的方式，确定减灾视域下经济系统、社会系统、基础设施系统、生态系统和信息系统五个城市子系统的评价体系指标，构建一个具有普适性意义的安全韧性城市评价框架。在此基础上，选择江苏省13个城市为研究对象并对其进行实证研究及比较分析，佐证所构建框架的合理性，继而提出安全韧性城市建设的针对性建议。

（四）安全韧性城市理论与实践的前沿技术

目前，立足全球气候变化、自然—社会系统交互等混合视角来探

讨安全韧性城市建设是国内外研究的重点方向，同时城市安全韧性与电力设施、燃气管网、水路管网等各类公共基础设施子系统密切相关，这些城市子系统的建设、运营和维护等离不开新兴技术支撑，诸如大数据、人工智能、遥感科技、区块链等前沿数字技术为韧性城市建设带来前所未有的机遇。本书将对当前安全韧性城市建设中的典型前沿技术应用进行概要介绍，并结合实例加以说明。

（五）安全韧性城市建设路径及政府治理

综观国内外实践，安全韧性城市建设没有固定、简单复制的现成模式，需要因地制宜，结合每个城市的自然地理、人文历史、经济社会发展等实际情况进行综合分析，从经济能级、基础设施、文化特征、技术可行性等方面进行系统认知。近年来，低碳城市、海绵城市、气候适应性城市、智慧城市、数字城市等概念在中国本土出现并在各地实践，本书将结合上述理念和实践以及新冠疫情防控带来的深度启示，在复合型风险与韧性治理的理论分析框架下，提出未来国内城市建设的系统机制，总结概括安全韧性城市的高质量发展模式与愿景，对政府提升城市治理水平提出优化建议。

二 研究方法

本书在研究方法层面主要采用了文献分析法、综合评价法（CEM）、德尔菲法（Delphi Method）、层次分析法、全局熵值法（GEM）。

（一）文献分析法

一是立足微观、中观和宏观角度，检索有关"韧性"与"安全韧性城市"主题的研究文献，对文献进行详细分类、整理、提炼，明确已有研究成果的学科背景、理论范式以及发展态势。

二是对获得的各层次研究文献进行对比分析，总结安全韧性城市评价体系构建的理论内涵、测量方法及作用机制等成果与不足。

三是梳理当前国内安全韧性城市建设的政府公共政策、文件资料等公开文本信息，发掘潜在的政策导向和战略动向，为城市安全韧性综合评价提供应用依据和实践基础。

（二）综合评价法

由于城市安全系统的多面性，相较于建模仿真等局部镜像描述，综合评价法侧重全面体现城市安全韧性的全貌，反映安全韧性评价的立体视角。综合评价法是根据不同的评价目标，利用被评价对象的各种属性信息建立合理的指标体系并采用一定的评价工具或模型方式对被评价对象进行排序的过程。其中，综合评价法实施中最重要的步骤是指标筛选和赋权，这一阶段本书采用德尔菲法，在赋权阶段主要采用层次分析法和全局熵值法相组合的思路。

（三）德尔菲法

本书采用背对背的通信方式征询专家小组关于韧性指标体系设计的意见，经过三轮规范性的专家小组征询过程，将采集的意见汇总。而后，结合国内外文献中的指标选择频数，确定经济安全韧性、社会安全韧性、基础设施安全韧性、生态安全韧性、信息安全韧性的测量维度并通过九级李克特（Likert）量表将获取的相关数据量化。总体上，评价体系的构建充分吸纳了专家组意见。

（四）层次分析法

层次分析法主要从评价者对评价问题的本质、构成要素的个人认知出发，将主观思维过程进行数学化、系统化表达。本书根据专家组意见及文献研究结果，建立安全韧性城市评价体系的层次结构模型，通过背对背指标打分，构造判断矩阵，进一步计算权向量，在一致性检验完成后，最终得到五个准则层的相对权重。

（五）全局熵值法

全局熵值法主要用于保障指标权重结果的客观性和科学性。本书对所构建的五个子系统韧性分别进行计算，在一般截面数据中引入了时间维度，建立"城市—时间—指标"的立体时序数据表来确定指标权重，以动态测度城市安全韧性水平。

第三节　技术路线与研究框架

一　研究技术路线

本书采用"理论支持—案例分析—问题提出—实证研究—政策反馈"的技术路线完成整个研究（见图 1-3）。实证研究是本书的重点内容，主要包括如下执行环节。

首先，吸收国内外城市安全韧性建设及评价的相关研究文献，重点关注"全球 100 韧性城市"项目中的实践应用与公共政策，运用文献分析法、对比分析法等，收集和整理安全韧性城市评价框架的五个主要方面，即经济安全韧性、社会安全韧性、生态安全韧性、基础设施安全韧性、信息安全韧性。在综合评价体系构建方面，提炼已有研究成果的合理部分，对有关子指标进行合并、删减、修正，初步形成城市安全韧性指标统计表，完成指标库构建与初选过程。

其次，运用德尔菲法将安全韧性城市评价内容分别设计成指标体系专家咨询表、系统评价指标因子分析调查表和相对重要性调查表。确立高校科研机构、政府实务部门及专业机构的专家组并进行专项咨询调查。基于科学性、可操作性、可比性等原则，对提炼出来的安全韧性城市指标择优筛选，最终结合反馈建议与统计指标频数，对减灾视域下的安全韧性城市评价指标体系进行修改完善。

最后，将安全韧性城市评价指标体系运用到江苏省所辖城市中，对照评价指标收集整理江苏省 13 个城市的灾情、基础设施、政策供给等相关数据，对江苏省安全韧性进行全面评价并形成若干研究结论。

二　章节安排

本书主要内容有八章，简要介绍如下。

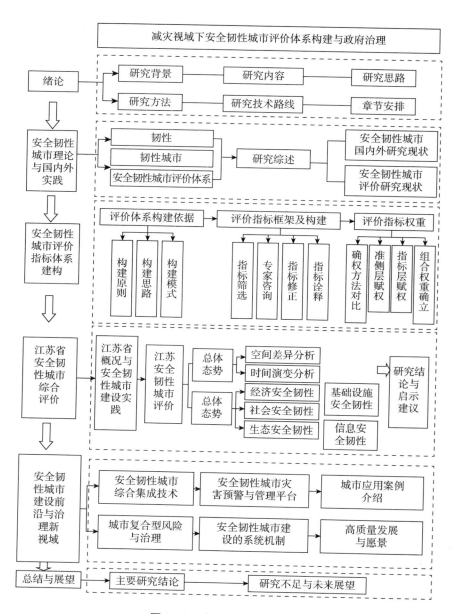

图 1-3　本书研究技术路线

　　第一章为导论，主要阐述安全韧性城市建设的时代背景、研究主要内容、技术路线和章节安排。

第二章为安全韧性城市理论与国内外实践。本章梳理韧性以及安全韧性城市的相关概念，对安全韧性城市的内涵进行多视角界定。在此基础上，借鉴国内外研究成果，形成了经济安全韧性、社会安全韧性、基础设施安全韧性、生态安全韧性四个层次指标体系的总体框架。随后，立足新冠疫情常态化防控和网络舆情状况，提出城市空间信息韧性的重要性及其概念，对有关韧性子系统进行对比分析，归纳出韧性研究的共同理论要素，为后续安全韧性城市综合评价指标选择提供理论基础。同时，简要介绍美国纽约与波士顿，英国伦敦，日本京都，加拿大温哥华，荷兰鹿特丹，中国北京、上海、黄石、西安、雄安新区等城市在安全韧性建设方面的实践做法。

第三章为安全韧性城市综合评价体系与方法。本章从目标分解法和系统分解法两个视角梳理了国内外安全韧性城市评价工具模型，主要介绍了国内外韧性联盟构建的城市韧性评价框架、Bruneau 四维度评价模型、PSR 模型、SPUR 框架以及国内构建的 ReCOVER 模型、韧性城市评价指南、专题性指标体系。在借鉴参考以上评价工具模型的基础上，本书建立了城市安全韧性评价的综合指标体系。

第四章为减灾视域下安全韧性城市综合评价体系。本章首先确立防灾减灾的研究视角，由此重新审视前文建立的五个层面的韧性子系统内涵，借鉴安全韧性理论与以往研究成果，采用德尔菲法开发形成了安全韧性城市评价的具体指标，并阐明经济、社会、基础设施、生态、信息多层次韧性评价的关键节点。其次，结合准则层指标遴选的原则、方式和方法工具，确定了准则层各项子指标，并对每个子指标进行详细的阐释说明。安全韧性城市的评价方法众多，但其中一个重要区别体现在指标的赋权上。本书将对比公因子法、全局熵值法、TOPSIS 法、均方差法、模糊数学法、层次分析法六类常用方法的赋权方式与应用场景，确定以层次分析法和全局熵值法相结合的思路进行确权。最后，立足于防灾减灾视角，进行指标初选并引入专家打分法确定具体指标，综合打分结果与研究实践构建判断矩阵，采用层次分析法确定五个准则层的权重，结合全局熵值法确定指标权重，力求做到主观与客观相统一的确权方式。

第五章为江苏省安全韧性城市系统评价应用。本章以江苏省为实证研究对象，在整理各地安全韧性城市建设政策的基础上，对江苏省13个所辖城市的安全韧性水平进行量化分析，从时间演变和空间差异两个角度探讨不同地理空间区域（苏南地区、苏中地区、苏北地区）的城市安全韧性水平。在具体实施中，梳理各个样本城市韧性建设实践，找出影响城市子系统安全韧性的主要影响因素并进行详细分析，结合研究结果对江苏省整体韧性提升提出有针对性的建议，突出统筹发展与安全的公共政策目标。

第六章为安全韧性城市应用前沿与技术平台。本章内容设计主要是确立技术支撑思维，对当前安全韧性城市建设的前沿技术及应用平台进行介绍，从数据收集与共享、城市尺度灾变模型、高性能云计算、应急减灾卫星等方面概要说明城市安全韧性科技发展，列举了城市灾害预警与管理平台的建设实践以及对"数字孪生"应急可视化决策系统进行阐析。此外，详细介绍实际应用案例——阿里云"城市大脑"、鹏城智能体城市安全框架和北京副中心数字经济标杆城市建设规划。

第七章为安全韧性城市治理与政府能力建设新视域。本章依托复合型风险与韧性治理的理论分析框架，从构建"平战结合"的灾害治理体系、促进城市内外系统多层次应急联动、强化应急资源储备与冗余度、技术赋能和数据驱动四个方面提出城市安全韧性治理的新措施。在此基础上，从技术维度、时间维度、层级维度提出安全韧性城市建设过程中的系统机制构建，从多元融合、前瞻性规划和制度保障视角为实现未来安全韧性城市高质量发展提出若干思路。

第八章为总结与展望。本章回顾当前国内外安全韧性城市建设和评价的总体认知，提出本书研究存在的不足之处与局限性，结合韧性评价框架和政府韧性治理提升的角度，展望未来我国在安全韧性城市建设领域的发展目标与研究方向。

第二章　安全韧性城市理论与国内外实践

第一节　韧性理论概述

一　多学科研究视野的韧性概念

"韧性"本身并不是一个新概念，在学术研究中已经被广泛应用于多个学科领域长达半个世纪之久，时至今日依然存在不少争议观点。"韧性"一词源自拉丁文中的 Resillo，后来法语和英语先后引入该词汇，起初意为"回弹到原始状态"（Bounce Back），在我国被广泛翻译成弹性、弹力、恢复力、复原力、抗逆力等文字表述。近年来，国内学者结合中文语境普遍认同"韧性"这一翻译，这种译法较好地反映了英文对应单词"Resilience"解释中含有的材料弹性和系统恢复力两个方面的含义（见表 2 - 1）。在应用起源问题上，韧性的概念阐释较早出现在物理学领域，用来表示弹簧的特性和描述材料稳定性以及面对外界冲击的抵抗力。随着材料学与物理学的交叉融合，韧性的概念定义被不断拓展，主要指弹性材料（如橡胶或动物组织）吸收外部能量（如打击）并在其回弹到原来形态时释放的能量。①

---

① Leeuw, S. E. V. D., Aschan-Leygonie, C., "A Long-Term Perspective on Resilience in Socio-Natural Systems", (Working paper) Santa Fe Institute (SFI), 2001 - 08.

表 2 - 1　　　　　　　　"韧性"概念的多学科认知

学科来源	"韧性"概念
物理学领域	弹性材料吸收外部能量并在其回弹到原来形态时释放的能量
生态学领域	生态系统受到扰动后恢复到稳定状态的能力
灾害学领域	一个系统在遭到冲击或压力时,通过改变自身非核心属性在最短时间内应对、恢复及适应灾害并得以维持
心理学领域	个体面对生活逆境、创伤、威胁或其他重大压力时的良好适应性
社会学领域	复杂社会系统回应压力和限制条件而激发的一种变化、适应和改变的能力
经济学领域	区域经济系统具有的一种避免、抵御或适应危机和冲击的能力

资料来源:作者自制。

　　20 世纪 70 年代,随着系统性思维模式的兴起,"韧性"一词被引入生态学领域。推动这一发展的代表性人物是加拿大生态学家霍林(Holling),他在 1973 年发表的文章《生态系统的韧性和稳定性》(*Resilience and Stability of Ecological Systems*)中提出工程韧性和生态韧性的观点,得到了国际学术界的广泛响应;[①] 霍林将"工程韧性"定义为"系统受到扰动后恢复平衡或稳定状态的能力",这种扰动可以是洪水、地震等自然灾害,也可以是社会动荡等系统冲击,如金融危机、战争或革命。抗干扰和系统恢复平衡的速度是韧性认知的关键衡量标准,即系统反弹得越快,它的韧性就越强。"生态韧性"则被定义为"在系统改变结构之前可以吸收干扰的程度",这一定义不仅考虑了系统在受到冲击后需要多长时间恢复,还考虑了到达临界阈值时所能承受的干扰程度,更注重"持续力和适应力"。与工程韧性最大的不同点是,生态韧性否定单一的稳定平衡状态的存在而认可多重均衡以及系统切换到可替代稳定状态的可能性。在此之后,霍林又提出了"适应性循环理论",用来表示自然系统遭受外界干扰(如火灾、洪水、

---

① Holling, C. S., "Resilience and Stability of Ecological Systems", *Annual Review of Ecology and Systematics*, 1973.

人类破坏）后仍保持稳定状态的能力，其实质为系统的抵抗力。在《经济、生态和社会系统复杂性理解》（*Understanding the Complexity of Economic, Ecological and Social Systems*）中，霍林将韧性的核心内涵阐述为"系统如何在外界扰动下，尽可能保全系统的稳定性，且能够在及时恢复受损功能基础上提升系统的能力"。[①] 在他看来，通过提高效率进行生态系统管理的时代已经结束，管理者必须建立和保持生态韧性以及适应发展所需的社会灵活性，这为后来城市系统韧性研究奠定了理论基础。

20 世纪七八十年代，一批富有开拓精神的心理学家和精神病学家开始关注生存处境不利儿童的心理失常问题，并将韧性的概念引入心理学之中，逐渐演化出特质说、过程说和结果说三种普遍性的概念界定，产生了大量相关的研究模型和测量工具。[②] 美国心理学会把"心理韧性"定义为个体面对生活逆境、创伤、威胁或其他重大压力时的良好适应状态，主张个体经历挫折之后不退缩，反而更加积极地适应环境。其中，心理韧性均衡模型则认为心理韧性是"当一个成年人置身于一个孤立的和具有高度冲击性的事件中时，保持相对稳定、健康的心理和生理功能的能力"，这一表述更强调人的适应过程。山东师范大学李海垒等较早将心理韧性的概念引入中国，并结合儿童、青少年、大学生等不同人群进行实证研究，将心理韧性看作个人的一种能力或品质，只是程度上的高低不同而已。[③] 在此之前，许渭生和席居哲、桑标也以当时所称呼的"心理弹性"概念对国外研究进行介绍，并结合国情提出要使"弹性教育"贯穿于整个中小学素质教育过

---

① Holling, C. S., "Understanding the Complexity of Economic, Ecological and Social Systems", *Ecosystems*, Vol. 4, No. 5, 2001, pp. 390–405.

② Windle, Gill, "What is Resilience? A Review and Concept Analysis", *Reviews in Clinical Gerontology*, Vol. 21, No. 2, 2011, pp. 152–169.

③ 李海垒、张文新：《心理韧性研究综述》，《山东师范大学学报》（人文社会科学版）2006 年第 3 期；李海垒：《受欺负儿童的心理韧性与抑郁、焦虑的关系》，硕士学位论文，山东师范大学，2006 年。

程之中。[①]

20世纪90年代以来，韧性概念逐渐拓展到灾害学领域，一批学者在灾害风险评估、社会脆弱性评估的基础上对灾害韧性展开研究，致灾因子、承灾体、孕灾环境、灾中干预等诸多专业性的灾害学概念丰富了灾害韧性理论。韧性在灾害学方面的引入被视为开辟了灾害认知研究与应对方式的新领域。2005年，国际减灾会议在日本兵库县神户市举行，明确提出了"危害脆弱性"和"韧性"的理念，此次会议认为，人类社会发生的各种危害与自然、社会、经济和环境脆弱性相互作用，形成了复杂的灾害风险，这将灾害的表述拓宽为危害，旨在把人类活动引起的社会安全事件也囊括之中。[②] 此后，一些学者开始探讨将韧性理念运用到人类社会系统之中并引起研究热潮。伴随着快速城市化、环境退化、气候变化、自然灾害以及艾滋病等流行病的一系列深刻影响，社会系统的脆弱性不断暴露出来，相关研究热点逐渐转向社会安全韧性，更加突出权力关系、政治、文化、金融的作用。在此过程中，不同学科介入社会系统研究，认为韧性最本质的内涵是社会系统所拥有的化解外来冲击并在危机出现时仍能维持其主要功能运转的适应能力。然而，不同学科研究的侧重点与理解依然存在较大差异，有的强调灾害前的应对准备，有的偏向灾害发生时的缓冲力，有的则侧重于灾害发生后的恢复力（见表2-2）。

表2-2　　　　国外减灾领域有关"韧性"概念的典型阐释

作者/机构	"韧性"概念
Wildavsky	韧性是应对不确定性的风险，在系统变形之前回弹的能力

---

①　许渭生：《心理弹性结构及其要素分析》，《陕西师范大学学报》（哲学社会科学版）2000年第4期；席居哲、桑标：《心理弹性（resilience）研究综述》，《健康心理学杂志》2002年第4期。

②　Geneva（UN），*World Conference on Disaster Reduction*，Kobe Hyogo，Japan，2005.

续表

作者/机构	"韧性"概念
Holling	韧性是系统的缓冲或吸收扰动的能力，或系统在结构变化之前通过改变自身变量吸收扰动的量级
Miletila	抗灾韧性指的是一个地区在无巨大外界帮助下，经历极端自然事件而不经历毁灭性的损失，不损害生产力和生活质量的能力
Adger	社会韧性是指团体或社区应对社会、政治和环境变化导致的极端压力和扰动的能力
Pelling	韧性是处理和适应危险压力的能力
UNISDR	韧性是指暴露于灾害下的系统为了维持一个可接受的运行水平，进行抵抗或发生改变的特性。它取决于该社会系统的自主学习能力，这要求从历史灾害中学习经验教训，提高未来防护水平，改善减灾方法
Cutter	韧性是一个社会系统对灾害响应和恢复的能力，包括系统吸收影响、应对极端事件的内在条件和重组、改变、学习以应对威胁的能力
Lopez	韧性是系统在不改变其基本功能的条件下承受灾害冲击的能力以及更新、重组以适应重大灾害冲击的能力
Desouza	韧性是城市系统面对外部改变时吸收、适应和反应的能力
国际减灾战略机构	韧性是一个系统、社区或社会对危害的适应能力，它通过抵御或自身变革，在职能和结构上达到或保持风险应对的积极状态，并且通过在历史灾害中获取经验而提高这种适应能力

资料来源：作者自制。

　　与此同时，韧性概念也被引入经济学领域，经济学家经常用韧性来解释区域经济变化轨迹，并描述为"一个断断续续的均衡过程"。一般认为，经济韧性表示经济系统所具有的一种避免、抵御或适应危机和冲击的能力，反映在区域经济学、发展经济学、经济地理学等多个经济类分支方向，以理解不同地区抵御经济冲击和恢复能力的差异。随着经济学科对韧性研究的细分，经济韧性的空间尺度从宏观领域的国家、城市群到中观领域的城市、县域，再到微观领域的乡镇、社区及个人，涉及空间范围十分广泛，反过来也影响城市系统中对于韧性主体尺度的判断，并演化出区域韧性、城市韧性、社区韧性等不同维度。在研究方法上，国内外研究将一些经济模型，如 DSGE 模型（Dynamic Stochastic General Equilibrium Model，动态随机一般均衡模型）、CGE 模型（Computable General Equilibrium Model，可计算一般均衡模型）引入经济韧性分析中，研究内容包含经济韧性的理论框架、评价指标、影响因子等方面，所形成的分析测度路径与当代安全韧性城市研究内容有相似之处。①

二　城市发展的韧性理念

21 世纪以来，人口、财富、资源向城市集聚的趋势越发明显。城市中民众福祉依赖于相互关联的组织机构、基础设施和信息网络，但与此同时，城市也是各种压力累积和风险灾害集中的地理空间，在复杂交互作用下可能发生自然灾变、生态破坏、经济危机乃至社会崩溃。在快速发展过程中，安全韧性城市建设被视为城市应对灾害风险的新思维，受到城市规划、市政管理、应急管理等领域的广泛推崇。由此，"韧性城市"的概念应运而生，在全球掀起了韧性导向的城市建设与实践浪潮。

（一）韧性理念的市域应用及国际发展

2002 年，倡导地区可持续发展国际理事会（ICLEI）在联合国可持续发展全球峰会上首次提出了"城市韧性"（Urban Resilience）议题。2005 年 1 月 18—22 日，第二届世界减灾会议在日本兵库县举行，会议通过了国际著名的《兵库行动框架》（Hyogo Framework for Action）和《兵库宣言》（Hyogo Declaration），其基本思想是将防灾、减灾、备灾和减少城市脆弱性的观点纳入城市可持续发展政策中，韧性成为城市灾害应对的讨论重点。此后，韧性城市的理念不断渗入城市发展实践之中，国外学术界积极推动多种形式的深入探讨，聚焦生态韧性、工

---

① 陈梦远：《国际区域经济韧性研究进展——基于演化论的理论分析框架介绍》，《地理科学进展》2017 年第 11 期。

程韧性、经济韧性和社会安全韧性等方面的研究。美国联邦政府将韧性城市作为国家战略规划进行顶层设计，欧洲则组建了相关学术论坛或产业交流合作机构，韧性城市理念逐渐在西方国家得到广泛认可，国际社会更是自发组建了包括韧性联盟（Resilience Alliance）在内的多个专业性组织。

2013 年，美国洛克菲勒基金会（Rockefeller Foundation）启动了"全球 100 韧性城市"项目（100 Resilient Cities Program，100RC），这曾经是世界最大的私人资助韧性城市研究项目，在全球韧性城市领域极具影响力。该项目涵盖非洲、亚太地区、欧洲、中东、拉丁美洲和加勒比以及北美六个地理区域不同层级的城市。洛克菲勒基金会通过与国际咨询公司和智库合作，聚焦经济危机、交通故障、犯罪、粮食和水资源短缺、自然灾害、疾病和恐怖主义等风险叠加导致的复杂问题，旨在通过扶持全球 100 座城市作为范例，以应对 21 世纪越加严重的自然、社会和经济发展系列挑战，推动安全韧性城市这一城市规划和公共治理的国际性议题。具体来说，100RC 主要通过以下四种方式予以支持，一是为项目城市聘请首席韧性官（Chief Resilience Officer，CRO）提供资金；二是支持项目城市制定韧性发展战略，帮助城市系统围绕韧性理念进行组织整合；三是搭建战略实施的服务平台；四是提供 100RC 网络的成员资格，为韧性建设问题提供扩展性的解决方案。此后，100RC 先后经过了两轮扩充，全球有超过 1000 个城市主动申请加入，最终 100 个城市入选（见表 2－3），其中包括中国的四川德阳市、湖北黄石市、浙江义乌市和海盐市。目前，该项目已经帮助城市制定了 50 多项整体韧性战略，涵盖 1800 多项具体行动和举措，成为推动韧性城市发展最具影响力的国际平台。2019 年 7 月 31 日，由于项目中期报告出现问题，洛克菲勒基金会正式停止了 100RC 的资助，网站（www.100resilientcities.org）也随后停止运营。取而代之的是韧性城市网络计划（R-Cities），该计划旨在通过收集和分享全球韧性建设资料，以支持城市及其 CRO 在社区和关键基础设施方面发挥作用。

表 2 - 3　　　　　　洛克菲勒基金会全球"100 韧性城市"名单

	北美洲	拉丁美洲与加勒比地区	欧洲	非洲	亚洲	大洋洲
第一批30个城市	美国： 博尔德 伯克利 埃尔帕索 洛杉矶 新奥尔良 纽约市 诺福克 奥克兰 旧金山 墨西哥： 墨西哥城	哥伦比亚： 麦德林 巴西： 阿雷格里港 里约热内卢 厄瓜多尔： 基多	英国： 布里斯托尔格 拉斯哥 意大利： 罗马 荷兰： 特丹 丹麦： 瓦埃勒	塞内加尔： 达喀尔 南非： 德班	巴勒斯坦： 拉马拉 黎巴嫩： 贝布洛斯 印度： 苏拉特 泰国： 曼谷 缅甸： 曼德勒 越南： 岘港 印度尼西亚三宝垄	澳大利亚： 墨尔本 新西兰： 克里斯特彻奇
第二批33个城市	美国： 波士顿 芝加哥 达拉斯 匹兹堡 圣路易斯 塔尔萨 墨西哥： 华雷斯 加拿大： 蒙特利尔	哥伦比亚： 卡利 美国： 圣胡安 阿根廷： 圣达菲 哥斯达黎加： 圣地亚 多米尼加 共和国： 卡巴列罗斯 智利： 圣地亚哥	希腊： 雅典 西班牙： 巴塞罗那 塞尔维亚： 贝尔格莱德 英国： 伦敦 葡萄牙： 里斯本 意大利： 米兰 法国： 巴黎 希腊： 塞萨洛尼基	加纳： 阿克拉 尼日利亚： 埃努古 卢旺达： 基加利	印度： 班加罗尔 钦奈 约旦： 安曼 中国： 德阳 黄石 新加坡： 加坡市 日本： 富山	澳大利亚： 悉尼 新西兰： 惠灵顿市
第三批37个城市	美国： 迈阿密 华盛顿特区 纳什维尔 西雅图 亚特兰大 火奴鲁鲁 明尼阿波利斯 路易斯维尔 加拿大： 卡尔加里 多伦多 温哥华	阿根廷： 布宜诺斯艾利斯 乌拉圭： 蒙得维的亚 墨西哥： 科利马 瓜达拉哈拉 巴西： 萨尔瓦多 巴拿马： 巴拿马城	英国： 曼彻斯特 北爱尔兰： 贝尔法斯特 格鲁吉亚： 第比利斯 荷兰： 海牙	埃及： 卢克索 尼日利亚： 拉各斯 埃塞俄比亚： 亚的斯亚贝巴 南非： 开普敦 肯尼亚： 内罗毕 利比里亚： 佩恩斯维尔	以色列： 特拉维夫 印度： 浦那 斋浦尔 韩国： 首尔 日本： 京都 越南： 芹苴 印度尼西亚： 雅加达 马来西亚： 马六甲 中国： 海盐 义乌	无

　　资料来源：100 *Resilient Cities Program Overview and Case Studies*，https：//www.iccsafe.org/wp-content/uploads/rlaberenne-presentation.pdf。

2015 年，第三届世界减灾大会（WCDRR）在日本仙台召开，会议通过了《2015—2030 年仙台减少灾害风险框架》（*Sendai Framework for Disaster Risk Reduction* 2015—2030，"仙台框架"）。这是 2015 年后联合国可持续发展议程发布后设立的第一个主要国际协议，为各国提供了保护发展收益免受灾害风险影响的具体指南。"仙台框架"承认国家在减少灾害风险方面发挥主要作用，但也强调应与包括地方政府、私营部门和其他关联者在内的利益相关者分担责任。"仙台框架"还概述了 7 项全球目标和 13 条指导原则，倡导各国根据国情制定国内法，使国际义务与承诺保持一致。2016 年，联合国国际减灾战略（UNISDR）与合作组织共同制定了将主流科学技术纳入"仙台框架"的发展蓝图，后者共有四个优先事项，每个优先事项均分别从国家和地方、全球和区域的角度阐述执行措施。其中，具体目标、指导原则与优先事项如表 2 - 4 所示。

表 2 - 4　　　　　　　　"仙台框架"（2015—2030 年）

	具体内容
具体目标	1. 到 2030 年，大幅降低全球灾害死亡率 2. 到 2030 年，大幅减少全球灾害受影响人数 3. 到 2030 年，减少与国内生产总值（GDP）相关的直接灾害经济损失 4. 大幅减少灾害对关键基础设施的破坏和基本公共服务冲击 5. 大幅增加制定减灾风险战略的国家数量 6. 大幅加强与发展中国家的国际合作 7. 到 2030 年，大幅增加多灾种预警系统以及灾害风险信息评估的可及性
指导原则	1. 每个国家都有通过国际、区域、跨界和合作预防、减少灾害风险的责任 2. 中央政府与国家当局、部门和利益攸关方根据国情分担责任 3. 在促进和保护包括发展权在内的所有人权的同时保护个人及其资产 4. 减少灾害风险需要全社会的参与和良好的伙伴关系 5. 国家和地方各级充分参与 6. 酌情通过资源、激励措施和决策责任赋予地方当局和社区权力 7. 在使用危害应对工具时做出包容性和风险知情的决策 8. 不同部门减少灾害风险和可持续发展政策、计划、做法和机制的一致性 9. 在确定降低风险措施时考虑当地和特定的灾害风险特征 10. 通过投资获取成本效益的方式解决潜在风险因素，而不是主要依靠灾后响应和恢复 11. 通过让灾区"重建得更好"以及加强灾害风险方面的公众教育和认识，防止生成并减少灾害风险 12. 全球伙伴关系和国际合作的质量应当是有效、有意义和强大的 13. 发达国家和合作伙伴根据发展中国家确定的需求和优先事项应获得量身定制的支持

	具体内容
优先事项	优先事项 1：了解灾害风险。应强化对灾害风险的理解，包括脆弱性、能力、人员和资产的暴露程度，灾害特征，应灾环境。这些专业知识可用于风险评估、预防、缓解、准备和响应
	优先事项 2：加强灾害风险治理。全球、国家和区域层面的灾害风险治理对预防、减灾备灾、响应和恢复非常重要。它促进协作和伙伴关系
	优先事项 3：投资于减少灾害风险以提高韧性。通过结构性和非结构性措施加强灾害风险的公共和私人投资，这对于增强个人、社区、国家及其经济、社会、健康和文化韧性至关重要
	优先事项 4：加强备灾以做出有效响应并在复原、恢复和重建中让灾区更好。灾害风险的增长意味着需要加强备灾以应对事件，采取行动以防万一，并确保能力得到充分发挥，为各级有效应对和恢复做好准备。复原、恢复和重建阶段是更好重建的关键机会，包括将减少灾害风险纳入发展措施

资料来源：《2015—2030 年仙台减少灾害风险框架》，https：//www. unisdr. org/files/43291_chinesesendaiframeworkfordisasterri. pdf。

2020 年 10 月 28 日，由国际 C40 城市集团、地方可持续发展协会（ICLEI）等 11 个核心机构联合提出的"城市韧性 2030"（Making Cities Resilient 2030，MCR2030）正式启动，接力此前结束的 100RC 计划。该项目以联合国减灾办公室（UNDRR）为秘书处，旨在通过宣传分享知识经验、加强城市间的相互学习、引介技术专长、建立伙伴关系等一系列措施来增强当地抗灾韧性。项目计划从 2021 年 1 月 1 日运行至 2030 年年底，为期 10 年，致力于支持、帮扶城市在 2030 年前建成韧性和可持续性发展体系，为实现联合国《可持续发展目标 11：建设包容性、安全、韧性和可持续的城市》（Sustainable Development Goals 11：Make Cities Inclusive，Safe，Resilient and Sustainable，SDG11）、"仙台框架"、《巴黎协定》和《新城市议程》等全球治理框架提供直接推动力。在规划设计目标上，MCR2030 明确提出：推动更多城市降低当地灾害/气候风险和建设韧性城市，更多城市实施防灾减灾、气候变化应对和韧性计划，明显改善发展理念与行动的可持续性；在全球和地区范围内，增强韧性导向的合作伙伴关系。与此同时，MCR2030 规划了基于三个阶段的韧性路线图和十二项专题措施，指导城市提高韧性发展水平，如表 2 - 5 所示。

表 2－5 MCR2030 三阶段"韧性路线图"

阶段	专题领域措施	具体服务
A 阶段：推进城市认知	提升对防灾减灾和韧性的认知	A 阶段的城市将获得一套 MCR2030 宣传工具以及指导和通信资料，以在其城市和市民中建立一系列认知和共识，包括韧性建设和本市的韧性城市目标。这些工具和资料适用于各类受众，包括公共部门、不同规模的私营部门、媒体、民间社团、感兴趣的公民团体和学校等。具体而言，将概述"创建韧性城市的十大要点"，从而提供城市防灾减灾和建立韧性的广泛认知
B 阶段：推进城市规划	提高风险分析	使用风险分析工具来改进分析，必须让所有利益相关者了解并认知局部风险，才能鼓励其做好预防、应急准备和响应工作
	提高规划诊断技能	城市需要各种诊断工具，例如城市韧性分析工具（CRPT）、城市抗灾记分卡（Scorecard）、城市扫描工具等，并进行适当的韧性评估，有助于城市了解其可能受到的潜在风险和脆弱性影响，确保防灾减灾和韧性战略能够解决其特定的脆弱性、暴露度和其他风险因素
	增强战略和计划	将提供相关的循证研究和知识产品、能力建设方案和良好实践的相关信息并支持城市间学习
C 阶段：推进城市实施	增加融资渠道	支持城市从规划推进至实施需要获得的投资和融资。这有助于城市实施包括建设韧性治理结构、采取计划、缓解策略、灾害和气候韧性基础设施等行动。MCR2030 将加强地方政府开发可融资项目的能力，为关键的防灾减灾和抗灾行动提供资金
	确保基础设施韧性	一个城市的韧性能力在很大程度上取决于其基础设施是否能够抵御灾害和气候风险。投资关键基础设施必须基于历史损失和损害数据，结合预测的气候和风险等
	采用基于自然的解决方案	城市需要将其自然资产纳入韧性建设中，以最大限度地利用自然特征，进一步增加其可持续性
	将气候风险纳入战略和计划	减少对危险和风险的接触是一项跨部门的工作。虽然历史灾害损失数据可以为政策和计划提供信息，但在气候变化的情况下，参数和模型发生了迅速的改变。规划者不能只依赖历史数据，还需要获得科学的气候预测，以了解未来的影响并为未来的冲击和压力找到创造性的解决办法

续表

阶段	专题领域措施	具体服务
C阶段：推进城市实施	确保包容性	灾害风险是危害、暴露度和脆弱性的综合指标。防灾减灾和韧性战略必须优先考虑包容性。就是说要提供更加触手可及、负担起来的服务，帮助弱势公民应对冲击和压力，改善其生活条件，以免多次遭受自然和人为危害。为了实现这一目标，需要逐步改善城市服务，并将其纳入城市防灾减灾战略中
	加强中央—地方联系	与全国地方政府协会合作，并与地区和中央机构及专家建立必要的联系，做好协调工作
	加强城市内伙伴关系	支持加强政府部门、公民代表、城市弱势群体、学术界、媒体、私营部门等地方合作伙伴的联盟
	推动城市间学习	提供定期学习机会，帮助各城市将所有相关利益方聚集在一起，举行联合知识交流活动

资料来源：*Making Cities Resilient* 2030（*MCR2030*），www.mcr2030.undrr.org。

综合来看，韧性理念在城市空间的应用解读和国际实践方面不断变化拓展，在学理认知层面大体上可以概括为四种类型[①]：一是扰动说。这一观点出现在早期，源于工程系统韧性，强调城市系统具备应对外部干扰的能力，以维持原本状态。二是能力恢复说。该观点最初源自对生态韧性的认知，将城市视为一个生态系统，强调城市系统在遭受灾害或社会变革冲击后，能稳定维持基本运行功能。三是学习适应说。这一观点来源于演进韧性（Evolution Resilience），是城市系统的各个组成部分在面临特定压力或突发震荡的环境下，具有适应并持续发展的能力。四是阶段演进说。该观点立足系统的作用过程进行阐析，重视城市系统面对外来冲击可以自我修复、动态转换并进行创新学习的能力。

（二）城市安全韧性理念的本土化探索

近年来，针对城市生态环境与社会系统的脆弱性，国内学术界和政府实务部门不断探索气候适应性城市、海绵城市、低碳城市、智慧

---

① 范玲等：《韧性城市建设的国际经验、中国困境与应对策略》，《城市问题》2022年第6期。

城市、绿色城市等建设理念。国内景观设计、城市规划、应急管理等领域也大量涌现出韧性城市相关的研究成果与应用实践。

2011 年 8 月 12 日，在四川成都召开"第二届世界城市科学发展论坛暨首届防灾减灾市长峰会"，包括成都在内的多个城市加入韧性行动计划，讨论并通过了"让城市更具韧性"为主题的《成都行动宣言》，提出不断将城市科学发展和防灾减灾合作提高到新的水平。这是我国城市建设大型公共论坛中首次提到"韧性"概念。2012 年后，英文 Resilience 一度被翻译为"弹性"，弹性城市的概念逐渐流行于国内城市规划的学术话语中。蔡建明、郭华、汪德根①，黄晓军、黄馨②，李彤玥、牛品一、顾朝林③等从基本理念、国际建设经验、评价指标体系构建等层面进行引介，相关研究评述了国外弹性城市发展规划与实施重点。同年 10 月，北京大学建筑与景观设计学院举行年度论坛，其主题确定为"弹性城市"，并对相关优秀城市建设作品进行展览。2013 年 6 月，第七届国际中国规划学会（IACP）的年会主题是"创建中国弹性城市：规划与科学"，该会议指出中国面临严重的洪灾、地震和台风灾害威胁，灾情应对的科学性是一个重要的城市规划目标。此后，国内越来越多的学者以及政府组织关注韧性城市的发展趋势，例如徐江、邵亦文④，陈玉梅、李康晨⑤等对原"弹性城市"理念进行多视角分析。

2017 年 9 月，《北京城市总体规划（2016—2035 年）》发布，提出强化城市韧性，减缓和适应气候变化，并在第五章阐述"加强城市防灾减灾能力，提高城市韧性"的四点策略，强调构建新时期城市防

---

① 蔡建明、郭华、汪德根：《国外弹性城市研究述评》，《地理科学进展》2012 年第 10 期。
② 黄晓军、黄馨：《弹性城市及其规划框架初探》，《城市规划》2015 年第 2 期。
③ 李彤玥、牛品一、顾朝林：《弹性城市研究框架综述》，《城市规划学刊》2014 年第 5 期。
④ 徐江、邵亦文：《韧性城市：应对城市危机的新思路》，《国际城市规划》2015 年第 2 期。
⑤ 陈玉梅、李康晨：《国外公共管理视角下韧性城市研究进展与实践探析》，《中国行政管理》2017 年第 1 期。

灾空间格局、京津冀广域防灾体系、统一的灾害风险评估和监测预警体系。北京成为国内首个将"韧性"写入中长期规划的城市，并且在规划中多处提及"韧性"的概念。同年 11 月，中国城市规划年会召开，与会专家就韧性城市建设进行了热烈讨论，深入比较了不同地形环境下的韧性城市评估体系和方法，对比了韧性城市和海绵城市的阶梯形发展过程。该会议全面讨论了当代韧性城市相关的各类话题并对未来韧性城市理念的应用做了展望。至此，韧性城市理念引起全国更多学科领域学者的关注，结合具体案例阐述韧性如何落实在城乡规划、防灾减灾及公共治理之中。

　　2018 年 1 月初，《上海市城市总体规划（2017—2035 年）》正式发布，提出要将上海建设成为全球令人向往的健康、安全、韧性城市。其中第七章明确提到"加强基础性、功能型、网络化的城市基础设施体系建设，提高市政基础设施对城市运营的保障能力和服务水平，增加城市应对灾害的能力和韧性"。关于如何建设韧性之城，上海分别从应对全球气候变化、全面提升生态品质、显著改善环境质量、完善城市安全保障 4 个角度出发，具体制定了 16 项韧性城市建设任务（详细参见本章第四节）。上海在城市规划中对韧性建设做出详尽解释，引起国内其他城市的强烈反应。在此之后，越来越多的城市规划报告提及韧性这一概念并制定了相关城市建设任务。

　　2018 年 11 月 29 日，中国灾害防御协会"城乡韧性与防灾减灾专业委员会"正式成立，发布"推动抗震韧性城乡建设、提高自然灾害防治能力"为主题的《韧性城乡科学计划北京宣言》，号召土木工程和防灾领域相关科研院所、高校及社会团体积极参与进来，依托城乡韧性与防灾减灾专业委员会创建全国性的城乡抗震韧性科学研究联盟，推动我国抗震韧性城乡建设，提高自然灾害防治能力。该委员会明确提出要凝聚全国地震工程优势科技力量，通过实施"韧性城乡"科学计划，发展防震减灾新技术，不断提升我国地震安全水平。同年，由中国地震局发展研究中心策划、资助的《国家地震韧性：研究、实施与推广》(*National Earthquake Resilience*: *Research*, *Implementation and Out-reach*) 一书出版, 其中详细介绍了美国国家研究委员会关于地震韧性的研究成果, 包括国家层面建设地震韧性的研究报告、战略规划、任务路线图、要素与成本等诸多内容。2020 年 11 月, 党的十九届五中全会通过了《中共中央关于制定国民经济和社会发展第十四个五年规划和二〇三五年远景目标的建议》, 首次明确提出"增强城市防洪排涝能力, 建设海绵城市、韧性城市"。至此, 韧性城市的理念正式体现于中央文件之中, 为后续研究和公共政策出台提供了重要支撑。

在此背景下, 国内学术界从不同视角对韧性城市建设开展了大量的深入研究, 产生了丰硕成果。譬如, 肖文涛、王鹭基于工程韧性提出包含"城市避难基础设施""城市产业形态""城市空间结构"三个方面的城市韧性研究内容。① 吕悦风等从国土规划角度出发, 提出城市安全防灾规划要由"自然灾害"到"多元风险"、由"土地利用"到"空间治理"、由"指标计算"到"动态管理"、由"工程防御"到"韧性适应"的思维转变, 尤其强调韧性建设中的基层治理与公共参与。② 仇保兴立足灾害学视角, 强调应将重点放在技术韧性方面, 强化城市生命线基础设施系统建设, ③ 此后有关城市子系统韧性研究开始大量涌现。容志从重大公共卫生事件出发, 提出构建"五位一体"的城市公共卫生韧性, 从空间韧性、治理韧性、社会韧性、数字韧性和制度韧性阐述如何解决重大突发公共卫生事件中精准感知、逆向调节和动态平衡三大难题。④ 王峤、臧鑫宇结合应对突发公共事件的应急视角, 从形态布局、自然环境、公共设施、社会生活四个维度提出韧性城市空间规划策略和

---

① 肖文涛、王鹭:《韧性城市: 现代城市安全发展的战略选择》,《东南学术》2019 年第 2 期。
② 吕悦风等:《从安全防灾到韧性建设——国土空间治理背景下韧性规划的探索与展望》,《自然资源学报》2021 年第 9 期。
③ 仇保兴:《基于复杂适应系统理论的韧性城市设计方法及原则》,《城市发展研究》2018 年第 10 期。
④ 容志:《构建卫生安全韧性: 应对重大突发公共卫生事件的城市治理创新》,《理论与改革》2021 年第 6 期。

发展途径。① 以上研究增进了减灾视域下安全韧性城市的理论认知，为后续实践提供了有价值启示。

第二节　城市减灾研究视角与特征

一　安全韧性城市界定

随着韧性城市理念逐渐融入社会科学研究及政府治理，韧性城市的定义越来越丰富，凸显防灾减灾与公共安全思维，并在实践中衍生出一系列关联概念，对政府治理产生诸多深层影响。Godschalk 和 David 认为，韧性城市是一个城市在没有得到外部援助的情况下能够有效处理各类灾害、确保城市不会遭到毁灭性损害并且其生产力稳定、生活质量如常。② 这一定义更强调城市灾后救援能力，着重思考如何制定城市应急预案，为灾后恢复过程做准备。Meerow 等则认为，韧性城市是指城市各项系统在面对灾害侵扰的情况时，能够保持或迅速恢复到期望值并转变或提升灾害适应的能力，更关注城市灾后学习与反思能力。③ 2007 年，韧性联盟（Resilience Alliance）将韧性城市定义为城市或城市系统能够消化并吸收外界干扰，保持原有主要特征、结构和关键功能的能力，认为城市韧性建设框架包含四个优先领域：管治网络、代谢流、城市设施环境和社会层面。管治网络（Governance Networks）涉及社会学习、社会适应以及自组织能力。代谢流（Metabolic Flows）是城市韧性的运转手段，用以支撑城市功能的发挥、提升人类健康及生活质量。城市设施环境（Urban Facility Environment）主要指支持城

---

① 王峤、臧鑫宇：《应对突发公共事件的韧性城市空间规划维度探讨》，《科技导报》2021年第 5 期。

② Godschalk，David R.，"Urban Hazard Mitigation：Creating Resilient Cities"，*Natural Hazards Review*，Vol. 4，No. 3，2003，pp. 136 – 143.

③ Meerow，S.，Newell，J. P.，Stults，M.，"Defining Urban Resilience：A review"，*Landscape and Urban Planning*，Vol. 147，2016，pp. 38 – 49.

市空间展现适应和调整能力的各类物质基础设施。社会层面（Social Dimension）关注城市韧性关联的社会资本、人文关怀和减缓社会不公等。这四个优先建设领域实际上可以看成从经济、生态、工程和社会四个角度强调城市韧性建设的不同侧面（见图 2－1）。

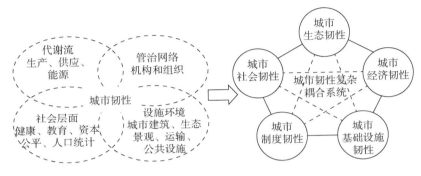

图 2－1 城市韧性建设框架

资料来源：赵瑞东、方创琳、刘海猛：《城市韧性研究进展与展望》，《地理科学进展》2020 年第 10 期。

国内对于韧性城市的研究更具复合性，相关联概念有一定交叉，普遍关注自然、社会系统的良性互动以及人的安全感知。继宜居城市、低碳城市、海绵城市、气候适应型城市、智慧城市等概念在中国扩展后，部分学者将应对气候变化、有效抵御雨涝灾害视为城市韧性建设的重要组成部分。其中，海绵型城市强调人适应水的价值观，建设以景观为载体的水生态基础设施，以解决城市在雨水利用和管理上存在的问题，也称之为"水韧性城市"，是当下我国力推解决城市雨洪管理难题的新建设模式。① 气候适应型城市是指通过城市规划、建设、管理能够有效应对恶劣气候灾害、保障城市生命线系统正常运行的城市，当前我国 28 个试点城市都已经编制了《气候适应型城市建设试点方案》并付诸实施（见表 2－6）。低度开发和可持续资源管理是海绵

---

① 俞孔坚等：《"海绵城市"理论与实践》，《城市规划》2015 年第 6 期。

表 2 - 6   海绵城市与气候适应型城市实践政策对比

比较内容/ 试点类型	海绵城市	气候适应型城市
主导部门	财政部经济建设司、住房和城乡建设部城市建设司、水利部规划司	国家发展改革委、住房和城乡建设部
启动时间及试点城市	2015 年 4 月第一批，即迁安、白城、镇江、嘉兴、池州、厦门、萍乡、济南、鹤壁、武汉、常德、南宁、重庆、遂宁、贵安新区和西咸新区 2016 年 4 月第二批，即北京、天津、大连、上海、宁波、福州、青岛、珠海、深圳、三亚、玉溪、庆阳、西宁和固原	2017 年 1 月，呼和浩特、大连、朝阳、丽水、合肥、淮北、九江、济南、安阳、武汉、十堰、常德、岳阳、百色、海口、重庆璧山区、重庆潼南区、广元、六盘水、毕节赫章县、商洛、陕西西咸新区、甘肃白银、庆阳西峰区、西宁湟中县、库尔勒、阿克苏拜城县、石河子县共 28 个地区
建设目标	小雨不积水、大雨不内涝、热岛有缓解、水体不黑臭	气候变化监测预警能力提升，重特大气候灾害风险得到有效防控，适应气候变化技术体系和标准体系完善
建设原则与思路	源头减排、过程控制、末端调蓄	主动适应，预防为主、科学适应，突出重点、协同适应，联动共治
具体措施	1. 渗：利用透水铺装、缝隙透水砖铺装等措施，让雨水直接渗透入地下，避免形成地面径流，回补地下水 2. 滞：建设植草沟、雨水花园等设施，将雨水滞留下来，补充地下水的同时，还能降低暴雨地表径流的洪峰 3. 蓄：利用调蓄水池、蓄水模块等措施，人为地把雨水留下来 4. 净：通过土壤、植被、绿地系统、砾石等对雨水进行净化，回用或排放 5. 用：在小区和公园广场等场地建设调蓄水池等储水设施，将经过储水设施净化后的雨水，灌溉周边的花草或者洗车等 6. 排：利用排水设施将导致城市内涝的雨水快速排掉	1. 加强气候变化监测预警和风险管理：加强气候变化观测网络建设，强化监测预测预警和影响风险评估，提升气候风险管理和综合防灾减灾能力 2. 提升自然生态系统适应气候变化能力：从水资源、陆地生态系统、海洋与海岸带出发统筹陆地和海洋适应气候变化工作 3. 强化经济社会系统适应气候变化能力：从农业与粮食安全、健康与公共卫生、基础设施与重大工程、城市与人居环境、敏感二三产业出发坚持减缓、适应与可持续发展协同理念，增强我国经济社会系统气候韧性 4. 构建适应气候变化区域格局：构建适应气候变化的国土空间、强化区域适应气候变化行动、提升重大战略区域适应气候变化能力

　　资料来源：《国务院办公厅关于推进海绵城市建设的指导意见》（2015）、《住房和城乡建设部办公厅关于进一步明确海绵城市建设工作有关要求的通知》（2022）、《国家发展改革委、住房城乡建设部关于印发气候适应型城市建设试点工作的通知》（2016）、《国家适应气候变化战略 2035》（2022）。

城市与气候适应型城市理念的重要思想，两者也体现韧性城市界定。此外，还有一些学者认为，韧性城市是一个更加综合、更具战略性和前瞻性的发展目标，强调动态变化，其建设要结合城市防灾减灾特征与综合能力提升。比如，郑艳等认为，低碳城市和韧性城市都是实现社会—经济—生态可持续发展目标，提出低碳韧性城市（Low carbon Resilient City）的概念，旨在协同考虑城市温室气体排放、灵活应对气候灾害风险两大任务，从而提升城市可持续发展能力。① 从灾害防治的视角出发，杨敏行等结合灾害韧性概念与适应性循环的扰动模型，提出一般韧性（General Resilience）与特定韧性（Specified Resilience）两种界定认知：城市韧性即一般韧性，指城市系统吸收可预知和不可预知干扰和冲击的能力；特定韧性即城市灾害韧性，是城市系统特定部分应对特定干扰时的韧性。② 此观点对灾害韧性、城市韧性与城市灾害韧性三个概念进行了区分和辨析，为后续灾害学中的韧性研究提供了重要参考。谢起慧结合应急管理理念向风险治理理念过渡的发展情境，认为城市韧性是城市系统的正常运行被自然灾害、气候危害和人为破坏等打断时具有抗压、恢复和可持续的能力。③ 该定义从灾中应对和灾后恢复的角度指出城市韧性具有的三种能力，兼顾城市系统应对自然灾害的短期冲击与复合风险的长期影响。从"黑天鹅事件"与"灰犀牛事件"爆发角度，仇保兴等提出韧性城市是城市经济系统、技术系统、基础设施系统在面对灾害冲击和压力时仍然能够保持基本功能、结构、系统和特征不变。④ 该定义强调韧性城市建设要尤为关注极端灾害。由此可见，国内学者基于诸多学科概念，更趋向于将城市韧性看作一系列能力的集合，大致经历了"抗压说—恢复说—

---

① 郑艳等：《低碳韧性城市：理念、途径与政策选择》，《城市发展研究》2013 年第 3 期。
② 杨敏行等：《基于韧性城市理论的灾害防治研究回顾与展望》，《城市规划学刊》2016 年第 1 期。
③ 谢起慧：《发达国家建设韧性城市的政策启示》，《科学决策》2017 年第 4 期。
④ 仇保兴等：《构建面向未来的韧性城市》，《区域经济评论》2020 年第 6 期。

可持续"的演变。其中，稳定抗压能力强调吸收灾害冲击防止系统状态发生改变的能力；自主恢复能力强调系统功能紊乱后恢复到正常运行的能力；可持续能力强调系统适应新环境的能力。

综上所述，根据国内外既有研究成果以及新冠疫情对城市建设带来的思考，本书将抗压说、恢复说和可持续发展的相关理念结合，将安全韧性城市界定为：城市能够凭借自身的能力采取有效措施，合理地调配资源以抵御各种灾害风险，减轻风险造成的损失和快速恢复，由此增强学习适应能力与人的安全感。

二　安全韧性城市研究的灾害视角

现代城市作为复杂的系统，时常会遭遇各类公共突发事件，诸如自然灾害、事故灾难、公共卫生事件和社会安全事件。当前，国内外学者越发关注灾害给整个城市带来的威胁，基于灾害视角是安全韧性城市研究的重要组成，其中突出表现在气候灾害、地震灾害、城市系统运行安全以及公共卫生事件四个方面。

（一）基于气候灾害的韧性研究

随着全球气候变暖，极端天气灾害多发频发，暴雨洪涝、风暴潮、干旱等给城市带来诸多超预期危害，基于气候灾害影响的安全韧性城市建设成为目前国内外研究的重点方向之一。比如，海绵城市旨在降低暴雨和水资源错配相关风险，气候适应型城市注重应对气候变化引发的多种灾害风险，均是安全韧性城市建设的重要探索，只是侧重点略有不同。面对气候灾害的不确定性和反复性，构建主动适应的安全韧性观具有重要意义。[①]

在研究思路上，Emily 基于适应性治理理论提出当前城市所面临的

---

　　① 陈轶等：《气候变化背景下国外城市韧性研究新进展——基于 citespace 的文献计量分析》，《灾害学》2020 年第 2 期。

气候变化挑战需要考虑风险的不确定性和突发性，认为未来城市气候
治理的研究议程要深入探索技术、政治及生态三种要素之间的联系。①
Ahern 从应对气候灾害角度出发，认为韧性城市能够像海绵一样以恰当
的方式吸收和缓冲扰动引发的负面影响，并通过城市系统组成要素之间
的优化、协调和重组抑制扰动，在城市规划中尽可能增加排水基础设施
数量并提高该系统的整体韧性能力。② 在灾害评估上，Bruijn 等从爱尔
兰洪水事件的破坏程度入手，评估城市基础设施的脆弱性并分析关键
基础设施的易损性和失效对城市关键功能和社会的影响。③ 基于气候
灾害研究的国内外数据库检索发现，面向雨洪干扰和压力的"水系统
韧性"（也译为"承洪韧性""雨洪弹性"）是当下研究的重点之一。
在水系统韧性建设上，美国纽约、波士顿，荷兰鹿特丹等海岸城市走
在世界前列，制定了大量水韧性策略（见表 2 - 7），以应对极端气候
造成的洪水灾害和内涝灾害，面对干旱灾害也同样制定了淡水存储的
策略，具体介绍详见本章第三节。

表 2 - 7　　　　　　　　　基于韧性的城市水系统应对策略

目标	措施	主要内容
应对洪水灾害	刚性抵御的工程措施	优化浪涌屏障加固堤防、码头 提高基础设施设防标准
	设计灵活的适应性措施	保留冗余空间；建设漂浮建筑
应对内涝灾害	改进雨水排泄设施	建设开放式排水沟；对雨水进行生物净化
	增加雨水滞留、下渗	种植渗透性的植被等增加水消解 改良防水设计后将雨水收集储存在屋顶

① Emily, Boyd and Sirkku, J., "Adaptive Climate Change Governance for Urban Resilience", *Urban Studies*, Vol. 52, No. 7, 2015, pp. 1234 - 1264.

② Ahern, J., "From Fail-safe to Safe-to-fail: Sustainability and Resilience in the New Urban World", *Landscape and Urban Planning*, Vol. 100, No. 4, 2011, pp. 341 - 343.

③ Bruijn Km De, et al., *Flood Vulnerability of Critical Infrastructure in Cork*, Ireland, 2016, p. 7005.

续表

目标	措施	主要内容
应对淡水短缺	基于雨水存蓄的防旱措施	增加储水设施；建设水广场构建"气候缓冲"廊道利用建筑的多功能空间储水
	基于生态环境优化的水质提升措施	水质监测、评估；加强生物保育、生态优化强化污废水处理

资料来源：陈一丹、翟国方：《荷兰鹿特丹市水韧性规划建设及其启示》，《上海城市管理》2022 年第 1 期。

国内有关气候灾害对城市韧性的研究，最开始从城市基础设施入手。绿色基础设施是城市韧性研究的重要内容，城市公园绿地通过提供多种生态系统服务功能来增强城市韧性。王忙、王云才对城市公园绿地韧性进行研究，通过生态系统服务供需匹配构建城市公园绿地韧性的测度体系，认为气候适应性规划可以减少极端天气引发的自然灾害发生概率，是目前提升城市韧性的重要手段之一。① 此外，蔡云楠、温钊鹏提出开发应用适应气候变化的多尺度城市气候监测技术、模拟技术、调控技术和热环境效应评估技术，以提高城市应对气候变化的韧性能力。② 王静、朱光齍、黄献明通过对荷兰城市、乡村空间格局、景观系统及基础设施案例的归纳总结，提出了雨洪安全韧性城市建设的建议。③ 在韧性评价方面，张明顺、李欢欢从气候变化背景下构建城市韧性概念框架，对各类城市脆弱性、风险和韧性评估定量方法进行探讨，展现国内外研究概貌。④

极端气候事件导致的洪水内涝、热浪干旱、淡水短缺、海水倒灌等风险是当前国内外城市突出的严峻挑战，气候变化作为近年来最受

---

① 王忙、王云才：《生态智慧引导下的城市公园绿地韧性测度体系构建》，《中国园林》2020 年第 6 期。

② 蔡云楠、温钊鹏：《提升城市韧性的气候适应性规划技术探索》，《规划师》2017 年第 8 期。

③ 王静、朱光齍、黄献明：《基于雨洪韧性的荷兰城市水系统设计实践》，《科技导报》2020 年第 8 期。

④ 张明顺、李欢欢：《气候变化背景下城市韧性评估研究进展》，《生态经济》2018 年第 10 期。

关注的重大环境问题，涉及众多目标和多个治理领域，包括气象、防灾减灾、水利、农业、林业、生态、环保、规划、土地等决策管理部门。因此，基于气候灾害的安全韧性城市研究有着极大的探索挖掘空间。

（二）基于地震灾害的韧性研究

地震灾后尽快实现恢复重建、避免或减少次生灾害损失是城市应对地震灾害的重要考量因素。2011 年发生在新西兰克赖斯特彻奇（Christehurch）的 6.2 级地震导致整个中心城区 70% 以上的建筑要拆除重建，总损失高达 150 亿美元，需要 50—100 年才能彻底恢复。一座有着上千年历史的大型城市成了"站立的废墟"，陷入了漫长的重建过程中。克赖斯特彻奇地震引发了国际学术界对城市地震韧性的关注，"韧性"也成为城市地震安全研究的新思路。2011 年，美国国家研究委员会（NRC）提出了"国家震后韧性"的目标，随后旧金山、纽约等城市陆续制定抗震安全韧性城市建设策略，目的是提高城市和社会的震后功能韧性。目前，基于地震灾害的安全韧性城市研究集中在防震抗灾和工程力学方向。

国外相关学术研究多以工程学为基础，从材料和数值模拟层面探索抗震韧性或构建抗震韧性评估体系。例如，Donovan 等通过分析地震对工程系统造成的损失，提出了地震韧性的概念和韧性影响因素。[①] Chang 等从地震损失估计模型出发，建立了社区韧性的评价框架，并以美国孟菲斯市的供水系统为例，通过蒙特卡洛模拟对比两种加固手段和不加固供水系统在地震作用下的反应。[②] Cimellaro 等根据 2011 年日本"3·11"地震后 12 个城市的供电系统、供水系统、供气系统等生命线系统恢复过程的实际统计数据，定量研究了其韧性能力，分析

① Donovan K. Crowley Née, Elliott, J. R., "Earthquake Disasters and Resilience in the Global North: Lessons From New Zealand and Japan", *Geographical Journal*, Vol. 178, 2012.

② Chang, S. E., Shinozuka, M., "Measuring Improvements in the Disaster Resilience of Communities", *Earthquake Spectra*, Vol. 20, No. 3, 2004, pp. 739–755.

了各生命线系统之间的相互关系。① 在政策实践方面，美国纽约布法罗大学地震工程多学科研究中心（MCEER）认为，地震韧性是社会单位（如组织、社区）减少关键基础设施、系统构件损坏与失效的可能性以及恢复到正常或灾前水平所需的时间。因此，可以通过降低地震发生时的功能损失或提高震后的修复速度来实现"韧性"抗震。基于该理念，美国旧金山、洛杉矶等城市陆续提出"地震韧性城市"的建设目标。其具体内容包括：完善地震预警系统评估、测试和部署，升级城市地震监测台网；与相关州和地方机构协调，研究实施可操作的地震预报；综合记录地震应急响应和恢复过程预期和即时的活动情况及其产出效果，以改进家庭、组织、社区和区域各层面的减灾措施和准备工作；建立观测网络，衡量、监控和模拟社区的灾害弹性，重点聚焦地震弹性和易损性，风险感知和管理策略，加快灾后重建和恢复；鼓励和促进国家地震减灾计划相关领域的技术转移，在中度地震危险地区部署最先进的减灾技术等。

国际著名的工程顾问公司奥雅纳（Arup）也于2013年发布了《面向下一代建筑的基于韧性抗震设计的倡议》（*Resilience-based Earthquake Design Initiative for the Next Generation of Buildings*），以城市或建筑丧失正常功能的时间为评价指标，提出了安全韧性城市与韧性建筑的设计建议。其中，"地震韧性城市"代表了国际防震减灾领域的研究前沿和发展趋势，也成为我国很多城市政府推动防震减灾工作的参照政策目标（见表2-8）。

表2-8　　　　　　　　　　地震安全韧性建设评价框架

目标层	准则层	方案层
空间稳固性	防灾空间稳定性	抗震不利和危险地段面积占比 人均有效避难面积 紧急避难空间与相邻建筑物关系

① Cimellaro, G. P., Solari, D., Bruneau, M., "Physical Infrastructure Interdependency and Regional Resilience Index after the 2011 Tohoku Earthquake in Japan", *Earthquake Engineering & Structural Dynamics*, Vol. 43, No. 12, 2015, pp. 1763 – 1784.

续表

目标层	准则层	方案层
空间稳固性	工程设施稳健性	建筑物抗震设防能力 供电系统稳健性 给水系统稳健性
	次生灾害易发性	次生火灾易发性 次生水灾易发性 次生化学品泄漏易发性 次生地质灾害易发性
基础设施冗余性	应急保障设施冗余度	给水系统冗余度 供电系统冗余度 供气系统冗余度 应急物资储备冗余度
	应急服务设施冗余度	应急医疗救护系统冗余度 应急通信指挥系统冗余度
空间救援效率性	应急疏散效率性	应急通道通行情况 应急指示标识系统完善程度 应急避难场所服务半径 相连的城市主要应急疏散通道数量
	应急救援效率性	应急响应协作预案 应急设施启用效率 消防救援可达性
灾害适应性	社区组织灾害适应能力	应急响应综合指挥体系 组织成员防灾培训情况 志愿者专业技能构成
	居民灾害适应能力	防灾教育及演练 弱势群体救助方案 居民对防灾空间及设施了解情况
	防灾资金投入	政府防灾资金投入情况 社区灾害保险投保情况
	社区防灾智能化	预警机制智能化 防灾信息普及智能化 信息更新情况

资料来源：《建筑抗震韧性评价标准》（GB/T 38591—2020）、《建（构）筑物与应急设施地震安全韧性建设指南》（DB11/T 1891—2021）。

国内关于城市抗震韧性的研究还比较少，且主要集中于单体结构可恢复体系的研发上，对于工程结构、生命线系统以及城市抗震韧性的研究相对缺乏，更多关注国内外抗震韧性评估及比较研究。① 例如，毕熙荣等对面向不同工程对象的韧性量化评估方法进行了系统分类和评价，② 李雪、余红霞、刘鹏通过对基于规范的抗震设计、基于性能的抗震设计和基于韧性的抗震设计三种方法进行比较分析，阐述传统设计方法的局限性和基于韧性的抗震设计方法的优越性。③ 石晟等从抗震韧性的角度评估减震加固方案的合理性；④ 袁万城等基于生命安全的结构抗震减震转向震后结构功能可恢复与快速修复，构建桥梁抗震的韧性认知框架，提出加快完善桥梁减震体系设计、桥梁装置设计、可恢复结构和预制装配技术以及桥梁路网系统。⑤

我国地处亚欧板块边缘，太平洋板块、印度洋板块和亚欧板块交界地带，板块运动相对活跃，地震是对我国人民生命威胁最大的自然灾害之一。就地震防灾减灾现状而言，我国城市应对能力与经济社会发展还很不匹配，如全国地震监测系统不完善、监测能力相对较弱等。2017 年，中国地震局制定并发布了《国家地震科技创新工程》，计划通过实施"透明地壳""解剖地震""韧性城乡""智慧服务"四项计划，显著提升我国抗御地震风险能力，保障国家重大发展战略和人民群众生命财产安全。从表 2 - 9 可以看出，"韧性城乡"计划设计较为完整，然而相关基础技术研究支撑和应用任重道远，真正实现地震韧性的挑战非常大。清华大学牵头联合多家单位编制了《建筑抗震韧性评价标准》（GB/T 38591—2020），旨在推动我国新一代建筑抗震设计理念和方法应用，该文件已于 2021 年 2 月 1 日实施。但由于韧性抗震

---

① 翟长海、刘文、谢礼立：《城市抗震韧性评估研究进展》，《建筑结构学报》2018 年第 9 期。

② 毕熙荣等：《工程抗震韧性定量评估方法研究进展综述》，《地震研究》2020 年第 3 期。

③ 李雪、余红霞、刘鹏：《建筑抗震韧性的概念和评价方法及工程应用》，《建筑结构》2018 年第 18 期。

④ 石晟等：《高层钢结构不同减震加固方案的抗震韧性评估》，《土木工程学报》2020 年第 4 期。

⑤ 袁万城等：《桥梁抗震智能与韧性的发展》，《中国公路学报》2021 年第 2 期。

的理念尚未普及，我国建设规范的更新周期长且基础研究支撑不足，导致即便按照最新的抗震规范建设的建筑物，也无法充分满足当代韧性抗震的发展需求。城市抗震韧性的研究涉及地震学、土木工程、人工智能、遥感技术、社会科学等多个学科领域，是未来一项极具挑战性的课题。

表2－9　　　　　　　　　　　　"韧性城乡"计划

主要任务	主要内容
地震作用与城市工程地震破坏机理研究	研究工程场地和结构强震动观测技术，研究复杂场地非线性震动反应分析方法；研究多龄期结构构件抗震性能和城市工程及重大基础设施系统在复杂地震动力环境下的破坏机理等
地震灾害风险评估技术研究及应用	研究不同工程结构与城市生命线工程的地震易损性和致灾性，发展基于地震动参数的灾损与人员伤亡预测技术，研发基于震前危险区调查的地震灾损评估技术，建立城市尺度的地震灾害风险评估技术；在京津冀、长三角和珠三角等重点城市群编制多尺度地震灾害风险图等
地震次生灾害风险评估与防御技术研究	研究地震灾害链的形成机理及次生灾害综合防御对策；研究滑坡、泥石流等地质灾害机理与风险评估模型，建立地震地质灾害预报预警及风险防范系统；研究城市地震火灾的成灾机理和扩散模拟技术；研究危化物质扩散传播机理及风险评估技术；研究高坝、核电厂等重大工程震后安全和致灾影响快速评估技术等
工程韧性技术研究	研究以自复位体系和可更换构件为特征的工程震后快速恢复技术，研究城市生命线工程快速恢复技术；研究基于地震韧性的既有建筑抗震加固新方法及加固后建筑抗震能力评估技术；研发经济、实用的农居建筑抗震技术，发展不同民族风格的地震安全民居
社会韧性支持技术研究	发展工程场地和重大工程结构地震破坏监测及评估方法；研究基于大数据的地震预警新技术，研发推广高铁、核电、大坝等重大工程的地震紧急处置技术；研发城市地震灾害情景再现和虚拟现实交互技术；发展针对我国地震活动特征和城乡建设环境的地震风险模型，探索地震保险模式等
韧性城乡建设标准体系及示范	建立地震韧性城乡建设标准和评价体系。选择雄安新区等10个城市/地区构建信息模型，开展地震灾害风险评估、抗震鉴定与加固；推广隔震、减震等工程韧性技术并在学校、医院等重点场所应用

资料来源：中国国家地震局：《国家地震科技创新工程》，2017年。

（三）基于城市系统运行安全的韧性研究

现代城市系统运行体系，特别是生产活动安全、交通运输安全、基础设施安全与职业健康安全等，关乎经济社会发展大局，一旦出现疏漏将会严重危及公共安全和人民生命财产安全。比如，2021 年 6 月 13 日，湖北十堰市张湾区艳湖小区发生燃气爆炸事故，导致 26 人死亡，138 人受伤，直接经济损失约 5395.41 万元；2021 年 7 月 21 日，台风"烟花"来袭，海域范围内施工船舶集中避风抛锚定位过程中伤及海缆外层和钢铠，导致 80 台风电机组停运 107 天，损失电量约 20000 万千瓦时；2022 年 4 月 29 日，长沙当地一幢老式楼突然发生倒塌，导致 54 人遇难，直接经济损失 9077.86 万元。诸如此类事件带来沉痛教训。

生命线系统是保障城市系统基本功能正常运行的关键。[①] 而城市燃气管网是生命线系统的重要组成部分，如果存在管理疏漏、用户私自改装燃气管网、违章建筑未得到及时处理，道路建设造成管网破坏等情况，一旦自然灾害发生时极大可能引发火灾、爆炸等次生灾害。[②] 近年来，国内部分学者逐渐将韧性理念融入城市住宅、交通、电力、供水、供热、燃气等基础设施研究领域，这是对安全韧性城市内容与韧性评价的进一步细化分类，涉及土木、电力、水利等各类工程领域。例如，供电子系统韧性更多考察供电网络的完整性和稳定性，在遭受冻雨、暴雪天气灾害影响时，供电设备、电缆极易出现覆盖冰雪断线故障，导致部分城市地区供电中断。通信子系统韧性关注信息传递的可靠性，研究如何确保信源和信宿之间的通畅。以 2021 年河南多地突遭极端强降雨为例，灾时部分通信基站受损，光缆大面积损坏，运营商只能保障部分基站的应急柴油发电机使用，导致地区通信严重不畅。由于电力系统无法短时间内恢复，大面积基站无法正常工作，应急管

---

① 周诗伟、黄弘、李瑞奇：《城市基础设施韧性评估与敏感性分析》，《武汉理工大学学报》（信息与管理工程版）2020 年第 3 期。

② 陆新征等：《建设地震韧性城市所面临的挑战》，《城市与减灾》2017 年第 4 期。

理部通过"翼龙"无人机空中应急通信平台临时搭载移动公网基站，实现了约 50 平方千米范围内的移动信号覆盖，但由于续航能力有限，停留时间也受到路程的限制，应急通信子系统韧性第一次被广泛关注。①

在城市生命线系统韧性构建方面，有关研究依托大量数据支撑和计算机数字模型进行仿真模拟，研究领域较为分散且国内外差异较大。Todini 提出了供水管网的韧性概念并选取供水系统的可靠性和发生故障时的供水能力作为韧性评价指标。② 一些研究者利用概率统计方法，结合历史灾情数据进行电力系统的韧性评估与优化，兼及多种灾害情景的耦合情况。③ 毕熙荣等依托中国地震局工程力学研究所、地震工程与工程振动重点实验室、北京市煤气热力工程设计院数据，以城市燃气管网震后性能恢复曲线的韧性度量和修复方式作为研究对象，引入了恢复轨迹倾角（SRT）与整体恢复时间（TRT）两个评价指标，对燃气管网系统的技术韧性恢复效率进行定量评估。④ 综合而言，城市生命线系统的安全韧性研究具有较高的门槛，随着国内韧性理念的不断深入，如何加大城市水、电、气、热、路等生命线和重要管网安全运行的相关研究与应用是未来的重点探索方向。

（四）基于公共卫生事件的韧性研究

长期以来，城市规划关注的公共安全重点是自然灾害的防灾减灾，对突发公共卫生事件等安全风险重视不足。城市医疗服务系统是应对大规模伤亡事件应急管理的重要环节之一，处于安全韧性城市建设不可或缺的地位。

突发公共卫生事件通常具有难预测、系统关联、危害复合等特性，

---

① 许珞、郭庆来、刘新展、孙宏斌：《提升电力信息物理系统韧性的通信网鲁棒优化方法》，《电力系统自动化》2021 年第 3 期。

② Todini, E., "Looped Water Distribution Networks Design Using A Resilience Index Based Heuristic Approach", *Urban Water*, Vol. 2, No. 2, 2000, pp. 115 – 122.

③ Min, O., Due As-Osorio, L., Min, X., "A Three-stage Resilience Analysis Framework for Urban Infrastructure Systems", *Structural Safety*, Vol. 36, No. 2, 2012, pp. 23 – 31.

④ 毕熙荣等：《工程抗震韧性定量评估方法研究进展综述》，《地震研究》2020 年第 3 期。

特别是新冠疫情防控给我国带来深刻启示，公共卫生安全治理需要从被动应急转向主动防御的韧性治理，更加强调超大特大城市系统主动提升综合处置和调适能力，快速回应外部卫生风险冲击，部分学者将这一韧性能力称为医疗/卫生系统韧性（Health System Resilience）①。如图2-2所示，只有具备这种积极的调适能力，医疗系统才能有效应对诸如流行病暴发等导致的医疗需求激增问题，实现对突发公共卫生事件的韧性反应。

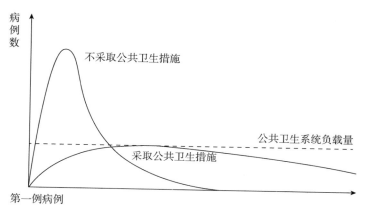

图2-2　新冠疫情防控韧性思维

资料来源：作者自制。

近年来，国内学者围绕医疗系统韧性建设及评估展开多项研究，尤其是2020年新冠疫情以来出现了大量探讨公共卫生事件背景下的城市韧性、社区韧性研究。《中国公共卫生》期刊于2022年第二期专题设立公共卫生系统韧性研究栏目，刊登六篇典型文章。其中，周文婧等提出卫生系统韧性，认为医疗卫生机构呈现动态变化的耗散结构，当遭受内外部干扰时，韧性系统能够及时有效吸收、适应、转化并演化为稳定有序的结构，同时构建出一套灾难性医疗需求激增情境下的

---

① Edwine, et al., "From Bouncing Back to Nurturing Emergence: Reframing the Concept of Resilience in Health Systems Strengthening", *Health Policy & Planning*, 2017.

卫生系统韧性评价指标体系，弥补了国内该领域研究的缺失。① 因此，从城市防疫的角度探讨安全韧性城市策略，提高城市应对公共卫生事件的应急能力，是未来安全韧性城市规划与政府治理工作的重要内容。

三 安全韧性城市特征及构成要素

（一）安全韧性城市特征

前文述及，韧性是一个多元的概念，在学科内部和学科之间有着差异性理解，研究者将韧性融入城市规划过程中并附加诸多解释词语，往往通过韧性的原则、特征、功能、属性等进行表达。由于上述概念相互交叉，本书统一归为安全韧性城市特征。

在适应性循环理论中，O'Hare 等较早提出了韧性系统的基本特征，即动态平衡性、兼容性、高效流动性、扁平性、缓冲性、冗余性，他认为，韧性首先表现为系统功能的多元化，受到冲击后系统能够进行动态调整，促使系统中各要素趋于稳定;② 其次，韧性组织注重高效流动性与扁平性，不仅体现在物质环境构建上，还体现在社会机能上，以增强系统抵御能力；最后，韧性系统要具备足够的储备能力，即冗余性，主要体现在对某些重要功能的整合方面，在吸收外部干扰时达到缓冲。在后续研究中，Bruneau 等也提出冗余度、灵活性、模块化、鲁棒性、快捷性、多样性和适应能力等城市韧性属性。③ Allan 和 Bryant 认为，韧性城市应具备适应性、创新性、快速反应能力、充足的社会资本以及良好的生态系统。④ 美国洛克菲勒基金则提出韧性城市应对扰动和压力时应

---

① 周文婧等：《灾难性医疗需求激增情境下卫生系统韧性评价指标体系的构建》，《中国公共卫生》2022 年第 2 期。

② O'Hare, M., et al., "Searching for Safety", *London*：*Transaction Books*, 1989.

③ Bruneau, M., et al., "A Framework to Quantitatively Assess and Enhance the Seismic Resilience of Communities", *Earthquake Spectra*, Vol. 19, No. 4, 2012, pp. 733 – 752.

④ Allan, P., Bryant, M., "Resilience as a Framework for Urbanism and Recovery", *Journal of Landscape Architecture*, Vol. 6, No. 2, 2011, pp. 34 – 45.

具备七个系统特征：反思性、资源可用性、包容性、完整性、鲁棒性、盈余性和可塑性。以上特征主要从定性的角度来阐释韧性城市的特征，但目前仍然缺乏定量模型拟合不同系统特征之间的相互关系以及统一的尺度量化城市系统的韧性程度。① 高恩新从灾害学角度提出城市韧性的多功能、冗余度、生态和社会多样性、网络链接、适应性五点特征。②

综上所述，对于外部突然的冲击，在韧性思维指导下必须增强系统的反思性与鲁棒性；同时在系统配置中加入冗余性，以便在发生损坏时快速恢复系统稳定。对于缓慢发生作用的风险因素，缺乏及时有效干预可能导致系统不可逆转的变化，甚至将系统转变为完全不同的状态。在这种情况下，只强调鲁棒性和冗余性是不够的，还需要改进系统的包容性和整体性。本书认为，安全韧性城市规划和建设过程应当具备七点特征，即反思性、鲁棒性、冗余性、灵活性、资源可用性、包容性和整体性（见图 2 - 3）。

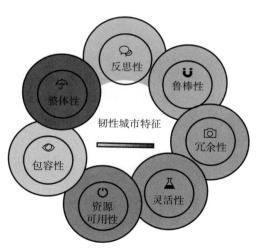

图 2 - 3 安全韧性城市特征示意图

---

① 徐耀阳等：《韧性科学的回顾与展望：从生态理论到城市实践》，《生态学报》2018 年第 15 期。
② 高恩新：《防御性、脆弱性与韧性：城市安全管理的三重变奏》，《中国行政管理》2016 年第 11 期。

一是反思性（Reflective）。反思性要求政府组织能够接受当今世界固有的、不断增加的不确定性和变化。建立积极适应发展的新机制，并根据新出现的状况及时修改标准或规范，而不是固守现状寻求永久解决方案。政府执行机构检查并系统学习历史经验，利用这些经验为未来的决策提供信息支持。在韧性城市建设过程中，需要克服规划设计可能面临相关知识匮乏的不利状况，将不确定的扰动影响视为学习修正的机会。

二是鲁棒性（Robustness）。鲁棒性最早源于控制理论，又译为"强壮性、韧性和稳健性"，是指系统承受短期（突然）、急性的内外冲击而主要功能没有重大退化的强度。为了实现这一点并增强系统的安全性，系统需要有对抗或吸收干扰的能力。鲁棒系统包括精心设计、建造和管理的实物资产，以便能够承受危险事件的影响，而不会造成重大损坏或功能损失。鲁棒设计能够预测系统中的潜在故障或隐患，并且积极避免过度依赖单一资产，秉持消除级联风险和阈值思维，因为如果超过特定阈值，可能会导致系统灾难性崩溃。

三是冗余性（Redundancy）。冗余是指有意在系统内创建的备用容量，以便能够适应中断、极端压力或需求激增。安全韧性城市需要有一定程度的重复和备用设施模块，通过在时间和空间上分散风险，减少扰动状态下的损失。[①] 冗余性强调多样化，即实现特定需求或特定功能的多种方式。例如，分布式基础设施网络和资源储备。

四是灵活性（Flexibility）。灵活性意味着系统可以根据不断变化的环境进行改变、进化和调整。一个灵活的系统能够感知威胁，及时检测故障，并在其较小规模的子系统上迅速做出更改，从而在危害期间保持整体性能，这有赖于基础设施或生态系统管理的模块化应用。在危机状态下，灵活性可以带来更多解决问题的思路、信息和技能，可以通过引入新知识和技术来实现灵活性。这一特征还意味着以新的

---

① ［美］杰克·埃亨、秦越、刘海龙：《从安全防御到安全无忧：新城市世界的可持续性和韧性》，《国际城市规划》2015 年第 2 期。

方式吸收传统知识和做法。

五是资源可用性（Resourcefulness）。资源可用性意味着组织机构能够在压力下迅速找到不同的方式来实现目标或满足需求。这包括投资于预测未来条件、确定优先事项和应对能力，如调动和协调更广泛的人力、财力和物力资源。较高的资源可用性有助于一座城市在严重受压的条件下保持其基本秩序和快速恢复正常功能的能力。

六是包容性（Inclusion）。包容性强调广泛咨询和社区参与，包括弱势群体的角色发挥。安全韧性城市需要城市功能的混合和叠加，这主要是因为功能单一的城市要素之间缺乏实质联系，容易加剧系统脆弱性。解决一个部门、地点或社区面临的冲击或压力，而与其他部门、地点或社区发生疏离，是对韧性内涵的破坏。包容性的理念和协同方法有助于形成城市空间群体间的凝聚力和共同愿景。

七是整体性（Integration）。城市系统内的整合和协调促进了管理决策的统一性，以实现积极的结果。系统间的信息交换使构成要素能够共同发挥作用并通过反馈回路快速做出反应。当然，这不仅体现在城市物质实体（如基础设施）和空间规划布局上，也体现在人际关系和群体之间的协作上。

（二）安全韧性城市基本要素

随着韧性理论的发展和应用，国际社会逐渐形成工程韧性、生态韧性、社会—生态韧性及演进韧性等诸多概念，韧性内涵的延展丰富了韧性应用内容。2003 年，在韧性理念进入城市规划领域后，Bruneau 等一批早期学者提出了"TOSE"框架，进一步丰富了安全韧性城市的内涵。该框架由 4 个相互关联的维度组成，分别是技术韧性（Technical Resilience）、组织韧性（Organizational Resilience）、社会韧性（Social Resilience）和经济韧性（Economic Resilience）。2013 年，Stantongeddes 等提出并论述了城市韧性的四个主要部分，即基础设施韧性（Infrastructural Resilience）、制度韧性（Institutional Resilience）、经济韧性（Economic Resilience）和社会韧性（Social Resilience），该分类主要是将工程韧性拓宽为基础设施韧性，将组织韧性的表述转为制度韧性。[①] 后续国内外学者往往吸收该分类维度进行理论阐述，认为韧性城市是韧性理念在城市系统中的体现，安全韧性城市则是具备基础设施、制度、社会、经济等各方面韧性的城市空间。如图 2 – 4 所示，低碳城市、海绵城市、智慧城市等特色城市建设理念也多从这几个方面出发阐析其各自内涵。借鉴已有成果，本书在安全韧性城市评价体系构建中也参考了此类别模式进行阐析（具体内容见第三章第二节），以下概述这四个维度。

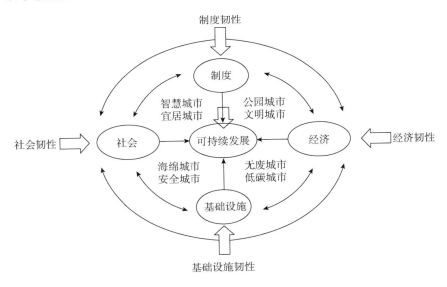

图 2 – 4 安全韧性城市建设基本测度维度

资料来源：作者自制。

一是基础设施（工程）维度：关键基础设施是城市系统正常运行的基础，对保持城市功能的有效实现具有重要作用。此处基础设施主要指防灾减灾、交通、通信、电力、食品供应、医疗等设施及关联环

---

① Stantongeddes, Z., Jha, A. K., Miner, T. W., "Building Urban Resilience: Principles, Tools, and Practice", *The World Bank*, 2013.

境。基础设施维度的城市韧性强调减轻建筑群落和设施系统由于灾害造成的物理损坏。这类损坏主要包括交通、能源、通信、电力等系统提供城市服务的中断。

二是制度维度：制度维度强调通过社会系统中多元主体联合和灵活的合作机制，不断创新危机学习效果和提高组织韧性。制度维度的城市韧性不仅需要政府应急机构、基础设施关联部门、警察局、消防局等机构或部门能够快速响应城市灾害，也要求公共组织能够有效开展重要建筑物维修、控制基础设施运行状态等，从而减轻外部冲击后城市功能的损害程度。

三是社会维度：社会维度的城市韧性强调社会系统在遇到破坏性冲击时，能够依靠社会系统自身力量实现有效整合，展现城市的适应性和恢复能力。减少人员伤亡及损失，灾后提供紧急医疗服务和临时避难场地，在此后长期恢复过程中能够满足当地就业、教育、卫生等市民公共服务需求。

四是经济维度：经济维度的城市韧性强调降低灾害或事故造成的经济损失，减轻城市经济活动所遭受的冲击影响。经济损失既包括房屋和基础设施以及工农业产品、商储物资、生活用品等因灾破坏形成的财产损失，也包括社会生产和其他经济活动因灾导致停工、停产或受阻等形成的损失。

第三节　国外安全韧性城市建设实践

国外安全韧性城市及韧性社区的建设开展较早，形成了一批卓有成效的地区实践。2002 年联合国召开全球可持续发展峰会，一个基本观点是未来城市的永续发展离不开韧性能力。在此之后，全球范围内许多国家制定了韧性发展战略，一些城市根据当地面临的灾害状况提出了具体的行动规划。这些规划针对的风险不同，行动方案也有明显差异，但共性是强调提升城市应对灾害风险的综合响应及适应能力，以实现安全韧性的城市发展目标。譬如，美国、英国、日本、加拿大、荷兰等国家发布了城市韧性发展计划，推动了地区建设实践，其中的有益经验值得中国借鉴。

一 美国纽约与波士顿

纽约和波士顿作为全球应对气候变化问题的早期倡导地区，是美国第一批发布气候监测和评估框架的城市，其背景是两个城市均面临各类灾害及气候变化带来的挑战，城市基础设施、景观和建筑设施不断经历洪水、暴雨、山火和高温热浪事件的冲击。作为全球安全韧性城市建设行动的开拓城市，纽约和波士顿从建筑、交通、能源、沿海保护、极端天气灾害应对、废弃物处理等多个领域开展了韧性建设规划与实践。

（一）纽约

纽约的五个行政区拥有 520 英里的海岸线，整个城市的低洼地区每月都会经历由于海平面升高导致的潮汐淹没。2007 年，时任市长迈克尔·R.布隆伯格发布了市政计划，即《一个更绿色，更伟大的纽约》（*PlaNYC：A Greener, Greater New York*），其重点是满足城市不断增长的人口安全保障和基础设施需求。该计划主要包含了纽约的可持续发展战略，试图解决城市基础设施老化问题、改善纽约人的生活质量和医疗服务，并首次承诺实现减少温室气体排放的目标。2011 年的补充计划《2011：一个更绿色、更伟大的纽约》，旨在对环境稳定和宜居社区建设做出更为细致的规划，并重点开展棕地清理工作以及空气和水的质量改善工程。

2012 年 10 月，飓风"桑迪"以前所未有的力量袭击纽约，造成破纪录的灾害。许多城市社区遭到破坏，房屋和企业被淹，公共服务大范围中断，基础设施严重受损，造成 190 亿美元的经济损失。此次事件暴露出纽约沿海社区的脆弱性，许多家庭和企业主耗时多年才完成重建和恢复工作。从飓风"桑迪"吸取教训后，纽约制定了详细的行动计划，即《纽约计划：一个更强大、更有韧性的纽约》（*PlaNYC：A*

Stronger，More Resilient New York），详细阐述了纽约如何从风暴中恢复以及沿海社区、建筑物和基础设施的长期韧性建设目标，并提出 10 年韧性城市建设项目清单。其中的重点领域之一便是强化社区韧性，直接与洪泛区社区合作，根据对沿海洪水风险的新认识，重新审视土地使用、分区和开发问题。除此之外，该计划还确定了通过基础设施投资和社会整体韧性来提高社区韧性的方案。①

2015 年，纽约采用 100RC 倡议，将公平、可持续性和韧性理念纳入城市规划中，发布了更全面的气候韧性建设规划，即《纽约规划：建设一个强大而公正的城市》（*One New York：The Plan for a Strong and Just City*）（见表 2 - 10），实施应对气候变化城市综合服务。纽约是全球海岸型超级城市的代表，在安全韧性城市建设和气候适应方面进行了大量的积极探索，输出了不少示范经验。面对日益严峻的全球气候变化影响，纽约加快构建海岸城市韧性行动组织框架，将安全韧性目标整合到城市管理和决策过程中，确立了详细行动路线图，为有效提升海岸城市韧性水平提供了经验。② 此外，该规划明确指出纽约在灾难期间的应急运作能力取决于有韧性的信息技术基础设施，该基础设施要能够保障关键机构应用程序运行、数据的安全性以及电信网络畅通。纽约通过复制和备份关键应用程序来填充完善数据中心并将该数据中心纳入城市机构运营计划中，同时强化网络和基础设施资产，以抵御气候灾害引发的公共设施中断风险。随后，纽约还出台了《韧性零售业》（*Resilient Retail*）政策方案，旨在加强整个城市洪泛区的零售业恢复规划。通过解决与洪水风险相关的短期需求和长期监管挑战，支持"零售走廊"建设及其所服务社区的持续活力，促进受灾害影响的零售业改造和积极重建战略，以降低个体企业遭受频发的城市洪水风险，确保灾害冲击后仍然可营业并满足社区对关键商品和服务的需求。

---

① 钟晓华：《纽约的韧性社区规划实践及若干讨论》，《国际城市规划》2021 年第 6 期。

② 彭震伟等：《海岸城市的韧性城市建设：美国纽约提升城市韧性的探索》，《人类居住》2018 年第 2 期。

表 2 - 10　　　　　　　　　纽约气候韧性建设规划

建设领域	目标	主要内容
社区	加强社区组织	加强社区组织并努力扩大公民参与和志愿服务
	改进应急预案和规划	加强应急响应支持和实物资产并扩大公众教育工作，宣传如何准备和应对极端天气事件和其他灾害
	支持小企业和地方商业走廊	为小企业和商业走廊防灾建设提供金融投资、技术援助和定制资源，以备不时之需
	确保劳动力发展	确保所有抗灾投资为居民和低收入人群创造就业机会
	降低高温风险	采取措施降低高温风险，减少气候变化带来的脆弱性
建筑物	升级公共部门建筑和私人房屋	减少脆弱的建筑存量，以抵御气候变化和极端天气事件风险
	采用支持建筑升级的政策	制定促进建筑抗灾能力投资的政策，包括评估土地使用，促进整个城市抗灾能力的工具支撑
	改革联邦应急管理署国家洪水保险计划	促进对降低实物风险的投资，实施增强保险承担能力的政策
基础设施	完善地区基础设施系统	协调城市机构之间以及基础设施提供商和运营商的弹性投资
	支持基础设施适应气候变化	将气候科学研究、立法行动、宣传和区域协调结合起来，使城市的基础设施能够抵御破坏
沿海防御	加强城市的海防	完成纽约37亿美元的海岸保护计划，这是一项基础设施投资、自然区域修复以及设计和治理升级计划
	为重要的海岸保护项目吸引资金	为基础设施寻找和确保新的资金来源，以降低沿海洪水风险
	采取政策支持海岸保护	调整并采取政策支持对海岸保护投资，确保这些投资得到有效运营和维护

资料来源：One New York：The Plan for a Strong and Just City（2015）。

2017年，纽约发布《气候韧性设计指南》（Climate Resilience Design Guidelines），该文件提供了详细的建筑物建设规范和标准说明，以历史气候数据为依托，指导城市设施的设计改造，使城市基础设施，尤其是建筑物更具韧性特征。截至2021年年底，该文件已经更迭五个版本，从韧性设计过程、风险筛查工具、风险评估方法、收益成本分析四个方面指导政府决策者及建筑设计者确立韧性建设清单，为后续陆续出台的相关政策规划奠定了基础。

2019 年纽约出台了《沿海区域韧性：社区韧性规划》（*Zoning for Coastal Flood Resiliency：Planning for Resilient Neighborhoods*），旨在提高整个城市洪泛区当前和未来的抗灾能力，鼓励位于沿海洪水风险区域内的所有建筑物主动提高抗灾标准，市政府将出资支持所有建筑类的韧性设计，包括不能完全满足防洪建筑标准的现有结构。此外，由于气候变化，海平面上升，沿海风暴变得更加频繁和严重，由纽约和联邦政府共同资助的"东侧沿海韧性"（*East Side Coastal Resilience*，ESCR）项目于 2020 年落地，将防洪功能融入社区结构，改善滨水开放空间和通道，从而降低洪水对曼哈顿东区至蒙哥马利街的财产、景观、企业和关键基础设施造成损害的风险。由于 ESCR 项目设计年限为 100 年，纽约按照 2050 年极端、低概率的海平面上升预测结果进行整体设计，防洪高度在现有等级之上高出 8—9 英尺。

（二）波士顿

历史上，美国波士顿地区存在持续的种族纷争和阶级分化，社会与经济领域的不公正、阶层矛盾则进一步加剧了波士顿面对灾害事件、气候变化、基础设施不完善等层面的脆弱性。为了应对这些挑战，2013 年波士顿制定并发布了《建设韧性波士顿》（*Building Resilience in Boston*），这是当地政府出台的第一份有关韧性建设的文件，提出利用联邦政府等提供的资源，加快以建筑设施为主要目标的韧性改善。2016 年 12 月，波士顿进一步发布了城市韧性战略研究报告，即《韧性波士顿》（*Resilient Boston*），致力于建设一个公平、安全导向的韧性城市。该报告特别强调将种族平等、社会公正和社会凝聚力嵌入城市韧性基础设施建设、环境保护、经济发展过程中，将对"人"的考量放在首位。这项韧性战略研究报告详细提出了包括 4 个愿景、13 个目标、23 项倡议及 68 项具体行动计划的"一揽子"执行方案，聚焦种族问题与城市化、全球化和气候变化等挑战，整合回应这些复杂且相互关联的问题，为城市未来发展提供强大动力。① 该报告也承认种族主义思想在波士顿的公共和私营机构中根深蒂固，种族偏见和歧视以某种方式影响着政策实践，导致波士顿有色人种发展的结果不公平，包括更突出的生存压力、居住隔离以及刑事司法系统的区别对待。

2018 年，时任波士顿市长 Martin J. Walsh 推出了《韧性波士顿港》（*Resilient Boston Harbour*）发展规划，将大力投资波士顿的滨水区，以保护该市居民、房屋、工作和基础设施免受海平面上升和气候变化的影响，计划沿波士顿 47 英里的海岸线实施改造（见表 2 - 11）。《韧性波士顿港》建立在 "*Imagine Boston* 2030" 的基础上，并使用 "城市气候准备波士顿 2070"（*City's Climate Ready Boston* 2070）中设立的洪水地图和沿海韧性社区研究波士顿最脆弱的洪水通道。该计划中制定的战略包括高架景观、滨水公园、抗洪建筑以及增加与滨水区的连接通道。这些战略由联邦、州、私人、慈善和非营利社会组织合作资助。同年，波士顿市政府在《波士顿 2014 年绿色创新气候行动计划更新》（*Greenovate Boston* 2014 *Climate Action Plan Update*）和《波士顿气候变化应对策略》（*Climate Ready Boston*）基础上，制定了新的《波士顿历史建筑韧性设计指南》（*Boston——Resilient，Historic Buildings Design Guide*），主要针对极端降水、风暴、海平面上升、热浪等各类自然灾害情境下，公共部门如何保护波士顿历史建筑以应对气候变化。

表 2 - 11　　　　　　　　　　波士顿韧性建设特别项目

目标	主要内容
建筑韧性	推动零净碳建筑标准的建立和实施 推进现有建筑物的节能改造 制定碳排放绩效标准 鼓励与大力发展绿色建筑 实施建筑物的脆弱性和风险性评估 开展建筑物节能行为的宣传与教育活动

① 朱春奎、刘梦远：《波士顿应对气候变化的韧性城市建设战略与启示》，《创新科技》2021 年第 2 期。

续表

目标	主要内容
交通韧性	推动交通基础设施的改善和扩建 推动出行方式的转变 支持城市部署零排放汽车和共享汽车 鼓励骑自行车和散步，减少碳足迹 鼓励拼车
无废城市	开展宣传教育活动 减少循环再生率低的产品和包装 探索减少难以复用、再生、堆肥的餐具和包装的政策等

资料来源：Resilient Boston Harbour。

此后，《韧性、公平与创新——城市基础设施融资加速指南》（*Resilience, Equity and Innovation——The City Accelerator Guide to Urban Infrastructure Finance*）、《韧性城市前沿·种族平等——从业者行动指南》（*Racial Equity·Resilient Cities at the Forefront——A Practitioner's Guide To Action*）、《波士顿绿丝带委员会五年战略计划（2021—2025 年）》（*Boston Green Ribbon Commission Five-Year Strategic Plan 2021—2025*）等一系列详细规划文件也陆续出台，有力地支持了波士顿韧性城市建设与实践探索。

二　英国伦敦

伦敦早在 2011 年便发布了《管理风险和提升韧性》（*Managing Risks and Increasing Resilience*），该文件主要针对气候变化影响下严重威胁伦敦的三大主要灾害，即洪水、干旱和酷热，从医疗、生态环境、经济和基础设施方面提出了行动框架和内容。该市于 2015 年 3 月进一步发布了《伦敦规划》，确立了"大伦敦"发展战略并提出了具体的城市愿景目标，包括建设有效应对经济和人口增长挑战的城市，建设拥有多样化、强大保障和高通达性的城市，建设低碳节能的世界级环保城市，建设轻松、安全、便捷的工作机会可及性和享受服务设施的城市。此外，《伦敦规划》特别强调积极应对气候变化带来的挑战，强化全方位韧性建设。① 在基础设施安全韧性方面，重点改善中小企业、社区与中心城区的基础配套设施，增强"内伦敦"与"外伦敦"有效联结。在经济安全韧性方面，推动执行二氧化碳减排制度，对不同企业、建筑和区域设定差异化的减排目标。在社会安全韧性方面，强化与市镇、社会公共机构、志愿部门的合作，增加各类医疗资源与保障性住房供给，关注特殊群体的公共服务水平。在制度韧性方面，完善"大伦敦"区域的政府协调机制，推动英国政府就英格兰东部和东南部的安全、可持续发展展开协商。

2020 年，伦敦市政府以"韧性城市"为理论指导，在《分析现有政策如何促进韧性》（*Analysis of how existing policy contributes to resilience*）、《伦敦风险登记册》（*London Risk Register*）等政策文件的支撑下，进一步制定了《伦敦城市韧性战略（2020 年）》（*London City Resilience Strategy* 2020）的规划方案，该战略方案紧紧围绕人、空间、制度三要素，形成城市韧性建设的总体战略思路并设立了 2050 年远期发展目标（见表 2 – 12）。

表 2 – 12　　　　　　　　　伦敦城市韧性战略（2020 年）

建设领域	目标	主要内容
人：建设社区韧性	急救	提供急救培训，使他们在紧急情况下能够恢复能力和准备
	极端高温管理	建立凉爽舒适的空间，帮助伦敦人应对极端热浪带来的影响
	可持续用水	推广减少水资源浪费的方法
	粮食安全	了解伦敦的粮食供应和缺乏的影响因素
	了解社区风险	拓宽渠道了解社区风险，建立社区韧性
	场景规划和剧院	利用文化场景，为紧急情况做好准备

① 陶希东：《韧性城市：内涵认知、国际经验与中国策略》，《人民论坛·学术前沿》2022 年第 1 期。

续表

建设领域	目标	主要内容
空间：发展物理环境与基础设施韧性	综合循环水系统	改善伦敦的底层水系统，以增加水的循环利用
	支持复合空间	制定伦敦复合城市空间框架的标准
	数据风险	为伦敦制定负责任的共享数据标准和支持政策
	网络应急响应能力	提高伦敦应对网络紧急情况后果的能力
	创新基础设施数据运营	提高伦敦基础设施系统的弹性和优先级 通过开发数据进行投资
	韧性与零碳的基础设施	制定实际步骤以实现可持续发展的伦敦基础设施
	安全韧性的房屋和建筑	改变现有的住房存量，优先考虑安全
	企业韧性	了解并促进企业适应性和韧性
制度：政府管理整体韧性	大伦敦管理局适应能力	强化敏捷治理，支持政府适应性、协作性、包容性和可持续的政策
	扩展自适应治理	扩展敏捷的城市治理模式，以支持一种适应性的、全伦敦范围内的城市韧性方法
	反恐合作	扩大城市在反恐准备方面的合作 保护城市安全的 CTPN 网络
	解决长期风险	整合伦敦韧性合作伙伴关系的风险管理流程
	量化业务中断的成本	建立模型以了解伦敦交通中断的成本并为政府决策提供信息
	利用预测改进韧性建设	支持以数据为核心的预测方法，在不断变化的城市中实现适应性决策
	为无现金社会做准备	了解由数字交易主导的经济社会影响

资料来源：*London City Resilience Strategy* 2020。

随后，伦敦发布了《伦敦计划（2021 年）——大伦敦的空间发展战略》（*London Plan* 2021——*the Spatial Development Strategy For Greater London*），再次提出四点城市韧性提升策略：一是寻求提高能源效率并支持向低碳循环经济的转变，为伦敦到 2050 年成为零碳城市做出贡献；二是确保建筑物和基础设施的设计能够适应气候变化，有效利用水资源，减少洪水和热浪等自然灾害的影响，同时减轻城市热岛效应；三是创造一个安全可靠的环境，能够抵御包括火灾和恐怖主义在内的紧急情况影响；四是采取综合和智能的方法，确保公众、私营企业、社区和志愿部门共同规划和合作。① 这些战略思想和规划为伦敦城市韧性建设乃至欧洲国家相关政策改革起到深远影响。

三 日本京都

京都（Kyoto）位于日本西部，以其传统工艺和工业而闻名，拥有38 所大学，是日本的学术中心之一，由于出生率低，京都人口老龄化严重。京都曾作为日本首都长达 1000 多年，拥有大量国宝和本土文化特性，联合国教科文组织将"古京都的历史遗迹"作为文化遗产列入《世界遗产名录》。

面对经济疲乏、人口老龄化、经济脆弱性、自然灾害频发以及保护历史遗址的压力，2016 年 5 月京都加入 100RC 计划，开始规划安全韧性城市建设。2017 年 4 月 1 日，京都市任命前副市长藤田博之为CRO（首席韧性官）并成立了"京都市韧性推进总部"。2019 年 3 月18 日发布的《京都城市韧性战略——为了一个韧性、强大、可持续和有吸引力的京都》（京都市レジリエンス戦略 ~しなやかに強く，持続可能な魅力あふれる京都のために~）确立了整合政策、利益相关者参与、创新方法、接受不确定性、将挑战转化为机遇五点原则。该文件尤为强调全社会韧性文化的形成，明确提出要提升地方减灾力量和增强公民韧性意识，培养安全韧性城市未来领袖，建立和维护一个有弹性的社会环境；进一步强化京都自治传统和公民互助意识，推动多方力量参与社区发展，解决当地社区可持续发展问题；创建健康、安全和安心的社区，推进区役所/分支机构与相关组织之间的合作。在此基础上，京都充分利用市民和企业的力量进行防灾城镇建设，以实现发生灾害时不陷入危机，维持城市运转功能。以下是

---

① 俞俊：《全球城市研究前沿情报（三）伦敦发布首份城市韧性战略》，《全球城市研究》（中英文）2020 年第 1 期。

该文件提出的六点支柱，围绕此目标京都市政府规划了五十七条具体措施。

支柱一：成长和融合的一代。建立一个开放、适应、包容的社会，培养京都未来的韧性领导者。

支柱二：建立社区韧性。地方和都市层面实现参与式治理。

支柱三：联系经济与文化。促进经济发展，保护京都的文化遗产，推动地区经济与文化发展相互支持。

支柱四：提高城市景观宜居性。为所有人打造安全宜居的城市景观。

支柱五：引领环保。建设环境保护示范城市。

支柱六：减少未来冲击的风险。增强公民和社区的韧性能力，为冲击做好准备。

此外，该文件还提出在京都各级政府职能部门建立"京都创造综合战略/韧性/SDGs"（京都創生総合戦略？レジリエンス・SDGs）办公室，由市长、副市长、CRO、各区长、局长担任负责人，主要任务是负责推动办公室的工作。同时，在市级本部下设"韧性强化政策整合推进部门"，负责应对自然灾害等危机（冲击）的对策，与京都市防灾协议会等现有的相关组织加强协调、共享信息并讨论合作措施。在公职人员宣传教育上，京都提出对所有政府工作人员进行安全韧性城市相关理念的宣讲，对行政系统以外的员工通过参与式研讨会等方式向其传播韧性观点。

四　加拿大温哥华

温哥华是加拿大不列颠哥伦比亚省低陆平原地区的一个沿岸城市，也是加拿大第三大都会区。长期以来，这座城市面临海平面上升和地震的潜在威胁，同时社会和经济不平等也损害了当地居民的福祉，历史上曾爆发多起群体冲突事件。在此背景之下，温哥华于 2014 年出台了《和解框架》，旨在调解城市新市民与原住民的关系，并陆续出台了《地震防备策略》《2040 年交通规划》《温哥华住房战略》《气候适应战略》《健康城市战略》《2020 年最绿城市战略》等城市可持续发展战略规划。2016 年温哥华加入国际 100RC 计划，此后《韧性温哥华：衔接·准备·成长》（*Resilient Vancouver：Connect·Prepare·Thrive*）于 2019 年 6 月颁布，着眼于应对城市未来挑战（见表 2 - 13）。该文件发布后，当地又制定了更多的未来战略与之匹配，包括《温哥华城市规划》和《创意城市战略》以及着眼于借助绿色基础设施，达成水资源、居民健康和环境长期韧性发展的《雨水城市战略》。

表 2 - 13　　　　　《韧性温哥华：衔接·准备·成长》战略目标

优先领域： 繁荣且有所预备的社区	优先领域： 积极主动且合作的城市	优先领域： 安全且具适应性建筑和基础设施
目标 1：培养社区内联系、协作和自豪感	目标 1：放大代表性不足群体的声音，以改善韧性建设成果	目标 1：提高建筑性能以保护生命、减少拆迁并加快地震后的恢复
目标 2：为社区赋能，使其在危机期间相互支持并实现灾后恢复	目标 2：塑造一个包容城市能适应变化并可把挑战转化为机遇	目标 2：规划、设计和升级市政设施，以满足多元化社区当前和未来需求并适应不断变化的环境条件
目标 3：改变社区理解风险并为当地灾害做准备的方式	目标 3：加强组织能力以管理风险，从冲击和压力中恢复	目标 3：预测威胁并缓解和最大限度地减少对市政基础设施和关键服务的干扰
目标 4：加强社会与文化服务和资产	目标 4：推进协作式减少灾害风险和恢复规划	目标 4：促进区域合作，评估、资助和强化生命线基础设施和供应链

《韧性温哥华：衔接·准备·成长》的整体内容是基于和解、公平、可持续、复苏、互惠 5 大指导原则，明确了 3 大优先领域、12 大目标、40 项行动。与其他韧性规划不同，温哥华将建筑和基础设施的建设放在首要位置，原因在于温哥华位于美洲板块与太平洋板块交界地带，板块碰撞挤压，地壳比较活跃，多火山、地震灾害。面对地质和

极端气候灾害，温哥华的建筑和基础设施面临多重压力，必须升级改造以应对外部风险，否则可能会威胁民众生命、财产安全和国民经济。因此，温哥华着力倡导相关政策支持和投资，以确保建筑和基础设施能够在不断变化的条件下为居民和企业提供安全、可靠的服务。在建筑设计指导思路上，《韧性温哥华：衔接·准备·成长》特别给出了参考示意图，新建筑在降低整体地震风险方面发挥着重要作用（见图 2-5）。从关键基础设施开始，温哥华着力推动实现基于恢复的建筑设计方案，以使建筑物能够在多发的地震后迅速恢复功能并为社区服务。

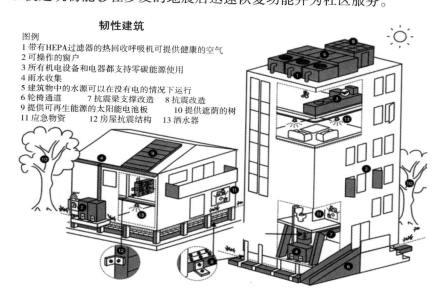

韧性建筑

图例
1 带有HEPA过滤器的热回收呼吸机可提供健康的空气
2 可操作的窗户
3 所有机电设备和电器都支持零碳能源使用
4 雨水收集
5 建筑物中的水源可以在没有电的情况下运行
6 轮椅通道   7 抗震梁支撑改造   8 抗震改造
9 提供可再生能源的太阳能电池板   10 提供遮荫的树
11 应急物资   12 房屋抗震结构   13 洒水器

图 2-5 温哥华韧性建筑示意

资料来源：*Resilient Vancouver：Connect·Prepare·Thrive*，作者翻译。

五 荷兰鹿特丹

鹿特丹是荷兰第二大城市，位于马斯河畔，城市与郊区总人口约100 万人。"在斗争中变得更加坚强"（Stronger Through Struggle）是鹿特丹的城市座右铭。身居一片泥泞的低地之上，鹿特丹人充分利用水的优势，挖掘港口，开辟新航道，在韧性建设方面积累了数百年经验，特别是在水资源管理和创新气候适应领域，取得了显著成果。

1953 年的超强洪水造成鹿特丹近 2000 人死亡并造成广泛的财产损失。这一事件凸显了海洋的破坏力并推动了鹿特丹的城市韧性建设。从大到数百米高的防水堤坝，小到屋顶上的一株绿植；从远到未来的浮动房屋，近到改造完成的水城广场，鹿特丹城市韧性建设无处不在。目前，鹿特丹正逐步从"防水治水"发展到谋求"与水共生"之道。2008 年，鹿特丹出台了《鹿特丹气候适应战略》，这是荷兰第一部与韧性建设相关的适应气候变化的城市规划。随着 2013 年"全球 100 韧性城市"（100RC）项目的启动，鹿特丹成为第一批试点城市，在上述计划的基础上快速制定了更为完备的安全韧性城市建设规划。《鹿特丹韧性战略》于 2017 年编制完成，从经济、能源、网络、气候、基础设施、社会组织以及城市更新七个角度提出安全韧性城市建设的目标和具体实施策略（见图 2-6）。时任鹿特丹市长的 Aboutaleb 认为，当前安全韧性城市建设最为紧迫的是网络信息和通信技术系统的安全，这需要通过增强"网络韧性"来确保鹿特丹市和港口地区在网络发生中断的情况下能够保持运作的能力。在对网络韧性进行评估的基础上，鹿特丹政府制定了网络韧性战略并与微软公司合作推动长期行动，包括建设网络韧性平台、网络韧性服务台、网络韧性合作社和网络韧性港口。目前，鹿特丹已成立港口网络韧性建设工作组，任命韧性建设官员；建立网络合作社以推广网络产品和服务；建立网络威胁情报观察站以监控网络威胁信号；设立网络响应团队以控制网络事件升级等。2018年，随着鹿特丹城市韧性建设的稳步推进，社区韧性也被提上日程。"Resilient BoTu 2028"作为第一项城市社区韧性建设综合规划出台，其目标是在 10 年内将 BoTu 的社会发展指数提高到鹿特丹城市平均水平。①

---

① 鹿特丹西部街区 Bospolder-Tussendijken（简称 BoTu），第二次世界大战期间遭到盟军的轰炸，20 世纪 60 年代被毁坏的街道才得以重建。BoTu 发展远远落后于鹿特丹的其他地区，被认为是鹿特丹问题最多的一个街区。

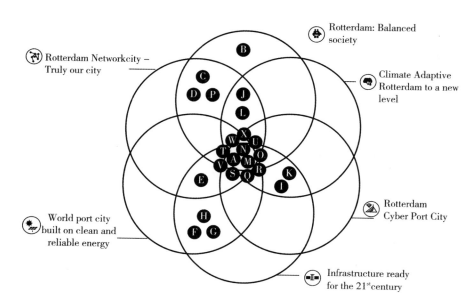

图 2-6　《鹿特丹韧性战略》目标框架

六　小结

吸收发达国家城市韧性建设经验，当代城市在制订长远发展规划中必须充分考虑防灾减灾战略，建设气候适应性城市是韧性城市的重要组成部分，也是安全韧性框架不可或缺的一环。从灾害管理到风险治理，需要政府公共部门转变角色，改变传统的碎片式、单灾种应对模式，转向全灾种、整合式协同应对。

在韧性城市建设中，一些发达国家已走在世界前列，相关安全韧性建设涵盖了几乎所有的城市规划内容，从政府体系架构到组织运行规则，从房屋建筑物、基础设施到街道社区设计，每项规划都彰显了韧性治理思维。这些规划还处于不断补充、更新以及动态调整的状态，为未来城市可持续发展提供了清晰思路。

特别地，国外安全韧性城市建设非常重视社区的细节设计，城市本质上是由不同的社区单元组成的，城市的社区、学校、工作场所、公园、娱乐中心以及人群聚集的地方能够给城市带来丰富的文化和精神寄托。但是，人口老龄化、贫富差距、种族歧视等问题阻碍了许多人充分参与到社区生活中，降低了防灾减灾基层治理效能。由此，如何建设强大和包容的社区成为国外韧性城市亟待突破的挑战。

第四节　国内安全韧性城市建设实践

加强韧性城市建设是提升城市抗灾风险能力、筑牢城市"安全线"的重要举措。21世纪以来，"韧性"理念和发展战略得到我国政府的大力支持，特别体现在城市规划层面，不同地区出台了大量政策文件，以探索推进安全韧性城市建设（见表2－14）。

表2－14　　　　我国部分地区与机构韧性建设政策文件

时间	政策文件及韧性建设相关内容
2017年	《上海市城市总体规划（2017—2035年）》 内容：高度重视城市公共安全，加强城市安全风险防控，增强抵御灾害事故、处置突发事件、危机管理能力，提高城市韧性，让人民群众生活得更安全、更放心
2017年	《北京城市总体规划（2016年—2035年）》 内容：加强城市防灾减灾能力，提高城市韧性，深化平安北京建设，增强抵御自然灾害、处置突发事件和危机管理的能力，降低城市脆弱度，形成全天候、系统性、现代化的城市运行安全保障体系
2020年	《省级国土空间规划编制指南（试行）》 内容：主动应对全球气候变化带来的风险挑战，采取绿色低碳安全的发展举措，优化国土空间供给，改善生物多样性，提升国土空间韧性
2020年	《市级国土空间总体规划编制指南（试行）》 内容：统筹存量和增量、地上和地下、传统和新型基础设施系统布局，构建集约高效、智能绿色、安全可靠的现代化基础设施体系，提高城市综合承载能力，建设韧性城市
2020年	《中共上海市委、上海市人民政府关于提高我市自然灾害防治能力的意见》 内容：构建能应对各种自然灾害风险、有快速修复能力的"韧性城市"
2020年	《北京市"十四五"时期智慧城市发展行动纲要（公众征求意见稿）》 内容：立足首都城市战略定位，打造健康、宜居、安全、韧性的新型智慧城市发展样板，助力提升城市法治、共治、精治水平

时间	政策文件及韧性建设相关内容
2020 年	《关于加快构建现代化应急管理体系提高处急难险重任务能力的实施意见》 内容：围绕建设超大城市重大安全风险防控体系、提升践行新发展理念的公园城市示范区发展韧性，聚焦应急管理核心体系、核心能力、核心流程
2020 年	《2020 年城市体检工作方案》 内容：城市体检内容包括生态宜居、健康舒适、安全韧性、交通便捷、风貌特色、整洁有序、多元包容、创新活力 8 个方面，其中安全韧性评估构建了 8 项子指标
2020 年	《山西省国土空间规划（2020—2035 年)》 内容：要形成高效集约、安全韧性的国土资源利用体系，构建安全韧性的综合防灾减灾体系
2020 年	《江苏省国土空间规划（2020—2035 年)》 内容：推动建设全域覆盖、动静结合、三维立体的智能化基础设施和感知体系，协同城市安全运营、应急响应和灾情评估与灾后恢复，提高智慧防灾减灾救灾能力
2020 年	《海南省国土空间规划（2021—2035 年)》 内容：构筑具有韧性的综合防灾减灾体系，全面提升防洪防潮能力、增强抗震防灾能力、推进人防融合发展、提升地质救灾能力、完善消防救援能力、加强核电站空间安全能力
2020 年	《大兴国际机场临安经济区控制性详细规划（街区层面)》 内容：围绕韧性城市建设理念，坚持以防为主，防灾减灾与应急救灾相结合，高标准规划建设防灾减灾基础设施，构建综合应急体系，坚持绿色低碳理念，建设韧性通达城市
2020 年	《长三角生态绿色一体化发展示范区国土空间总体规划（2019—2035 年）（草案公示稿)》 内容：构建韧性城市的防御体系，开展多维情景风险分析，动态评估识别示范区重点灾害源，预先布控。提倡冗余设计，提高低洼、滨水等高风险区的市政、交通基础设施和各类防灾减灾设施的设计标准，提升综合防灾能力
2021 年	《河北省国土空间规划（2021—2035 年)》 内容：建设安全韧性城市，建设防灾空间布局合理、防灾设施强力支撑、灾害风险有效管控、应急响应能力充分的系统性、现代化的城乡防灾减灾救灾体系
2021 年	《青海省国土空间规划（2021—2035 年)》 内容：提出建设韧性城镇，构建全天候、系统性、快速处置的现代化城市运行安全保障网，建设韧性城市
2021 年	《吉林省国土空间规划（2021—2035 年)》 内容：加强自然灾害调查、风险评价、监测预警体系建设，强化灾害工程防御和应急体系建设，沿主要通道构建防灾抗灾救灾通道，实施防洪排涝、防震减灾、地质灾害防治、区域应急救援中心重大防灾工程，优化社区防灾减灾设施布局，构筑具有韧性的综合防灾减灾体系

续表

时间	政策文件及韧性建设相关内容
2021 年	《浙江省国土空间总体规划（2021—2035 年）》 内容：充分利用自然生态自有防灾减灾功能，有序实施软硬件措施，谋划台风、洪涝、地质灾害、海洋灾害和人防等公共安全避险空间和应急空间，努力建设韧性浙江
2021 年	《云南省国土空间规划（2021—2035 年）（公开征求意见稿）》 内容：保障人居安全，建设"韧性云南"，识别全省地震、滑坡、泥石流等灾害点分布、灾害等级，制定对应防治措施，引导县级规划划定具体防控线
2021 年	《社区生活圈规划技术指南》 内容：倡导低碳技术应用，增强社区韧性，实现服务设施空间的动态适应与弹性预留，提高社区应对各类灾害和突发事件的预防、响应和灾后修复的能力，建设安全、低碳的健康社区
2021 年	《地震安全韧性城市建设导则》 内容：规定城市承灾体抗震韧性目标、抗震韧性能力评价、空间布局引导、建筑地震安全韧性能力建设、应急保障基础设施及应急服务设施地震安全韧性能力建设、地震安全韧性城市建设实施策略等内容，提高城市韧性
2021 年	《江苏省市县国土空间总体规划编制指南（试行）》 内容：以风险评估为基础，加强生态安全、生物安全、环境保护、安全防护等涉及城市安全要求的各类用地和设施规划落实，构建韧性可靠的城乡安全体系
2021 年	《国土空间规划城市体检评估规程》 内容：分析生态环境改善、住房保障、公共服务、综合交通、市政基础设施、城市安全韧性、城市空间品质等方面的成效及问题，其中为防灾减灾与城市韧性评估构建了 8 项子指标
2022 年	《安全韧性城市评价指南》 内容：给出安全韧性城市评价目的和原则、评价内容和指标、评价方法和打分与计算方法

目前，北京、上海等地开展了安全韧性城市建设的诸多有益探索，四川德阳、湖北黄石、浙江义乌、浙江海盐 4 座城市先后入选"全球 100 韧性城市"（100RC）。部分先行城市高度重视系统建设，坚持高起点规划、高质量建设、高水平管理，成立了韧性城市建设专项领导小组和专家委员会，设立或聘请了首席韧性官，并借力 100RC 示范平台，加快转变城市发展方式，加强生态环境治理，不断提升城市应急处置和防范抵御自然灾害风险的能力。实践中，每个城市各具特点，安全韧性城市建设重点各有不同。

一　北京

北京是历史名城、千年古都，又是现代化国际大都市，承载着首都核心功能。北京于 2015 年组织相关单位开展韧性城市规划纲要研究工作，并将"建设韧性城市"写入《北京城市总体规划（2016 年—2035）》。按照该规划，北京将从大气污染治理、公共安全保障、市政基础设施和城市管理体制出发构建安全韧性城市。由于北京地处华北地震区，曾发生 1679 年三河—平谷 8 级地震、1057 年大兴 6.8 级地震、1730 年颐和园 6.5 级地震等重大地震灾害事件，北京更关注地震风险下的安全韧性城市建设，也就是地震安全韧性。2018 年，《推进北京地震安全韧性城市建设行动计划（2018 年—2020 年）》快速出台并落地实施，其中包括提升监测预警能力、削减城乡抗震隐患、强化抗震设防监管、提升地震风险社会防范能力、扎实做好地震应急准备、联合津冀做好重大地震灾害风险防范、推进规划任务落实和项目建设共 7 个方面，并细化了 28 项任务，构建起目标可量化、风险可评估、措施可操作、结果可考核的地震安全韧性城市评价体系和体检评估制度。

2021 年，北京出台《关于加快推进韧性城市建设的指导意见》（以下简称《意见》），意味着北京是国内首个将安全韧性城市建设纳入城市总体规划的城市，《意见》对于保障首都城市安全和创建国际一流的和谐宜居之都具有重要意义，在全国具有示范引领作用。《意见》从统筹拓展城市空间韧性、强化城市工程韧性、提升城市管理韧性、培育城市社会韧性 4 个角度，规划北京未来 15 年的韧性建设目标，从 22 个方面详细提出了指导意见，具体如表 2 – 15 所示。北京市政府提出统筹规划，着力提升城市空间韧性、工程韧性、管理韧性、社会韧性，以实现城市发展有空间、有余量、有弹性、有储备。按照该规划，到 2025 年，北京安全韧性城市评价指标和标准体系基本形成，将建成 50 个韧性社区、韧性街区或韧性项目，形成可推广、可复制的建设典型经验。到 2035 年，北京安全韧性城市建设取得重大进展，抗御重大灾害能力、适应能力和快速恢复能力显著提升。

表 2－15　　　　　　　　北京韧性城市建设 22 项指导意见

	措施	主要内容
拓展城市空间韧性	增强城市空间布局安全	深入开展城市气候变化影响研究和地下结构探测分析，统筹开展全要素、全过程、全空间的风险评估，识别与划定各类灾害风险区等
	完善城市防灾空间格局	以城市快速路、公园、绿地、河流、广场等为界划分防灾分区，完善城市开敞空间系统，谋划灾后中长期安置空间
	保障疏散救援避难空间	推进综合型应急避难场所建设，建立应急避难场所社会化储备机制
强化城市工程韧性	提高建筑防灾安全性能	全面排查房屋设施抗震性能，推进现有不达标房屋设施抗震加固改造，严格审批和监管，杜绝出现新的抗震、防火等性能不达标建筑
	提升城市生命线工程保障能力	加强城市生命线工程建设、运营和维护，逐步开展管网更新改造，提升智能化管理水平
	加强灾害防御工程建设	逐步提升灾害防御工程标准，加快推进堤防达标建设，统筹防洪需求和交通、休闲绿道建设，深入排查、综合治理地质灾害风险隐患
	推进海绵城市建设	发挥生态空间的雨洪调蓄、自我净化作用，强化蓄滞洪区建设，优先采用绿色设施，鼓励海绵城市技术应用，支持开展海绵型项目建设
提升城市管理韧性	建立韧性制度体系	制定与韧性城市建设相关的地方性法规和政府规章，构建韧性城市标准体系，研究制定韧性城市评价标准，推进各行业领域制定韧性建设标准
	构建城市感知体系	构建协同综合、灵敏可靠的城市感知体系，实现各感知系统互联互通、信息实时共享
	完善风险防控和隐患排查治理体系	健全公共安全综合风险管理体系，强化多灾并发和灾害链式反应风险分析；健全重大隐患治理挂牌督办和整改效果评价制度，完善灾害风险数据库
	提高风险研判和预警能力	加强突发事件演化机理研究和监测分析，构建全方位、立体化、智能化的应急管理平台，推进信息数据多源开放共享
	提高应急救援能力	系统整合城市应急力量和资源，加强航空应急救援力量建设，完善跨部门、跨区域快速协作和应急处置机制，提高各类应急救援力量协同作战能力

续表

	措施	主要内容
提升城市管理韧性	提高应急物资保障能力	完善应急物资储备、调拨和紧急配送机制，健全实物储备和产能储备、政府储备和企业商业储备相结合的模式
	提高应急医疗救治能力	统筹医疗救治优势资源，完善应急医疗救治网络和联动机制，形成分级分层、平战结合的应急医疗救治体系
培育城市社会韧性	培育城市韧性素养	坚持城市韧性理念，发展韧性文化，把韧性城市理念、应急常识和能力教育纳入中小学和高校素质教育，大力开展社会公众应急基础素养培训
	完善社会救助和风险分担机制	健全受灾人员专项救助制度，提升慈善组织、红十字会以及其他应急救灾款物接收单位的公信力和工作能力，推进政府购买社会救助服务
	加强安全应急科技和产业支撑	推动应急科研成果转化、示范和推广应用，指导企业建立应急保障快速转产机制，构建平战结合、快速响应的安全应急产业体系
	提高社会动员和秩序保障能力	健全社会动员机制，充分发挥基层党组织、基层群众自治组织、工会、共青团、妇联、红十字会、其他社会组织和社会公众在应急工作中的作用
提高城市韧性保障措施	加强韧性城市建设组织领导	建立相应韧性城市建设组织领导协调工作机制，明确牵头单位，研究制订工作计划，统筹协调有关部门开展韧性城市建设，推动各项任务落地落实
	建立韧性城市评估咨询机制	构建韧性城市评价指标体系，定期开展韧性评价或韧性压力测试，建立评估机制和评定制度，建立专家咨询机制
	强化韧性城市建设实施	完善监督检查机制，积极开展韧性城市建设试点工作；结合实际，明确地区韧性城市建设项目清单和工作措施

二　上海

上海作为我国人口高度密集的现代化国际大都市，城市常住人口已超过 2400 万人，水、电、气、油等地下管网设施长度超过 12 万千米，在承担无可替代的经济功能的同时，也面临着气候变化（热浪、严寒、洪水、海平面上升）、新技术应用（人工智能、无人驾驶）、重大传染病等诸多不确定性风险的挑战。2015 年 10 月，国务院办公厅正式下发《关于推进海绵城市建设的指导意见》，此后上海市政府制定了《上海市海绵城市专项规划》以及《上海市海绵城市建设指标体系（试行）》，明确提出到 2030 年，建成区 80% 以上的面积达到海绵城市标准。作为国家海绵城市建设试点城市，上海市政府提出各区县"十三五"时期至少建成一个海绵城市建设试点区域，浦东临港地区、松江新城和普陀桃浦地区先行先试。与此同时，《上海市城市总体规划（2017—2035 年）》中专门设立篇目，推动城市韧性建设实施（见表 2－16）。

表 2－16　《上海市城市总体规划（2017—2035 年）》韧性建设框架

	措施	主要内容
应对全球气候变化	推进绿色低碳发展	全面降低碳排放；合理优化能源结构；降低产业和建筑能耗；发展绿色交通
	应对海平面上升	控制地面沉降；完善防洪除涝保障体系；推动海绵城市建设
	缓解极端气候影响和城市热岛效应	加强海平面变化以及各类灾害的日常监测评价；优化生态安全屏障体系；建设通风廊道；缓解热岛效应
全面提升生态品质	建设四大生态区域	建设崇明世界级生态岛；建设环淀山湖水乡古镇生态区；保护长江口及东海海域湿地区；建设杭州湾北岸生态湾区
	完善市域生态环廊	在主城区范围内强化土地用途管制，加大整理复垦力度；在郊区建设用地减量以及水系、林地建设形成 9 条市级生态走廊
	建设城乡公园体系	完善由国家公园、郊野公园（区域公园）、城市公园、地区公园、社区公园组成的城乡公园体系
	健全生态保护机制	落实国家国土空间开发保护制度和主体功能区配套政策，建立市场化、多元化生态补偿机制。完善生态环境长期跟踪监测和定期评估考核体系
显著改善环境质量	加强海洋环境保护	加快推进海洋自然保护区建设，开展海洋公园建设，加强陆源入海污染物控制，加强海域、海岛、海岸带整治修复

续表

	措施	主要内容
显著改善环境质量	改善大气环境	聚焦大气复合型污染，按照更高标准持续加强交通、能源、建设、工农业生产和社会生活等领域污染的综合防治
	提升水环境质量	提升城乡水体生态功能；全面恢复水生态系统功能，基本实现水（环境）功能区达标
	加强土壤环境保护与污染治理	结合工业用地减量化和城市更新开展土壤污染治理修复。严格环境准入，强化新建项目土壤环境影响评价。
	推进固体废弃物综合治理	按照"减量化、资源化、无害化"原则，健全固体废弃物综合治理体制机制
完善城市安全保障	保障城市能源供应	完善能源供应体系；保证城市电力供应；稳定城市天然气供应；发展分布式能源供应
	确保水资源供给安全	建设节水型城市；加强区域水资源合作；保障市域水源地安全；健全城乡供水体系
	构建城市防灾减灾体系	优化城市防灾减灾空间；完善防灾减灾标准；建立应急预警管理机制
	保障城市安全运行	确保城市生命线安全运行；加强信息安全建设；加强危险化学品管控

2020 年 9 月，上海发布《中共上海市委、上海市人民政府关于提高我市自然灾害防治能力的意见》，提出到 2035 年上海基本实现城市安全治理体系和治理能力现代化，城市运行安全和安全生产保障能力显著增强，基本建成能够应对发展中各种风险、具有快速修复能力的"韧性城市"。这是上海首次正式在政府文件中提及韧性城市建设。2021 年 1 月，安全韧性城市建设写入《上海市"十四五"规划和二〇三五年远景目标纲要》，提出提高城市治理现代化水平、共建安全韧性城市的口号，将统筹传统安全与非传统安全，全面提升城市运行的功能韧性、过程韧性、系统韧性，构筑城市安全常态化管控和应急保障体系。2021 年 7 月，上海发布《上海市应急管理"十四五"规划》，要求强化安全韧性适应理念，以改革创新为根本动力，以系统性防控守牢城市安全底线，积极推进应急管理体系和能力现代化。在发展目

标上提出强化城市运行的功能韧性、过程韧性和系统韧性，提升人民群众的获得感、幸福感、安全感。强化城市安全韧性，以整体提升"五个新城"等重点区域的安全运行风险防控水平和防灾减灾能力为牵引，推进全市构建弹性适应、具备抗冲击和快速恢复能力的安全韧性城市空间。特别地，该规划全文九次提及韧性建设，可见韧性发展理念已被提到重要的战略地位。

三 黄石与德阳

（一）黄石

湖北黄石作为资源枯竭型城市，在中小城市韧性建设的道路上持续探索，取得了显著成果。按照 2015 年《黄石市韧性建设评估报告》，黄石提出从水系统、经济系统和居住系统进行安全韧性城市建设。由于地处长江中游南岸，水域情况复杂，故而黄石韧性建设的重点放到了水治理这一关键目标上。在此背景下，"五水共治"（防洪水、治污水、排渍水、保供水、抓节水）的相关政策陆续出台。

2019 年 5 月，黄石入选洛克菲勒基金会主导的"全球 100 韧性城市"（100RC）项目并发布了《黄石韧性战略报告》（见表 2 - 17）。"韧性黄石战略"以构建健康、安全和宜居城市为目标，围绕繁荣、转型、开放三大主题展开，通过从资源依赖型到创新驱动型的转变、优化交通网络、促进包括旅游业在内的各行业发展，延展产业价值链并实现经济增长。在水体环境方面，黄石立足水体修复与环境改善，保护水资源、解决水污染问题以及升级防洪设施，保障清洁饮用水的可靠供应并提高应对环境威胁及重大洪灾的能力。黄石深受采矿业造成的地下水源污染困扰，故韧性建设中高度重视污水处理及生态恢复，治理遗弃矿场，加大教育、医疗及针对多个群体的保障性住房增建，促进社会和谐，优化人居环境。此外，黄石通过提高市民居住环境，特别是老年人的生活质量，改善社区关系，增加社会安全韧性。

表 2 - 17　　　　　　　　　《黄石韧性战略报告》概要

政策落实	落实资源枯竭型城市转型思想、产业转型发展相关要求	落实区域发展要求，凸显新型城镇化发展背景下"四化"同步发展举措	落实生态环境保护与治理要求
韧性挑战	洪涝、水污染与水资源短缺、基础设施老化、经济下行、环境退化		
韧性愿景	黄石成为富有韧性的城市：居民能在充满活力且多元的经济发展中实现自我价值，在山水园林般的城市生态中享受健康生活		
规划策略	资源枯竭型城市实现绿色转型发展 充分利用黄石丰富的自然和人文旅游资源 推进黄石健康产业国际化 进一步加快黄石的开放发展 提高黄石的工业现代化水平和竞争力	雨水和生活污水分离 水体的重金属污染和其他污染治理 城市污水处理 城市内涝治理	棚户区改造经验、大冶湖生态新区开发和城市化进程有机结合 提升城市抗内涝和污水处理能力 治理空气污染 恢复生态系统功能 大力推进智慧城市的建设
行动计划	科技创新行动计划 产业转型升级行动计划 综合交通体系建设行动计划 最美工业旅游城市建设行动计划 绿色发展行动计划	地下水资源保护行动计划 城市水体综合治理行动计划 城市防洪设施提升及信息化建设行动计划 城市污水管网建设行动计划 城市供水保障及应急处置行动计划	老城区基础设施改造行动计划 棚户区和城市危旧房改造计划 公共服务设施提升行动计划 老年人医养设施建设行动计划 新区与老城交通提升行动计划 多样化高品质住宅建设行动计划 推进创新住房供应体系行动计划 "韧性"意识提升行动计划

　　此后，黄石安全韧性城市建设领导小组专门设立专项课题"黄石市韧性城市建设重点领域研究"，为开展相关建设提供专业指导。2020年度城市体检报告显示，黄石在城市市政、交通、建筑、医疗卫生、应急避难等各项体现城市安全韧性的基础设施方面建设较好或适度超前。尤其在燃气安全使用、桥涵隧安全管理、雨污管网等方面的建设均贯彻了韧性理念。2021 年 10 月 31 日世界城市日当天，黄石举办了"应对气候变化，建设韧性城市"为主题的世界城市日宣传活动，向广大民众宣传韧性建设的重要意义和成果。由于健全的组织机构、完善的工作机制、深入的调查研究，黄石吸引了全国各地人士前来考察

交流安全韧性城市建设工作，成为三四线城市安全韧性建设的典范。

（二）德阳

作为我国西部内陆、长江上游的老工业城市，德阳一直以来面临环境污染较重、城市配套设施薄弱、资源环境约束趋紧、产业转型任务艰巨等诸多问题。为破解上述发展难题，在中国城市和小城镇改革发展中心的指导下，德阳于 2019 年发布首个中国安全韧性城市战略行动计划，即《德阳韧性战略行动计划》（见表 2－18），韧性德阳计划在展望一座精彩、魅力、平安、开放的城市，并且将聚焦四大韧性目标实现其愿景。一是建设经济繁荣、有竞争力的德阳。该韧性目标的重点是推动涉磷企业产业转型升级，妥善解决人员安置及再就业，加强矿区生态修复和磷石膏再利用。二是建设绿色环保、可持续的德阳。该目标旨在大力推进重点领域的节水功能，加强水质及水环境治理，完善水环境监测管理体系。三是建设和谐健康、富有吸引力的德阳。该目标旨在创新农村产业合作经营的新模式，加强乡村污水处理和开展"厕所革命"以及引入"新乡贤"、培育新农民、打造微村落。四是建设抗震减灾、安全宜居的德阳。该目标旨在提高德阳市村镇建筑抗震减灾能力，加强韧性社区防震减灾体系建设，完善活断层的勘测工作。

表 2－18 　　　　　《德阳韧性战略行动计划》概要

韧性目标	战略方向	战略目标	重点领域
经济繁荣、有竞争力的德阳	转型升级	推动涉磷企业产业转型升级 妥善解决人员安置及再就业 加强矿区生态修复和磷石膏再利用	涉磷片区转型升级
绿色环保、可持续的德阳	绿色可持续	大力推进重点领域节水 加强水质及水环境治理 完善水环境监测管理体系	加强水环境治理
和谐健康、富有吸引力的德阳	融合发展	创新农村产业合作经营新模式 加强乡村污水处理及开展"厕所革命" 引入"新乡贤"、培育新农民、打造微村落	推动乡村振兴

韧性目标	战略方向	战略目标	重点领域
防震抗灾、安全宜居的德阳	安全宜居	提高德阳市村镇建筑抗震减灾能力 加强韧性社区防震减灾体系建设 完善活断层的勘测工作	打造德阳防震抗震减灾系统

四 西安与成都

（一）西安

西安古称长安，是中国西北部最大的中心城市，水系丰富，秦岭山地与渭河平原界线构成西安的地貌主体，自古有"八水绕长安"之美称，但特殊的地理位置导致西安极易出现雾霾、干旱、高温、低温冻害、暴雨、冰雹等自然灾害。

西安于 2019 年发布《韧性城市：西安国际化大都市发展蓝皮书（2019）》，对西安短、中、长期的自然灾害、自然资源、社会资源、经济挑战、生态环境、社会风险等方面的问题进行了梳理，将西安城市发展问题的原因总结归纳为城市安全韧性不足。自此之后，西安开始实践 IMD（国际化大都市发展研究小组）给出的四项"强韧"之策，启动安全韧性城市建设顶层设计、加强安全韧性城市组织机构建设、谋划安全韧性城市建设重大项目、提高安全韧性城市建设社会参与度。2021 年 5 月，西安举办"品质城市·2021 中国行"论坛，明确提出西安将通过软硬件结合、各行业相互协调、多级联动的协同共治，增强城市抵御风险能力，维持城市系统在复杂突发情况下的良性运行。2022 年，西安市应急管理局以构建具有西安特色的应急管理体系为中心，起草发布《2022 年应急管理工作要点（征求意见稿）》，其总体目标之下的工作要点之一就是规划并推进城市安全体系建设，推动重点行业领域完善基础设施，建立健全应急管理风险防控化解长效机制，增强抵御事故灾害风险，保障城市安全运行，最大限度地消除各类风险，推进城市安全韧性建设。2020 年 3 月，在西安市第十七届人民代表大会第一次会议上，时任市长李明远强调，要强化公共安全、生产安全、食品药品安全等重点领域风险防控，提高重大突发公共卫生事件应对处置能力，打造安全韧性城市，建设更高水平的平安西安。

目前，西安安全韧性城市建设的一个重点方向是应急管理信息化建设，西安市应急管理局一直以安全智慧建设为目标，提高城市安全韧性，积极提升科技支撑，平台建设提档升级，筑牢城市智慧安全防线。推行"互联网＋应急管理"监测预警，实现全市范围内供电、供气、供暖、供排水、城市内涝 5 个专项的管网运行数据动态实时监测，初步实现城市生命线运行数据全监测并与市应急指挥平台并网运行，形成了"一主两辅、贯通上下、辐射八方"的应急指挥系统。①

（二）成都

受自然地理环境影响，四川成都在市域内形成了独特的"三三"地貌特征，即三分之一平原、三分之一丘陵、三分之一高山，由于土地垂直落差大，面临洪涝、滑坡、山体崩塌、泥石流、干旱、风雹、雪灾以及低温冰冻等各类自然灾害频发风险。

2020 年 5 月 14 日，成都市第十七届人民代表大会第三次会议首次将"韧性城市"写进《政府工作报告》，明确要补短板、强弱项，加快建设安全韧性城市。2020 年 12 月 31 日《中共成都市委关于制定成都市国民经济和社会发展第十四个五年规划和二〇三五年远景目标的建议》全文发布，其中专章提出，提升城市智慧韧性安全水平，推动超大城市治理体系和治理能力现代化。贯彻总体国家安全观，树立"全周期管理"意识，把安全发展贯穿于城市发展各领域和全过程，努力走出一条符合超大城市特点和规律的治理新路。2021 年 8 月 5 日，成都市委十三届九次全会审议通过《中共成都市委关于高质量建

---

① 甘甜：《让城市安全监测预警更智慧》，《陕西日报》2022 年 2 月 23 日。

设践行新发展理念的公园城市示范区高水平创造新时代幸福美好生活的决定》，提出成都要建设以安全为新特质的公园城市，构筑智慧韧性有序的平安家园。把安全作为筑牢成都公园城市保障的重要基石，推动城市治理体系和治理能力现代化，实现发展与安全之间关系的良性互动以及发展秩序与社会活力融合共生，让城市会思考、治理更高效、市民更安心，为幸福美好生活构建现代治理范式。

五　雄安新区

2018 年 4 月，中共中央、国务院对《河北雄安新区规划纲要》做出批复，此后一座由河北雄县、容城县、安新县三县及周边部分区域组成的重要战略新城拔地而起。《河北雄安新区规划纲要》明确提出加强生态环境建设，打造韧性安全的城市基础设施，新区政府更是在建区的初期即提出按照"安全韧性城市"标准打造雄安新区并制定了明确的行动方案与保障体系（见表 2 - 19）。

表 2 - 19　　　　　　雄安新区有关安全韧性保障体系框架

目标	领域	主要内容
构建城市安全和应急防灾体系	城市安全运行	构建安全韧性的保障体系，为新区规划建设提供可靠支撑
	灾害预防	深化地震、气象、地质、生物等领域的城市灾害风险评估
	城市公共安全	建立科学的食品药品安全治理体系 加强城乡公共卫生设施建设和制度建设 建设智能化社会治安防控体系
	健全综合应急体系	完善应急指挥救援系统，建立公共数据资源共享机制 布局建设分级分类疏散系统
	提升综合防灾水平	构建城市安全监控体系，提高城市设施安全标准
保障新区水安全	水源保障	完善新区供水网络，形成多源互补的新区供水格局
	流域防洪	发挥白洋淀上游山区水库的拦蓄作用，加强堤防和蓄滞洪区建设

续表

目标	领域	主要内容
保障新区水安全	防洪安全体系	确定防洪标准，采用蓄、疏、固、垫、架等措施，实现人水和谐共处
	防涝安全	统筹排水防涝设施，构建系统化排水防涝体系
增强城市抗震能力	城市抗震防灾标准	学校、医院等关键设施按Ⅷ度半抗震设防；避难建筑、应急指挥中心等城市要害系统按Ⅸ度抗震设防
保障新区能源供应安全	电力	坚持绿色供电，完善区域电网系统，保障新区电力供应安全稳定
	燃气	构建城乡燃气供应体系；长远谋划利用更为清洁的替代燃料
	热力	利用新区周边热源，规划建设区内清洁热源和高效供热管网
	节能	坚持节能优先，发展绿色建筑，推行绿色出行
	智能	打造新区智能能源系统，进一步提高能源安全保障水平

资料来源：《河北雄安新区规划纲要》《河北雄安新区构建现代化政务服务体系三年行动计划（2023—2025年）》。

在雄安新区建设过程中，韧性理念的贯彻实施得到了相关法律和制度的保障。一是河北出台雄安新区首部地方性法规《白洋淀生态环境治理和保护条例》，强调理念更新，借鉴国际国内先进经验，推动海绵城市、安全韧性城市建设，开展排水管网雨污分流，创新模式先行先试，打造生态建设的雄安样板。二是制定《关于加强雄安新区应急能力建设的工作方案》，提出初步形成与雄安新区建设进度相适应的应急能力，为推进安全韧性城市、建设安全雄安新区提供了坚强有力保障。随后，《雄安新区地震应急预案》《雄安新区突发地质灾害应急预案》《雄安新区危险化学品事故应急预案》《雄安新区自然灾害救助应急预案》四个专项应急预案依据韧性理念进行二次修订，明确提出最大限度减少人员伤亡，减轻经济损失和社会影响，维护社会稳定，提高城市安全韧性。三是河北出台《河北省县城建设提质升级三年行动实施方案（2021—2023年）》，支持雄安新区建设，提出围绕建设宜居、宜业、绿色、韧性、智慧、人文的现代化中小城市，实施七大专项行动。

与此同时，安全韧性理念贯彻于雄安新区城市建设领域。首先，以智慧城市建设提高城市安全韧性发展水平，推动网络安全韧性建设，强化关键信息基础设施网络安全保护，制定全域数据融合的数据安全解决方案，构建覆盖云、网、边、端的纵深防御体系。其次，以绿色低碳理念推动城市配套服务设施韧性提升，如建设改造城市照明智能化控制系统，实现照明系统根据光照度自动启闭、照明亮度分时分区控制、照明能耗统计分析、漏触电安全预警和自动应急处置等功能，保障城市照明安全。再次，增强经济安全韧性，提升产业链供应链韧性和竞争力。随着北京非首都功能疏解，大量央企落地雄安新区，国有资本更多投向当地实体经济，当地正聚焦重点产业链绘制图谱，搭建产业基础数据库和强链补链重大项目库。最后，强化基础设施建设安全韧性，综合采用"蓄、疏、固、垫、架"等措施，将防洪设施建设与生态环境保护、城市建设相结合，实现人水和谐共处；学校、医院等关键设施按基本烈度Ⅷ度半抗震设防，避难建筑、应急指挥中心等城市要害系统按基本烈度Ⅸ度抗震设防。

总之，河北雄安新区的设立是千年大计、国家大事，超前布局、高质量建设、高效率管理，构建安全韧性导向的综合保障体系，为雄安新区规划建设提供可靠支撑，也为城市安全运行奠定坚实基础。

六　小结

与国外城市相比，中国城市承载的超大人口规模和持续的工业化与城镇化给城市带来了资源环境等问题，城市可持续发展面临更复杂严峻的挑战。近年来频发的地质灾害、特大暴雨、高温热浪、雾霾沙尘天气、沿海城市台风威胁、资源型城市与区域资源枯竭等各种现实问题正考验着城市的韧性能力。

中国部分城市已经意识到韧性建设的重要性，不少省级政府和地级市纷纷将安全韧性写入城市未来发展规划文件之中。北京、上海、广州等一线城市和雄安新区等新兴区域广泛开展安全韧性城市建设，出台了一系列规章制度和相关规划文件并付诸实施。作为国内首批制定韧性规划的黄石、德阳等城市，后续建设情况也在如火如荼地进行，体现出超前谋划的光明前景。然而也需强调的是，安全韧性城市建设需要与已有城市规划密切结合，将整体韧性理念融入城市基础设施规划设计与防灾减灾战略之中，同时在后续的城市更新行动中增强韧性发展措施，这必然带来一系列新的挑战。首要的约束条件便是资金来源、政策衔接问题，如何制定切实有效的财政支持政策和金融激励政策是国内安全韧性城市建设必须正视的内容。

第三章 安全韧性城市综合评价体系与方法

第一节 评价体系概述

一 评价内涵与本质

（一）评价与综合评价

评价是人类最常用的思维方式之一，凡是涉及比较判断的问题，都离不开评价思想。一般来说，评价活动代表从特定对象主体中提取本质属性，使之转换成主观价值尺度并用以度量被评价对象，或是将这种属性变成客观定量的计值或主观效用的行为。

在实际评价过程中，评价应用主要指单指标的评价，即通过比较给出判断结果。例如，两个人的身高，谁高谁矮；两个人的体重，谁重谁轻；两个物体的尺寸，哪个长哪个短。这样的评价对象比较容易获得答案，且答案不因评价者的改变而变化。如果有两种相似的食品，问哪个好吃，哪个难吃，不容易给出答案，这往往与评价者的偏好有关。同样地，若问哪个食品更有营养，这就不是一个简单的比较问题，要借助相关仪器进行多方面的检测，才能给出令人信服的答案。这就是一个典型的多指标综合评价问题。

对于某些简单直观的问题，人们能够直接给出确定的答案，然而现实生活中存在大量评价的复杂问题，如中央文明办对"全国文明城市"

的评价、教育部对中小学教育质量的评价、住建部对海绵城市建设成果的评价等。如果要了解各地区韧性水平的建设态势以及波动状况，需要从各地区的经济、社会、文化、环境等多方面综合考虑。面对这些复杂的评价问题，离不开多维度综合评价思想与科学方法，即根据特定评价目的和被评价对象的各种属性信息，构建能够恰当反映属性的微观指标体系，并采用适宜的评价工具对被评价对象进行综合判定。

（二）综合评价构成要素

完整的综合评价分析大体上由评价对象、评价指标、权重系数、综合评价模型及评价者5个要素构成，以下简要介绍其内容。

1. 评价对象

评价对象就是评价问题中所研究的对象。通常情况下，要求在一个评价问题中被评价对象属于同一类且个数要大于1。举个形象的例子，假设世界上只有一个男子（或女子），那么美男（或美女）、丑男（或丑女）都是他（她）自己，没有评价的必要。为便于叙述，可把被评价对象（均为同一类）或系统分别记为 S_1，S_2，S_3，$\cdots$，S_n（$n > 1$）。

2. 评价指标

评价指标是用来表征被评价对象运行状况的一系列基本要素，通常由多项不同类别的序列指标构成，应用中可以设立 m 项评价指标并依次记为 x_1，x_2，x_3，$\cdots$，x_m（$m > 1$）。每一项指标从不同的侧面反映被评价对象具有某种特征或某种数量关系，并且具有一定的可比性。在选择评价指标时应当遵守一定的原则或标准，确保指标的典型性与科学性。

3. 权重系数

权重系数是指标型评价活动的重要部分，用以刻画各个评价指标之间的相对重要性。对于不同的评价对象和目标，评价指标的相对重要性是不同的，这种相对重要性的大小可用一定的权重系数来表示。假设 w_j 是评价指标 x_j 的权重系数，则一般存在如下关系：

$$w_j \geqslant 0 \ (j = 1, 2, \cdots, m), \ \sum_{j=1}^{m} w_j z = 1$$

当被评价对象和评价指标确定以后，权重系数就成为"标量大小"的关键值，是否合理直接关系到综合评价结果的可信度。

4. 综合评价模型

综合评价模型通常表现为特定数学模型，是将多个评价指标值"合成"为一个综合值。该过程可用公式表示，即在获得 n 个评价指标值 $\{x_{ij}\}$（$i=1$，2，$\cdots$，n；$j=1$，2，$\cdots$，m）的基础上选用或构造评价函数，求出评测对象的综合值，进而根据综合值的大小将 n 个评价对象进行排序和分类。这里可用于"合成"的数学方法有很多种，如模糊数学法、灰色评估工具等。

5. 评价者

评价者是综合评价过程的具体实践者，可以是特定个人、群体或团体。评价者自身的知识、能力、理念、偏好等主观状态一定程度上会影响评价结果。从该意义上讲，评价者的作用不可忽视。

（三）综合评价程序

综合评价的实施不是一个线性运行过程，而是一个对评价者和实际问题的主客观信息进行综合集成和融合加工的复杂过程。针对一般的综合评价执行思路，经典的处理方式可分为以下五个步骤。

1. 明确评价目标，确定评价对象

综合评价活动是围绕特定的目标开展的，评价目标不同，所纳入的关联要素会有所不同，甚至差别很大。在实际执行中，首先要明确综合评价目标，按照一定的分类方法确定评价对象集合。例如，将城市抗涝的韧性水平作为评价目标时，为更好地做横向比较，选择洪涝灾害频发的长江区域作为对象，对其中的重点城市进行评价；或者探究安全韧性城市规划下特定社区的基础设施韧性水平，在明确某地区作为评价对象后，需要进一步确定评价的具体对象。

2. 组织评价小组，确定评价指标

组织相关领域专家（包括政府部门管理人员、高校科研人员、基层管理人员和技术咨询人员）为联合主体的评价小组，便于评价指标

的筛选和权重确定。在按照总目标、准则层、指标层逐步分解各级子目标之后，经过指标初选、专家咨询、指标优化、修正完善等步骤，得到具有递阶层次结构的评价指标体系。

3. 指标预处理，确定指标权重

对纳入的评价指标进行类型一致化和无量纲化处理，该环节可以采用标准化处理法、极值处理法、线性比例法、归一化处理法、向量规范法和功效系数法等线性变换或者其他非线性方法。在此基础上，通过客观赋权、主观赋权、组合赋权、交互赋权等方法进行指标确权，具体应用介绍参见本书第四章第三节内容。

4. 选择或设计综合评价函数

以量化评价为主要形式的评价活动，其关键环节是选择一种恰当的评估模型。常见的综合评价模型有三大类：线性综合评价模型、非线性综合评价模型和基于理想点法综合模型。要注意评价方法与评价目的匹配，各种综合评价模型都有其自身特性及应用局限性，应选择成熟的、公认的评价方法。

5. 评价结果分析与修正

综合评价工作本身具有一定的主观性，处理不慎很容易使结果失真，这就需要强化评价活动中的客观性操作，依托科学的操作流程保证评价结果的有效性。当然，由于各类方法均有局限，实际运用时可根据评价目的适当予以修正。

二　安全韧性城市综合评价意义及指向

前文述及，韧性并非一个静止的术语概念，现代城市运行的复杂性和各个构成系统之间交错依赖，使城市安全韧性的概念变得模糊和抽象。如何精准选取与城市安全韧性密切关联的因素，构建科学合理的韧性评价体系，始终是一项艰巨的工作。

（一）综合评价意义

在高质量发展思想指导下，我国政府制定了节能减排，建设资源节约型、环境友好型社会（"两型社会"），碳达峰碳中和等一系列重大前瞻性的施政方针，也为安全韧性城市建设提供了指引方向。当前，我国各地韧性新城建设势头迅猛，构建一个普适的、通用的指标体系作为评价指导，显然具有重要意义。

第一，有利于韧性理论操作化，明确未来韧性建设领域。

城市各发展系统相互关联，各种风险灾害要素相互耦和，形成交织叠加的灾害链。评价韧性城市等级，科学量化城市安全状态，有助于准确有效地将理论转化到韧性城市的实际建设中，更客观地反映不同地区城市安全韧性的发展情况。通过构建评估框架，以一系列完整指标体系作为连接理论和实践的桥梁，尤其将全球气候变化影响与安全韧性城市发展的思想结合起来，具体落实到细化的指标上。同时，构建评估信息系统，对典型城市应对灾害风险的政策措施、城市规划的落实进行评价；跟踪全球气候变化趋势，科学评估典型城市应对气候变化的适应能力，为政府部门制定应对气候变化的城市发展战略、调整产业结构等相关宏观管理和决策提供信息支持。

第二，有利于反思总结，为城市韧性规划修订提供参考。

城市安全韧性建设这一议题，不仅是城市在整体扩张和发展过程中需要制定的目标，还是衡量城市可持续发展的评价标准，更是引导城市建立前瞻性规划、持续提升应对风险灾害能力的关键。城市系统韧性建设，注重刚性应对，强调动态适应。安全韧性城市建设与基础设施、绿地空间等密不可分。城市评价体系的构建与评价研究有助于对过去城市规划存在的突出矛盾和困境进行系统反思与经验总结，为提升城市安全韧性、增强应对当代灾害风险的能力提供理论支持和数据支撑，具有现实的社会意义。

第三，有利于发掘不同地区防灾减灾建设亮点和不足，推动有益的政策创新扩散。

对城市安全韧性的评价旨在摸清城市安全韧性的发展现状，识别不同城市安全韧性建设的优势与不足，探索理想的韧性发展模式；同时，通过同类型城市发展效果的比较，为城市间韧性发展经验的借鉴、试点经验的推广提供支持性依据。

（二）综合评价方式

目前，综合评价应用工具一般包括定性评价、定量评价、定量和定性相结合的评价方式（见表3-1）。

表3-1　　　　　　　　　定性—定量综合评价方式差异

	定性评价	定量评价
侧重点	着重事物质的方面	着重事物量的方面
评价手段	主要运用逻辑推理、历史比较等质性方法	主要运用经验数据测量、统计分析和建立模型等方法
学科基础	以逻辑学、历史学为基础	以概率论、社会统计学等为基础
结论表述形式	以文字描述为主	以数据、模式、图形等表达
具体研究过程	访谈、小组讨论、专家意见征询、参与观察	调查、实验、数据整理与统计
优点	定性可弥补定量无法描述的指标，能够解决量化中不能处理或测度的许多复杂问题	目标明确化，使含糊的概念精确化，从而避免评估中的主观随意性
缺点	要求评价者具备相关知识和经验，单纯的定性分析容易造成研究的粗浅	要求大量客观数据，有关量化数据的不完善使定量评价难以有效应用和检验

定性评价是对事物（指标）等特性描述和材料分析之后，制定出定性的评估标准并按该标准进行评价。定性评价城市韧性的方法主要基于评价者自身观察和实践经验总结，便于评价者对现实状况做出主观打分，例如利益评价、模型解释、历史剖面、案例研究、场景分析等，这一方法的应用有利于快速评价某一地区、城市或社区的韧性水平。但是这种方法具有较强主观性，适用范围较窄，由于评价主体的

不同，其结果通常会有所差异。定性评价比较典型的比如联合国减少灾害风险办公室开发的城市灾害韧性评价卡。

定量评价是采用数学思维及特定工具，对收集的数据资料进行数量层次的分析处理，并由此做出定量结果的价值判断。定量评价城市韧性的操作思路一般是通过建立韧性指标体系和相应评估模型，量化分析影响城市安全韧性的主要关联因素，这是现实应用较广的一种评价方法。此外，也有学者利用其他定量评价工具做韧性分析，如阈值分析、社会网络模型、神经网络分析、代理人模型、恢复力替代法、状态空间法、系统功能曲线等①，对特定区域的安全韧性水平做出评价，但以上评价方法通常需要大量翔实的专业类数据，实际应用中偏于细分的微观层次，不易展现韧性发展水平的整体全貌。目前，建立韧性指标体系主要针对基础设施或特定领域，对单一灾害或指定领域的评价更容易提出量化指标，评价的客观性相对较强。例如 Bruneau 等提出的社区韧性评价四维度模型。

定量和定性相结合的评价方法是在构建定量评估模型的基础上，依然保持定性的指标，通过描述该指标测量的"极差"状态（最好与最差），使评价者可以根据单个指标的具体表现进行主观打分。以此构建的综合评价体系允许不同城市建立各自的基准线，以便比较韧性水平差异，但该类评价一般涉及范围过大，评价过程较为繁杂困难，需要投入较多资源。例如，洛克菲勒基金会（The Rockefeller Foundation）开发了较有影响的"城市韧性指数"，该指数围绕 4 个维度、12 个目标、52 个指标和 156 个具体问题展开，融合了城市韧性定量评价和定性评价的综合思路。

综上所述，定量评价指标体系是韧性评价体系的一种主要方式，评价客观性强且具有更强的可操作化，被诸多学者采纳沿用，本书也

---

① 陈安、师钰：《韧性城市的概念演化及评价方法综述》，《生态城市与绿色建筑》2018年第 1 期。

主要采用定量的方式构建城市安全韧性评价指标体系。本章第二节将详细介绍和对比国内外已有的各类城市安全韧性评价体系，为构建指标体系奠定理论基础。

（三）综合评价对象

依托霍尔三维结构，本书认为安全韧性城市综合评价体系可以从"三维"入手，即结构维、系统维、逻辑维（见图3-1）。

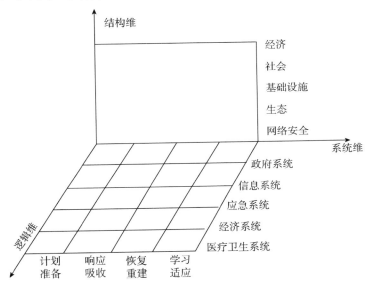

图3-1 综合评价对象三维结构

1. 结构维

结构维旨在建立评价的多元立体维度，评价城市如何处理其面对的经济、社会、基础设施、生态、网络安全等问题，相应的一系列指标最终形成了安全韧性城市评价指标体系所关注的重点考察内容，即经济韧性评价、社会韧性评价、生态韧性评价、信息韧性评价和基础设施韧性评价。

2. 系统维

在城市建设和运营管理过程中，有序推进信息系统、应急系统、医疗卫生系统、经济系统等要素高质量协同发展，也是安全韧性城市评价指标体系构建的重要关注点，体现了特定子系统的运行状态。

3. 逻辑维

面对一系列现实灾害风险，城市应对过程遵循前后相依的互动逻辑，如何执行计划准备、响应吸收、恢复重建、学习适应等环节是城市安全韧性评价的重要参考要素。"逻辑维"的评价往往借助于大数据等方法进行模拟仿真和数据拟合，这也是未来安全韧性评价的发展趋势之一。

三　安全韧性城市评价维度

如何评价安全韧性城市一直都是国内外学术界研究的热点，建立及完善城市安全韧性评价体系有利于将理论应用于城市韧性建设中，并对未来城市规划建设提出优化路径。目前，围绕各类风险灾害的情景，学者多通过实证研究的方法构建出不同类型的韧性评价体系。总体上，评价量表可分为宏观都市圈、中等单体城市和微观社区。本书提出安全韧性城市评价体系构建主要有三种思路：一是以安全韧性城市的基本要素为核心，二是以城市韧性的特征为核心，三是以韧性的阶段过程为核心。

（一）以安全韧性城市的基本要素为核心

近年来，国内外城市韧性研究普遍通过韧性的结构维度构建评价体系，城市面向的灾害类型不同，构建的评价体系也有差异。2008年，Cutter 等提出韧性城市框架的 5 个维度，即物理、社会、制度、经济和生态维度，并建立了 DROP 模型。2010 年，Cutter 进一步讨论了灾害韧性指标，并将韧性维度分为社会、经济、制度、基础设施和社区资本 5 个维度。[1] 在此之后，经济、社会、生态、基础设施

---

① Cutter, L. S., Burton, G. G., Emrich, T. C., "Disaster Resilience Indicators for Benchmarking Baseline Conditions", *Journal of Homeland Security and Emergency Management*, 2010.

（工程）这4个维度成为城市韧性评价体系的主要度量方面。从表3-2可见，上述4个维度被诸多学者和研究机构采纳应用，这些要素几乎涵盖了城市系统运行的总体状况。例如，Orencio等通过优先考虑风险管理和减少脆弱性确定了评价体系，从环境和自然资源管理、可持续民生、社会保护、规划制度4个维度进行评价，特别是将生态和社会维度进行拓展，强调环境生态韧性和自然资源韧性在应对气候灾害时的巨大作用。[①] 美国洛克菲勒基金会发布了14个案例城市的韧性评价，其评价指标设计包括了4大类12个分项，其中，4大类由城市健康和福祉、城市经济和社会、城市体系与服务以及城市领导力与战略构成。随着新冠疫情对全球的影响，Mavhura等提出从社区资本、经济、基础设施、社会和医疗5个维度测评城市韧性水平，把医疗从社会维度中单独剥离出来成为新的维度并赋予了更多的指标。[②] Moghadas等采用混合多标准决策方法，从社会、经济、制度、基础设施、社区资本和环境维度评估社区系统韧性（见图3-2）。[③] 此后，以该方式构建城市韧性评估框架的维度逐渐趋同，形成了社会、经济、生态、基础设施4个核心维度，被后续众多研究人员采用。

表3-2 国外韧性评价主要维度

代表人物/机构	主导方向	主要维度
美国多学科地震工程研究中心	城市韧性评价	人口和人口特征、环境生态系统、有组织的政府服务、有形基础设施、生活方式和社区能力、经济发展和社会文化资本

① Orencio, P. M., Fujii, M., "A Localized Disaster-Resilience Index to Assess Coastal Communities Based on an Analytic Hierarchy Process（AHP）", *International Journal of Disaster Risk Reduction*, Vol. 3, 2013, pp. 62–75.

② Mavhura, E., Manyangadze, T., Aryal, K. R., "A Composite Inherent Resilience Index for Zimbabwe: An Adaptation of the Disaster Resilience of Place Model", *International Journal of Disaster Risk Reduction*, Vol. 57, No. 1, 2021, pp. 102–152.

③ Moghadas, M., et al., "A Multi-criteria Approach for Assessing Urban Flood Resilience in Tehran, Iran", *International Journal of Disaster Risk Reduction*, 2019.

续表

代表人物/机构	主导方向	主要维度
Razafindrabe 等	气候灾害韧性评价	物理设施、社会、经济、制度、自然
Cutter 等	社区灾害韧性	社会、经济、社区资本、制度、房屋和基础设施、环境
纽约州立大学布法罗分校区域研究所	大都会地区韧性评价	经济、社会人口情况、社区联通
Ostadtaghizadeh	城市韧性评价	物理（工程）、自然（生态）、社会、经济、制度
Orencio	沿海社区韧性评价	环境和自然资源管理、可持续的民生、社会保护、规划制度
Sharifi 等	城市韧性评价	基础设施、安全、环境、经济、制度、社会与人口
美国洛克菲勒基金会	城市韧性评价	健康与福祉、经济与社会、基础设施与生态系统、领导与策略

资料来源：Yamagata, Y., Maruyama, H., "Urban Resilience Assessment: Multiple Dimensions, Criteria, and Indicators", *Advanced Sciences and Technologies for Security Applications*, 2016。

（二）以城市韧性的特征为核心

2003 年，Bruneau 等将社区基础设施的韧性特征扩展为坚固性、快速性、冗余度和资源可调配度，随后 Wildavsky、Allan 等对以上特征进行了补充阐述。据此，陈宣先等开始从城市韧性特征着手构建评价体系，最早考虑的是坚固性和快速性特征，后来逐步扩充到坚固性、快速性、冗余度和资源可调配度四个方面，此类评价体系的构建和应用首先要进行城市韧性特征的提取。[①]

2014 年，Karamouz 等引用 Bruneau 等提出的社区基础设施韧性特征构建评价体系并应用到研究纽约沿海城市的水系统韧性中。[②] 我国学者的研究中，李彤玥借用布鲁诺的 4R 框架，以抗扰性、冗余性、

---

① 陈宣先、王培茗：《韧性城市研究进展》，《世界地震工程》2018 年第 3 期。
② Karamouz, M., Zahmatkesh, Z., Nazif, S., "Quantifying Resilience to Coastal Flood Events: A Case Study of New York City", *World Environmental & Water Resources Congress*, 2014.

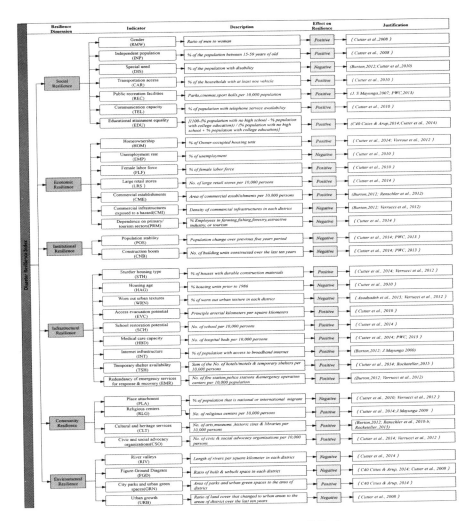

图 3 - 2　Moghadas 韧性城市评价体系

智慧性、迅速性特征构建城市应对雨洪灾害的韧性评价体系。[①] 许慧
从吸收风险事件扰动能力、自组织能力、学习和适应能力三个维度出
发，构建环境卫生等 10 个二级指标类别和 49 个三级指标（见表 3 - 3）。
修春亮、魏冶和王绮认为规模、密度与形态是城市总体规划的重点内

---

① 李彤玥：《韧性城市研究新进展》，《国际城市规划》2017 年第 5 期。

容，依据地理学和景观生态思想方法构建基于"规模—密度—形态"的三维城市韧性研究框架，分别赋予每个指标指数公式进行计算并得出城市规模韧性、城市密度韧性与城市形态韧性水平。[1] 综上，不论采用何种划分方法，都需要对韧性城市特征进行清晰识别和准确分析。

表 3 - 3   城市复杂公共空间韧性评价体系

二级指标	三级指标
环境卫生	室内温度及湿度；室内音量分贝； 空间环境清洁程度；室内地面清扫保洁面积； 空间内保洁人员数量；空间内卫生防疫人员数量
物理结构	整个复杂公共空间层数； 地下空间层数；层间连接楼梯/自动扶梯数量； 客运量设计容量；每层空间高度
交通可达性	连接交通方式数量；连接的道路数量； 所处的地理位置
经济支持	对复杂公共空间的财政拨款；风险事件后紧急救援的财政储备； 救援物资用于应对的程度和类别
密集人流特征	密集人流点位数量；密集人流点位位置； 各层人群聚集密度；人群行动方向指示标识； 每一密集人流点位的平均安保人数
给排水设施	最大供水量；最大排水量； 应急供水/排水设施
电力系统	平均停电频率；平均停电持续时间； 电压合格率；应急供电设备
消防设施	消防器材总量；消防器材类别量； 单层空间内消防器材数量；应急照明分布率； 火灾自动报警系统数量
自然环境	空间内发生不同自然灾害的频率排序；易受自然灾害损害的区域； 自然灾害导致的年损失金额；应对自然灾害的应急措施

---

[1] 修春亮、魏冶、王绮：《基于"规模—密度—形态"的大连市城市韧性评估》，《地理学报》2018 年第 12 期。

续表

二级指标	三级指标
政府管理	建立应对自然灾害的专项应急预案数量； 多部门之间建立的有效合作机制；总体应急预案制定时间； 专项应急预案数量；应急演练频率； 安保人员数量；安保设施和设备的类别和数量； 专业救援人员数量；救援物资储备； 风险事件预防措施；综合风险事件监测和风险评估措施

资料来源：许慧等：《基于 ISM-AHP 的城市复杂公共空间韧性影响因素评价研究》，《风险灾害危机研究》2019 年第 2 期。

（三）以韧性的阶段过程为核心

此类研究在国外的城市韧性评价中比较突出，主要立足于动态的思路构建研究模型和实践评价，体现城市系统面对冲击后的恢复、适应、学习过程。比如，Bruneau 等围绕地震视角展开韧性分析，认为地震后城市社区的韧性状态可以用基础设施性能随着时间的变化曲线进行表示。在此基础上，部分学者尝试从韧性恢复力损失、弹性恢复、恢复力强化三个阶段建立城市韧性评价体系，这是源于韧性理念中的抵抗力、恢复力和适应力。Osvaldo 等认为，一旦城市系统遭受洪水等自然灾害的冲击挑战，单纯从社会经济、气候特征、建筑环境和河流分布等因素无法有效评估城市水系统韧性，需应用城市防洪指数（UFRI）和未来情景标准（FSC）从吸收能力、适应能力、系统恢复能力三个维度建立模型进行模拟评价。[1] 李彤玥收集城市自然灾害危险性分布、地形、降水、街道单元人口普查和经济普查数据以及城市土地利用和基础设施等相关数据，基于"暴露—敏感—适应"三个维度构建了城市脆弱性评价框架，以兰州为样本对象进行城市脆弱性的空间研究，为城市防灾和安全韧性城市规划提供科学依据（见表 3 - 4）。[2] Mayunga 根据 4 个资本类型和 4 个防灾阶段构建矩阵建立社区灾害韧性指标体系，其

---

[1]　Rezende Osvaldo, M. , et al. , "A Framework to Evaluate Urban Flood Resilience of Design Alternatives for Flood Defence Considering Future Adverse Scenarios", *Water*, Vol. 11, No. 7, 2019, p. 1485.

[2]　李彤玥：《基于"暴露—敏感—适应"的城市脆弱性空间研究——以兰州市为例》，《经济地理》2017 年第 3 期。

中4个资本类型是社会资本、经济资本、物理资本和人力资本，4个防灾阶段包括减缓、准备、应对和恢复。①

表 3 – 4　　　　　　　城市空间脆弱性—韧性评价框架

一级指标	二级指标	三级指标
暴露性	环境暴露性	地质灾害高危险区面积比例；地质灾害较高危险区面积比例；年平均降水量；平均高度；平均坡度；地质灾害隐患点密度；洪水淹没范围比例；低开发强度建设用地比例；建设用地比例；高开发强度建设用地比例；绿地面积比例
	社会暴露性	人口密度
	经济暴露性	65 岁人口比例；0—14 岁人口比例；女性人口比例；资产总计（亿元）；地均资产；外来人口比例
敏感性	社会敏感性	少数民族人口比例；农林牧渔业从业人员比例；法人单位从业人数比例；人口密度；水利、环境及公共管理方面从业人员比例
	经济敏感性	企业全年营业收入；第三产业就业比重；资产总计；人均资产；地均资产
	建成环境敏感性	高开发强度建设用地比例；中开发强度建设用地比例；低开发强度建设用地比例；建设用地比例；工矿企业用地面积比重；工业污染源个数；人均公用设施用地面积；人均医院床位数；人均绿地面积
适应能力	社会适应能力	社会文盲率；7 人以上户比例；3 人以下户比例；大学及以上学历人口比例；初中及以下学历人口比例；学校数；人均居住面积
	经济适应能力	人均资产；地均资产；企业全年营业收入；战略新兴产业从业人数比例
	建成环境适应能力	道路暴露面积比例；公用设施暴露面积比例；人均公用设施面积；人均医院床位数；人均道路面积；人均绿地面积；灾害暴露面积比例；人均绿地面积

资料来源：李彤玥：《基于"暴露—敏感—适应"的城市脆弱性空间研究——以兰州市为例》，《经济地理》2017 年第 3 期。

---

① Mayunga, J. S., "Measuring the Measure: A Multi-dimensional Scale Model to Measure Community Disaster Resilience in the U. S. Gulf Coast Region", *Dissertations & Theses-Gradworks*, 2010.

第二节　国外主要评价框架、模型及应用

一　国外评价方法特征

针对城市安全韧性建设的强烈需求，国外不少机构提出了韧性评价指标体系，本节对当前主流韧性指标体系进行梳理总结（见表3-5）。可以看出，联合国减灾战略署、国际标准组织（ISO）等国际组织，美国洛克菲勒基金会等国际智库、美国技术标准局、美国土木工程师学会等行业协会都发布了针对城市/社区灾害韧性的指标体系或标准，反映出国际社会对韧性建设的高度关注。

表3-5　　　　　　　　国外研究有关韧性评价方法概况

模型名称	评估内容	方法特征
矩阵社区灾害韧性模型	社会资本、经济资本、实物资本、人力资本	定量评价
卡特社区韧性模型[①]	住房/基础设施、生态系统、机构、经济、社会（资本）	定量评价
AHP和模糊评价灾害韧性模型[②]	环境和自然资源管理、可持续生计、社会保护、金融工具、技术措施、规划制度	定量评价
诺里斯社区韧性模型[③]	经济发展、社会资本	定量评价
防灾矩阵模型[④]	基础设施、通信、认知、社会	定性/定量评价
指标分级赋权韧性指数模型[⑤]	重大基础设施等关键资源	定量评价
生态/经济/社会框架模型[⑥]	人口、生态、政府服务、设施、生活方式和社区竞争力、经济发展、社会文化资本领导力、集体效能、场所、社会信赖、社会关系	定性/定量评价
社区韧性评估模型[⑦]	社会、经济、生态	定量评价
社会生态框架模型[⑧]	韧性现状测度与趋势预测	定量评价
时空测度动态模型[⑨]	公共设施韧性、经济发展韧性、社会安全韧性、生态环境韧性	定量评价

续表

模型名称	评估内容	方法特征
地理加权回归模型⑩	城市生态韧性、城市经济韧性、城市社会韧性、城市工程韧性	定量评价
熵值法和 ESDA 空间法面板计量模型	城市自然环境系统韧性、城市经济环境系统韧性、城市社会环境系统韧性	定量评价
多情景模拟系统动力学模型	社会资本、经济资本、实物资本、人力资本	定量评价

注：①Cohen，O.，et al.，"The Conjoint Community Resiliency Assessment Measure as a Baseline for Profiling and Predicting Community Resilience for Emergencies"，*Technological Forecasting and Social Change*，Vol. 80，No. 9，2013，pp. 1732 – 1741.

②Cimellaro，G. P.，Reinhorn，A. M.，Bruneau，M.，"Framework for Analytical Quantification of Disaster Resilience"，*Engineering Structures*，Vol. 32，No. 11，2010，pp. 3639 – 3649.

③Min，O.，Due As-Osorio，L.，Min，X.，"A Three-Stage Resilience Analysis Framework for Urban Infrastructure Systems"，*Structural Safety*，Vol. 36，2012，pp. 23 – 31.

④Francis，R.，Bekera，B.，"A Metric and Framework for Resilience Analysis of Engineered and Infrastructure Systems"，*Reliability Engineering & System Safety*，Vol. 121，No. 1，2014，pp. 90 – 103.

⑤Turnquist Mark，Vugrin Eric，"Design for Resilience in Infrastructure Distribution Networks"，*Environment Systems & Decisions*，Vol. 33，No. 1，2013，pp. 104 – 120.

⑥Reed，D. A.，Kapur，K. C.，Christie，R. D.，"Methodology for Assessing the Resilience of Networked Infrastructure"，*IEEE Systems Journal*，Vol. 3，No. 2，2009，pp. 174 – 180.

⑦Ning Xiong，et al.，"Sustainability of Urban Drainage Management：A Perspective on Infrastructure Resilience and Thresholds"，*Frontiers of Environmental Science & Engineering*，Vol. 7，No. 5，2013，pp. 658 – 668.

⑧University Arizona State，University Stockholm，"Urban Resilience Research Prospectus：A Resilience Alliance Initiative for Transitioning Urban Systems towards Sustainable Futures"，2007.

⑨D. Yangfan，Li，A. B.，et al.，"Applying the Concept of Spatial Resilience to Socio-ecological Systems in the Urban Wetland Interface"，*Ecological Indicators*，Vol. 42，No. 1，2014，pp. 135 – 146.

⑩Dong，X.，et al.，"Temporal and Spatial Differences in the Resilience of Smart Cities and Their Influencing Factors：Evidence from Non-Provincial Cities in China"，*Sustainability*，Vol. 12，No. 4，2020，p. 1321.

资料来源：参见杨秀平、王里克等《韧性城市研究综述与展望》，《地理与地理信息科学》2021 年第 6 期。

　　由表 3 – 5 可知，以城市基本要素为核心的韧性评估是目前国外运用最多的评价方法。这一类评价从探讨韧性的理论内涵与特征出发，分析韧性发展与城市系统之间的联系，进而通过构建指标体系开展韧性评价。指标体系的选取根据研究需求、城市特征或灾害种类的不同而略有不同。基于城市系统的韧性评价既可以运用于综合的城市安全韧性评价，也可以针对特定灾害，如气候灾害、地震等突发事件开展特定领域的韧性评价。

综合来看，国外城市安全韧性评价主要以定量评价为主，以定性评价为补充。目前量化评价主要针对地震、洪水、干旱等单一灾害或基础设施、经济发展等特定领域，缺乏防灾减灾视角的城市复杂系统灾害链评价，较少考虑不同地区灾害发生频率差异这一现实特征。评价指标体系作为综合评价的基础，其分支结构、各级指标权重均会对城市安全韧性评价的结果造成影响并体现各个因素对灾害韧性的影响大小。因此，建立面向防灾减灾的城市安全韧性分析框架，明确城市提升的韧性发展类型以及轻重缓急，以预先干预减少各类危害影响，这一思路具有重要的研究价值。

二　主要评价框架及模型

（一）洛克菲勒城市韧性评价框架

2014 年 4 月，在美国洛克菲勒基金会（Rockefeller Foundation）资助支持下，国际知名工程咨询公司奥雅纳（Arup）于官方网站上正式发布了研究成果，即《城市韧性框架：城市韧性指数》（*City Resilience Framework：City Resilience Index*，CRI），被学术界称为第一个让城市了解和韧性评价的综合工具，有助于提高城市制定前瞻性发展战略和规划管理能力。在官方网站上，奥雅纳公司提供了完备的 CRI 在线评价工具，包括测量指南、快速韧性审查工具、韧性行动清单、韧性评价工具包，利用这些工具和复原力工具包，让世界各地的城市能通过不同方式或数据（城市行动、利益相关者和城市数据）评价城市的韧性水平，其所有资料均可以通过官方网站公开查询。

CRI 认为，城市韧性是居民个体、社区和子系统在经历各类慢性压力和急性冲击下存续、适应和成长的能力，包含 7 个主要韧性特征，即灵活性、冗余性、稳健性、智谋性、反思性、包容性和综合性。为评价不同城市的韧性水平，奥雅纳公司与市政府、公用事业供应商、企业和民间社会人士进行研讨、焦点小组访谈，收集了 450 名咨询者的数据并确定了 1546 个因素，由此提出安全韧性城市的研究框架。如图 3 - 3 所示，洛克菲勒与奥雅纳公司联合开发的城市安全韧性研究框架由领导力与策略、健康与福祉、经济与社会、基础设施与生态系统 4 个维度组成，细化为 12 个目标、52 个绩效指标及 156 个二级指标，以下是 12 个目标的简要阐释。

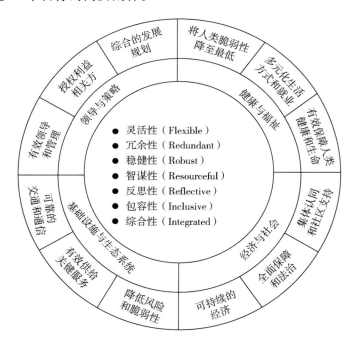

图 3 - 3　洛克菲勒与奥雅纳公司联合开发的城市安全韧性研究框架

资料来源：https：//www. cityresilienceindex. org/。

第一，最小的个体脆弱性以城市个体的基本需求得到满足的程度来表示。该指标的重点是为城市民众提供充足和可靠的基本公共服务。通过提供基本水平的食物、水、医疗卫生设施、能源和住所来满足人，尤其是弱势群体的生存需求，最大限度地减少个体承灾脆弱性。

第二，多样化的生活和就业机会，技能培训、商业支持和社会福利。具体来说，多样化的生活和就业机会使公民能够应对城市系统变化，而不会损害其生存福祉。技能培训和商业支持给予个体一系列选择，以满足其发展所需的关键能力支撑，即使在充满挑战的宏观经济环境下也可以帮助人们获得就业机会。从长远来看，小额信贷、储蓄、培训、商业支持和社会福利形成了一个安全网，使人们能够在压力冲击时保持相对稳定。

第三，人类生命和健康的充分保障。卫生系统对于日常疾病预防和控制疾病传播以及紧急情况下保护民众生命健康至关重要。这包括一套多样化的实践和基础设施，有助于维护公共卫生系统安全。卫生服务包括多种实践内容：教育、卫生、流行病学监测、疫苗接种、医疗保健服务等，确保民众身心健康，可获得和负担得起日常医疗保健，适当的干预措施是城市卫生系统运行良好的关键特征。

第四，集体认同与相互支持是指积极的社区参与、强大的社交网络和社会融合。加强地方认同和群体文化有助于促进城市居民之间的积极关系，同时增强个体创造的能力。这些关系得到了许多实践的支持，包括社交网络和社区组织、艺术表达和文化遗产保护，实践中以社区塑造和空间干预为基础。

第五，社会稳定与安全，包括执法、预防犯罪、司法和应急管理。一种全面且适合具体情况的执法方式有助于减少和预防城市犯罪和腐败。通过建立透明司法系统，城市运行可以有效维护法治并促进公民发展。这些规范对于压力时期维持正常秩序至关重要。

第六，财政资源和应急基金的可用性是指城市系统财务运行规范、收入来源多元、有效吸引商业投资、建设良好的投资环境和应急资金保障。通过调整政府财政管理程序以及增进私营部门在冲击和压力下发挥作用的能力，有助于推动基础设施建设和应对紧急情况，以确保在紧急情况下迅速恢复。政府可以通过赋予城市不同部门权力并加强贸易关系，为私营经济的可持续性发展提供支持。

第七，减少环境风险暴露和脆弱性是指政府强化城市环境管理的综合保障能力，通过适当的基础设施建设、合理的土地利用规划和执法规划，保护环境资产和自然资源，以降低风险暴露的可能性。其中，环境基础设施的维护支持功能依赖于适当的设计和施工，这对于防御（如洪涝屏障）特定灾害非常重要，避免大规模人员伤害、资源损坏或损失。

第八，关键服务的连续性是以多样化的生态保护政策和积极的管理为标志，维护生态系统和基础设施。在特定压力时期，良好的生态系统服务和基础设施成为城市良性运作的核心，以更好地适应城市需求、承受异常压力并继续运行。高效的政府管理可以增强对城市系统组件的掌控，使基础设施管理人员能够更好地提供应急响应服务。

第九，可靠的通信、负担得起的 ICT 网络以及应急计划。交通连接与信息通信技术的结合是当代城市连通性的基础，实现特定环境下信息流动，保障民众的应急通信需求。良好的基础设施、安全性和效率对于城市通信网络的有效运行至关重要，是城市系统在压力环境下迅速恢复运行的重要支持因素。

第十，有效的领导和管理，这涉及政府、企业和民间社会的角色。清晰而坚强的领导可以促进城市系统群体信任、凝聚力和对城市发展轨迹的共同理解。领导力是促进个体和社区在压力环境下采取行动的关键因素。一个高效的政府在循证基础上做出科学决策，是城市系统能够持续繁荣发展并应对冲击压力的重要保障。

第十一，可靠的信息渠道联结利益相关者，是指城市系统在科学研究、数据收集和风险监测方面强化信息基础设施投资保障与利益相关者有效信息沟通。通过基于客观数据信息的循证决策，韧性城市可以做出更好的判断并在不断变化的环境中采取适当的行动，以确保与市民之间的信息沟通与共享。社区和城市管理部门之间各种形式的信息交流，在应急管理实践中是必要且紧迫的。

第十二，综合发展规划。城市发展规划的一个重要方面是城市愿景的存在，这需要了解参与设计和实施各类城市发展项目的利益相关者动机，在公正友善的基础上推动持续性的沟通协调。城市发展愿景应以适当的证据和对不确定性的认知为基础，通过政策和法规来实现。科学规划依赖于城市系统获得的有效数据以及对城市内外部变化趋势的持续监测。

根据以上目标及愿景，每个城市可根据自身特点确定各项评价指标的相对重要性及其实现方式，并通过定性和定量相结合的方法，评价城市绩效水平和未来的发展轨迹。首先，确定相应规划策略和行动，明确城市韧性考察方向。其中，定性评价中的指标赋值由评价员根据相关情景分析的平均水平确定，定量评价则综合考虑城市安全韧性指数的目标值，根据归一化数据的平均值计算得到。其次，经过严格建模及统计分析可将评价结果划分为很差、较差、中等、良好和优秀等相应等级，以便进行横向和纵向的比较分析。

（二）Bruneau 社区抗震韧性四维度模型

2003 年，Bruneau 联合地理学、工程学、地质学、规划学等十余名学者在权威期刊《地震光谱》（Earthquake Spectra）发表了《社区抗震韧性的量化评价框架》（*A Framework to Quantitatively Assess and Enhance the Seismic Resilience of Communities*），最早系统地明确了韧性概念并确定其构成维度，找到衡量和量化这些维度的方法，成为城市社区韧性领域极为重要的研究成果。

《社区抗震韧性的量化评价框架》将社区抗震韧性定义为社会单位（如组织、社区）事前减轻灾害，事中遏制灾害、减少社会破坏和减轻灾害影响，事后开展恢复活动的能力。基于此，韧性概念以量化形式进行表示，随时间变化的度量 $Q(t)$ 被定义为社区基础设施的韧性质量，性能的范围区间可以设定为 0—100%，其中 100% 表示服务没有降级，0 表示没有服务可用。进言之，如果在时间 t_0 发生地震，它可能会对基础设施造成足够破坏，从而使韧性水平立即降低（例如从 100% 降低到 50%）。如图 3-4 所示，基础设施恢复将随着时间推移而发生变化，直到时间 t_1 完全修复（以 100% 的质量表示）。因此，地震对城市造成损失的 R 值（韧性值）可以通过随时间（即恢复时间）预期质量下降（故障概率）的大小来衡量。[①] 借助数学公式，可以定义为 $R = \int_{t_0}^{t_1} \left[100 - Q\ (t) \right]\ dt$。

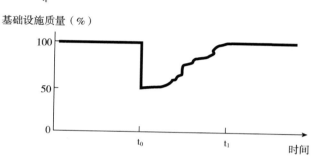

图3-4 社区抗震韧性测量演变

由此，抗震韧性被概念化为物理和社会系统承受地震产生的力量和需求，并通过情况评估、快速响应和有效恢复策略来应对地震影响的能力。物理和社会系统的韧性可以定义为由稳健性、冗余性、资源可用性、效率性（4R）特征组成，也可以被概念化为技术、组织、社会和经济（TOSE）四个相互关联的维度。在此基础上，《社区抗震韧性的量化评价框架》通过系统图确定了量化基础设施系统和社区韧性所需的关键步骤。在社区层面，可以评价社会和经济安全韧性。例如，可应用先进的损失估计模型来估计电力、水、医疗系统的破坏程度和恢复系统所造成的额外损害以及中断的经济后果。相关评价流程如图3-5所示。

应当注意到，该模型的提出对于防灾视角下的安全韧性认知具有重要的开创性意义，但也存在一定局限性，比如基础设施系统对电力、水、医疗和应急响应系统的评价方式还比较简单，部分指标的设立主观成分多。然而，作为安全韧性评价的突破性成果，相关概念依然对

---

① 唐孝军：《基于韧性理论的城市道路网络抗震性能评价方法研究》，博士学位论文，重庆交通大学，2021年。

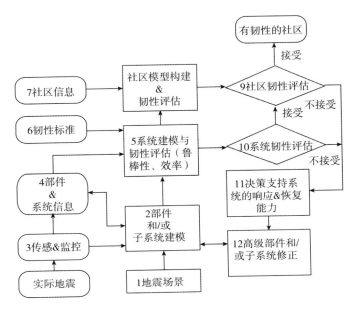

图 3 - 5　社区抗震韧性评价流程

后续研究具有重要的借鉴价值。

（三）SPUR 评价框架

　　SPUR（San Francisco Bay Area Planning and Urban Research Association，直译为旧金山湾区规划和城市研究协会）是美国旧金山湾区的一个非营利性公共政策组织，由其开发的评价框架原本是一套基于抗震加固措施来提高旧金山地震韧性表现的评价系统。SPUR 评价框架主要包括 3 个部分的内容：防灾规划下的城市韧性；期望的性能目标；透明的性能指标度量。根据功能类型，SPUR 评价框架分别确立了在地震场景下城市功能恢复时间的性能目标，定义了为城市服务的所有公用事业和运输系统面对灾害冲击恢复的预期性能表现，并据此将服务恢复定义为 90%、95% 和 100% 水平所需的时间。具体说明如下文所述。

　　Ⅰ类——4 小时内恢复 100% 的服务水平。包括紧急住房中心在内的关键响应设施需要公用事业和交通系统的支持情况。这种性能水平可确保这些系统在灾难发生后的 4 个小时内可用。它需要建造良好的建筑物和应急系统并根据需要进行即时维修准备以及允许隔离故障点的网络系统支撑。

Ⅱ类——72 小时内恢复90% 的服务，30 天内恢复95%，4 个月内恢复100%。住房和居民区需要迅速恢复公用事业和交通系统，以便这些地区恢复宜居条件。有时间修复轻度损坏的建筑物并更换网络或创建替代，有时间将维修所需零件和材料输入受损区域。

Ⅲ类——72 小时内恢复90% 的服务，30 天内恢复95%，3 年内恢复100%。随着受损建筑物的修复工作的开展，城市运行的平衡需要持续恢复其功能，有时间以新的修复替换旧的易受攻击的系统。

根据此标准，SPUR 评价框架中对医院、飞机场、学校、城市应急中心等基础设施在遭遇地震后的恢复能力进行评价，以综合判断城市的韧性水平。虽然经济和社会方面的指标并没有直接出现在SPUR 评价框架的输出结果中，但其包含的各功能组件的恢复时间目标有助于提高城市的经济社会安全韧性，为其他的韧性评价系统提供可供参考的思路。

（四）城市灾害韧性评价卡

城市灾害韧性评价卡（Disaster Resilience Scorecard for Cities，DR-SC）是一套由联合国减少灾害风险办公室（UNISDR）开发的评价体系，旨在了解自然灾害情形下的城市韧性表现。

DRSC 涵盖了一个城市可能面临的灾害风险以及如何减轻这些风险，如何从中长期角度提升基础设施，降低经济活动及环境遭受危害等诸多内容。该评价卡应用的可操作性高，能有效帮助城市建立灾害恢复水平的基线衡量标准，增强对防灾减灾能力的认识和理解并从长远角度推动城市发展获得更强的防灾减灾能力。DRSC 体系围绕10 个关键领域，将安全韧性评价方向分成三组：政府和金融能力、规划和灾前准备、灾后应急和恢复。如表3 - 6 所示，每一个关键领域下又可分为1 级子指标和2 级子指标，每个2 级子指标的表现根据定性或定量标准转化成相应得分。DRSC 可以用作快速评价，也可以用于详细评价。

表 3-6　　　　　　　　城市灾害韧性评价卡应用的关键领域

要素	关键领域
政府和金融能力	防灾减灾行动的组织和管理
	辨别、了解与使用现有以及未来的风险情景
	加强防灾减灾的财力
规划和灾前准备	追求城市韧性发展
	保护自然缓冲区，以增强自然生态系统的保护功能
	加强机构的防灾减灾能力
	理解及强化防灾减灾中的社会能力
	增强设施的韧性能力
灾后应急和恢复	确保有效应对灾难
	加速灾后恢复与更好的重建

资料来源：https：//www.mcr2030.undrr.org/disaster-resilience-scorecard-cities。

以仙台框架（Hyogo Framework）为指导原则，DRSC 提供了待评城市在每个关键领域（10 个）的韧性评分及总的评分标准。作为一套专门针对城市在灾害情形下的韧性表现所开发的评价系统，DRSC 包含了非常完整的与城市韧性相关的指标和测量尺度（见表 3-7），被后续国内外研究广泛借鉴引用。

表 3-7　　　　　　　　　　城市灾害韧性评价卡

主题	指示性测量尺度	备注
关于城市面临的致灾因子及其发生概率的了解	5 分——有对致灾因子的综合评估并在过去的三年内进行过更新，由第三方审查。"最严重"和"最可能"的致灾因子被普遍认识和了解 4 分——有关于致灾因子的评估，但在其更新时间、审查水平和接受程度上有较小的缺陷	城市需要考虑到它们所面临的致灾因子或风险：存在哪些具体的致灾因子（海啸、飓风、地震、洪水、火灾等）以及它们到底有多严重？对每一个致灾因子都至少需要确定"最可能发生"的灾害事件和"最严峻"的灾害事件 可以通过概率分布的统计结果，尤其是通过为了评估灾害恢复能力而进行的概率分布统计来确定致灾因子："最可能发生"的将会处于最需要解决的致灾因子范围的中点，而"危害最严重的"一般来自前 10% 的发生概率范围

续表

主题	指示性测量尺度	备注
关于城市面临的致灾因子及其发生概率的了解	3 分——有关于致灾因子的评估，但在其更新时间、审查水平和接受程度上有较严重的缺陷 2 分——存在一些评估但不全面，或者评估很全面但三年内未更新，或者并未由第三方进行审查 1 分——只有广义的致灾因子的概念，没有尝试以系统的方法确认发生的概率 0 分——没有评估	或者它们也可以从以下的资源来大致评估： ·该地区的致灾因子总体评估 ·关于土地分区、规划讨论或许可证明的假设 ·保险行业风险评估 ·专家对于"典型"致灾因子的意见 ·该地区以前的经验或历史纪录 然而，如果无法获得上述信息，城市仍然应该尝试从以前的经验或对所面临的致灾因子的等级进行评估，从而了解大体状况 高度发展的大城市可能还需要评估多种会对经济造成危害的致灾因子或一些致灾因子的组合（如同时发生的飓风和风暴潮） 需要重点注意的是，致灾因子可能会随着城市化与土地利用（例如荒漠化会增加洪水的可能）、气候变化（如降水和风暴模式的变化）或人们关于致灾相关知识的了解加深（如关于地震风险的知识或对于暴风雨可能的轨迹的了解）而改变。因此，致灾因子的评估需要定期更新
本应正常提供公共服务期间，因为该服务缺失或减少可能带来的损失或消极影响	5 分——即使最严峻的灾害发生，供水也不会受到影响 4 分——如果该地最有可能发生的灾害到来，供水不会受到影响 3 分——如果该地最有可能发生的灾害到来，用水供给减少的比例为 1%—25% 2 分——如果该地最有可能发生的灾害到来，用水供给减少的比例为 25%—100% 1 分——如果该地最有可能发生的灾害到来，用水供给减少的比例达到 100%—200% 0 分——如果该地最有可能发生的灾害到来，用水供给减少的比例超过 200% 计算：水资源/公共用水供给减少比例：假设 a = 预测该地区恢复正常供水所需的天数，b = 该地区受减少供水影响用户比例，那么，水资源/公共用水供给减少比例 = a×b	这里讨论的供水系统指的是城市或小区内的日常用水或者公共用水系统，储备水资源或者流动公共用水设备是不包括在日常供水系统内的 如果该地区主要的资源供应来自本地供水系统或卫生系统（如水井或者化粪池），那么该地区的御灾能力会强于使用统一城市供水系统的地区。这里所指的减少供水服务是与在正常供水的情况相比较，例如： ● 如果正常供水状态为每家每户 24 小时都可以获取安全的饮用水，那么计算的是减少供应的水量 ● 如果正常供水状态为每家每户 24 小时都可以使用到清洁的流动水而不是饮用水，那么应据此计算减损 ● 如果正常的供水状态是上述两种供水服务都提供，但每天只供应一段时间而非全天供应，那么减少的供水服务指的是比原来正常的供水时间少了多久。例如：该地区的住户在供水系统维修好之前，每天相比原来用水时间少了多久 ● 如果正常的供水状态指的是公共场所的消防栓或者公共厕所，那么公式里的用户数据应为被暂停运行的消防栓和公共厕所影响的居民数量

续表

主题	指示性测量尺度	备注
本应正常提供公共服务期间，因为该服务缺失或减少可能带来的损失或消极影响	（例子：1.5 天暂停用水供应×10%的该地居民受停止供应的影响＝15%的水资源/公共用水资源流失；3 天暂停用水供应×50%的该地用户受影响＝150%的水资源/公共用水资源流失）	● 如果正常供水状态下，管辖地区完全没有公共卫生体系，那么检测应该只关注普通水资源的流失。注意：蓄洪系统是属于保护性设施，不算入供水系统内

资料来源：《城市御灾力记分卡》，https：//www.mcr2030.undrr.org/disaster-resilience-score-card-cities。

综上，比较上述典型韧性城市评价的相关指标体系，可以归纳出以下特征：一是主题多元。有些指标涉及领域多、综合性强，如洛克菲勒评价框架，包括 12 个目标、52 个绩效指标及 156 个二级指标；有些侧重某个单项，如 SPUR 评价框架，关注城市地震之后的恢复力，覆盖面较窄。二是评价主体中政府部门较少参与，咨询公司、研究机构、非政府组织、城市联盟、私人基金会等发挥重要作用。三是不少指标体系采用定量和定性指标相结合的方式，评价环节在定量测算之后还邀请第三方专家组成评审团。四是评价对象不断扩展，有些指标体系从城市、区域评价逐渐扩展到全国。由于篇幅限制，此处不一一详细介绍，表 3－8 整理筛选了几种可服务于城市安全韧性评价的工具/框架，可通过访问相关网址阅读了解。

表 3－8　　　　国外安全韧性城市评价工具、模型汇总

工具	开发者	简介
城市韧性分析工具（CRPT）	联合国人居署（UN Habitat）	城市韧性分析工具（CRPT）是一种自我评估工具，主要面向市政领导、管理者、城市规划者和其他负责城市区域各个功能运转的安全、维护和保障的人员，包括关键基础设施和服务、卫生设施、交通和电信网络、卫生设施、水等。该工具生成城市韧性指标，以便建立基线，将基于韧性的输入数据整合到可持续城市规划、发展和管理过程以及世界各地的人类定居点。CRPT 的主要目标是支持地方政府及其利益相关者将城市地区转变为更安全、更宜居的地方

续表

工具	开发者	简介
		并提高其吸收和快速应对任何潜在冲击或压力的能力 来源：http：//www. urbanresiliencehub. org/wp-content/uploads/ 2018/02/CRPT-Guide. pdf
城市强度诊断（City Strength Diagnostic）	世界银行（The World Bank）	City Strength Diagnostic 是一种快速诊断工具，旨在帮助城市增强抵御各种冲击和压力的能力。它是在全球减灾和灾后恢复基金（GFDRR）的支持下开发的一种定性评估，采用整体和综合方法，鼓励部门之间合作以更有效地解决问题。City Strength Diagnostic 具有灵活性，可以在深度和广度上适应客户的不同需求，并且可以在一个国家的任何城市或城市组合中实施，无论其规模、机构能力或发展阶段如何 来源：http：//www. worldbank. org/en/topic/urbandevelopment/ brief/citystrength
社区韧性评估方法（CRAM）	美国国家标准与技术研究院（NIST）	目标是通过衡量社区所依赖的不同资源区域和基础设施系统（例如通信和交通）的准备情况来评估社区韧性。CRAM 建立在研究和利益相关者对话的基础上，支持灾害恢复框架，非常重视基础设施和社会系统之间的互联 来源：https：//www. nist. gov/sites/default/files/documents/el/ resilience/NIST-GCR – 16 – 001. pdf
地理空间风险和韧性评估平台（GRRASP）	欧盟委员会（European Commission）	地理空间风险和韧性评估平台（GRRASP）是一个面向万维网的架构，将地理空间技术和计算工具结合在一起，用于分析和模拟关键基础设施。它允许信息共享，并为未来在协作分析和联合仿真方向上的发展奠定了基础。由于能够一致地管理用户和角色，它在信息共享过程中考虑了安全问题。该系统完全基于开源技术，还可以部署在单独的服务器中，被欧盟成员国用作促进关键基础设施风险和韧性分析的一种手段。GRRASP 可用于分析复杂的网络系统，包括考虑跨部门和跨国界的相互依存关系，也可用于分析本地、区域、国家、国际层面的通讯网络中断 来源：https：//www. ec. europa. eu/jrc/en/grrasp
韧性指数公开数据（Open Data for Resilience Initiative）	世界银行全球减灾与恢复基金（GFDRR）	韧性指数公开数据是一种为任何国家提供识别、评估和比较的工具，数据集的可用性和易用性被认为是灾难的关键风险管理。任何人都可以提交数据集。其结果是一个众包数据库为任何国家提供灾害风险管理的公开数据状态 来源：https：//www. index. opendri. org
韧性车库（Resilience Garage）	"全球 100 韧性城市"和罗兰·库珀斯（100 Resilient Cities & Roland Kupers）	"韧性车库"组织由 20—25 名来自不同行业的专家组成，学科的目的是同行评审，以更好地理解或解决具有挑战性的问题。它强调具体的韧性项目或开发重点领域，旨在提出具体的建议以及提供基本工具，这些工具探讨了如何使韧性更可行 来源：https：//www. 100resilientcities. org/wp-content/uploads/ 2014/09/2015nov2-Resilience-Garage-One-Pager. pdf

续表

工具	开发者	简介
基于韧性的地震设计计划（REDi）	Arup 公司	REDi Rating System 由 Arup 的高级技术和研究团队开发，为业主、建筑师和工程师提供了一个框架，以实施"基于韧性的防震设计"。它描述了设计和计划标准，以使所有者能够根据他们期望的韧性目标恢复业务运营并在地震后迅速提供宜居条件。它还提供了一种损失评估方法，用于评估所采用的设计和计划措施在实现弹性目标方面的成功 来源：https：//www.arup.com/perspectives/publications/research/section/redi-rating-system
韧性行动清单标准（RELi）	美国绿色建筑委员会（USGBC）	RELi 2.0 评级系统（RELi 2.0）是一个全面的、以韧性为基础的评级系统，将创新的设计标准与最新的下一代社区、建筑、住宅和基础设施的综合设计流程相结合。在应急准备、适应和社区活力方面，RELi 2.0 是最全面的参考指南和认证，用于社会和环境韧性设计和建设。自 2017 年以来，RELi 一直由美国绿色建筑委员会（USGBC）管理，该委员会与"市场转型到可持续发展"（Market Transformation to Sustainability）合作，将 LEED 韧性设计试点学分与 RELi 的危害缓解和适应学分综合起来。RELi 2.0 认证是基于积分体系的，项目获得的分数决定了它获得的认证级别 来源：http：//c3livingdesign.org/? page_ id = 13783
韧性适应和评估框架（RAP-TA）	联邦科学与工业研究组织（CSIRO）与 STAP 合作	RAPTA 是一种独特的工具，从一开始就将韧性、适应和转变的理念融入项目，以确保通过时间和变化实现切实可行、有价值和可持续的成果。《RAPTA 指南》对 RAPTA 在项目设计中的应用提供了实际指导。该指南针对的是与当地利益攸关方合作设计有效发展项目的从业人员，这些项目旨在增强抵御冲击、压力和重大外部变化的能力 来源：https：//www.stapgef.org/resources/advisory-documents/achieving-transformation-through-gef-investments
城市社区韧性评估（UCRA）	世界资源研究所和城市联盟（World Resources Institute and Cities Alliance）	UCRA 帮助城市将个人和社区能力——社会凝聚力、熟悉当地气候风险、早期预警系统和灾难准备——纳入更广泛的城市韧性评估中。通过分析这些功能，UCRA 提供了准备行为、风险感知和邻里关系强度的快照。这些发现使个人能够确定针对特定情况的适应行动并使决策者激励社区成员参与城市适应力规划 来源：https：//www.wri.org/initiatives/urban-community-resilience-assessment
国际地方环境行动理事会亚洲气候变化韧性网络流程工作手册（ICLEI ACCCRN Process Workbook）	国际地方环境行动理事会和洛克菲勒基金会（ICLEI and Rockefeller Foundation）	国际地方环境行动理事会亚洲气候变化韧性网络流程（IAP）使地方政府能够在城市化、贫困和脆弱性的背景下评估其气候风险并制定相应的韧性战略。ICLEI ACCCRN 流程采用分步形式设计，分为 6 个阶段。该过程还被设计为一个持续的审查和改进循环，而不是一个封闭的循环 来源：http：//resilient-cities.iclei.org/fileadmin/sites/resilient-cities/files/Images_ and_ logos/Resilience_ Resource_ Point/ICLEI_ ACCCRN_ Process_ WORKBOOK.pdf

续表

工具	开发者	简介
世界银行气候与灾害风险筛查工具（World Bank Climate and Disaster Risk Screening Tools）	世界银行（The World Bank）	该评估工具提供了一种系统、一致和透明的方式，在项目和国家/部门规划过程中考虑短期和长期气候灾害风险。这些工具针对一系列部门：国家计划、农业、沿海防洪、能源、卫生、道路、水等。工具链接到来自世界银行气候变化知识门户的气候预测、国家适应概况和灾害风险数据源。这些数据与用户对主题和国家背景的理解相结合，生成风险特征，以帮助项目和项目群层面的对话、协商和规划过程提供信息。这些工具可应用于一系列发展部门，以支持国家计划和战略以及项目层面的投资。工具的最大价值在于它们提供了一个自定进度、结构化和系统化的流程，用于了解气候和灾害风险对计划和投资的影响 来源：https：//www. climatescreeningtools. worldbank. org

第三节　中国安全韧性城市评价研究概况

我国具有独特的政治经济体制、领导组织模式、社会文化背景，国外的安全韧性城市评价体系并非能够直接适用于我国，需要扎根本土特征构建具有中国特色的安全韧性城市评价体系，形成相应的评价方法。目前，国内对于安全韧性城市的研究整体上还处于起步阶段，评价主要以综合性的指标体系为主。本节结合典型城市案例和研究成果，主要围绕国内学界关于评价指标体系构建进行阐析，并详细介绍官方标准《安全韧性城市评价指南》的有关内容。

一　减灾导向的城市安全韧性评价

国内安全韧性城市评价体系构建的一个普遍共识是在实践中根据城市特征以及灾害风险类型差异，不断修正评价体系并应用到实践。目前，基于减灾视角下城市安全韧性的评价形成了较为丰富的成果，也产生了诸多有益的城市应用经验。21 世纪以来，中国学者在总结国外安全韧性城市建设经验和评价体系的基础上，以城市公共安全与可持续发展为导向，围绕地震、台风、暴雨、洪涝以及其他综合性自然灾害构建了诸多本土特征的安全韧性城市评价体系。以下结合典型成果做简要介绍。

2014 年，刘江艳和曾忠平在《电子政务》期刊发表《弹性城市评价指标体系构建及其实证研究》，这是国内第一篇尝试构建城市韧性评价指标体系的学术论文，从城市生态弹性、城市经济弹性、城市工程弹性、城市社会弹性 4 个子系统，分别选取密切相关的 27 个子指标构建评价框架（见表 3-9），并采用德尔菲法确定各指标权重，讨论了武汉市 5 个年份的城市综合韧性指数变化，为后续研究奠定了较好的基础框架。[①]

表 3-9　　　　　　　　　城市韧性评价指标体系

主题层	准则层	具体指标
城市综合弹性	城市生态弹性	生活垃圾无害化处理率；工业固体废物综合利用率；工业废水排放达标率；城市生活污水处理率；工业 SO_2 去除率；人均公共绿地面积；建成区绿地率
城市综合弹性	城市工程弹性	建筑防震标准；互联网普及率；排水管道密度；人均生活日用水量；人均生活日用电量；道路网密度；人均拥有道路面积
	城市经济弹性	高新技术产业增加值占 GDP 比重；第三产业占 GDP 比重；人均固定资产投资；万元产值能耗；地均 GDP；人均 GDP
	城市社会弹性	每万人拥有医生数；受高等教育人数比例；恩格尔系数；城镇登记失业率；人口密度；人均居住面积；人均可支配收入

数据来源：刘江艳、曾忠平：《弹性城市评价指标体系构建及其实证研究》，《电子政务》2014 年第 3 期。

2015 年，许涛、王春连和洪敏基于灰箱模型，借助主成分分析法

---

① 刘江艳、曾忠平：《弹性城市评价指标体系构建及其实证研究》，《电子政务》2014 年第 3 期。

构建了包括抵御能力、恢复能力和适应能力三个维度在内的城市内涝弹性评价体系，对全国 238 个地级及以上城市进行了评价。[①] 他们针对单一洪水灾害测量城市抗洪韧性，所构建的评价体系主要依据最大积水深度、最长积水时间、最多积水点数量和内涝次数等指标，是典型的基于韧性过程所构建的定量分析评价体系。2016 年，杨雅婷立足城市综合防灾减灾视角提出城市社区韧性体系，从稳定性、冗余度、效率性和适应性 4 个韧性特征构建评价体系（见表 3 - 10），采取了德尔菲法和层次分析法相结合的定性定量混合工具。[②] 该成果展示了评价指标体系构建的调查过程，为后续研究积累了经验。

表 3 - 10　　　　　　　　　　韧性社区综合评价指标体系

一级指标	二级指标	三级指标
适应性	社区防灾智能化	灾害信息更新情况；防灾信息普及智能化 预警机制智能化
	防灾资金投入	社区灾害保险投保情况；政府防灾资金投入情况
	居民灾害适应能力	防灾教育及演练；弱势群体救助方案 居民对本社区防灾空间及设施了解情况
	社区组织灾害适应能力	志愿者专业技能构成；应急响应综合指挥体系 社区防灾组织成员防灾培训情况
效率性	应急救援效率性	消防救援可达性；应急设施启用效率性；应急响应协作预案
	应急疏散效率性	相连的城市主要应急疏散通道数量；应急避难场所服务半径；应急指示标志系统完善程度；应急通道通行情况
冗余度	应急服务设施冗余度	应急医疗救护系统冗余度；应急通信指挥系统冗余度
	应急保障设施冗余度	应急物资储备冗余度；供电系统冗余度；给水系统冗余度

---

① 许涛、王春连、洪敏：《基于灰箱模型的中国城市内涝弹性评价》，《城市问题》2015 年第 4 期。

② 杨雅婷：《抗震防灾视角下城市韧性社区评价体系及优化策略研究》，硕士学位论文，北京工业大学，2016 年。

续表

一级指标	二级指标	三级指标
稳定性	次生灾害稳定性	次生地质灾害稳定性；次生洪涝灾害稳定性；次生火灾稳定性
	工程设施稳定性	燃气系统安全性能；给水系统稳定性；建筑物抗震设防能力
	防灾空间稳定性	主要避难空间与建筑物倒塌坠落范围的关系；人均有效避难面积；社区不利地段面积比例

资料来源：杨雅婷：《抗震防灾视角下城市韧性社区评价体系及优化策略研究》，硕士学位论文，北京工业大学，2016年。

　　2018年，随着四川德阳、湖北黄石、浙江义乌、浙江海盐4座城市先后入选"全球100韧性城市"，相关城市安全韧性评价体系的研究开始逐渐增多。为了更好地展现研究过程演变的全貌，本书以"城市韧性""韧性城市""城市复原力""弹性城市"为关键词检索来自CSSCI和北大核心期刊的研究论文，将研究成果所构建的城市安全韧性评价体系进行梳理，从准则层分类、具体指标数量和评估对象三个维度进行统计分析（见表3－11）。可以发现，现有国内研究成果对韧性、韧性城市的概念认同度普遍较高，但是由于城市是一个开放复杂的系统，学科之间对韧性能力的把握与侧重各有不同。因此，对安全韧性城市建设目标和发展方向的识别存在明显差异，进而使学界在评价体系的构建上具有一定的认知分歧。

表3－11　　　　国内城市安全韧性评价体系构建（节选）

第一作者	发表年份	构建视角	准则层分类	指标数量（个）	评估对象
李亚	2017	城市灾害韧性	经济韧性、社会韧性、环境韧性、社区韧性、基础设施韧性、组织	49	全国288个城市
孙阳	2017	社会生态系统	经济韧性、社会发展韧性、生态韧性、市政设施工程	24	长三角地区16个城市
李康晨	2018	城市韧性	社会韧性、经济韧性、制度韧性、基础设施韧性、社区资本韧性、环境	63	广州市

续表

第一作者	发表年份	构建视角	准则层分类	指标数量（个）	评估对象
张明斗	2018	城市韧性	经济水平韧性、社会环境韧性、生态环境韧性、基础设施	15	30个省、自治区、直辖市
修春亮	2018	城市韧性	规模、密度、形态	无	大连市
陈长坤	2018	雨洪灾害情境	抵抗能力、恢复能力、适应能力	25	武汉市
张鹏	2018	城市韧性	经济韧性、社会韧性、生态韧性、工程韧性	33	山东省17个城市
赵庆风	2019	城市内涝	社会韧性、经济韧性、基础设施韧性、环境	20	河南省
王智怡	2019	公共安全韧性	经济韧性、社会韧性、环境韧性、工程韧性、组织结构	32	深圳市
张明斗	2019	城市综合	经济韧性、社会韧性、生态韧性、基础设施	20	长三角城市群16个城市
白立敏	2019	城市韧性	经济韧性、社会韧性、生态韧性、基础设施	28	全国259个城市
许兆丰	2019	防灾视角	经济韧性、社会韧性、组织/制度韧性、基础设施韧性	44	唐山市
程皓	2019	环境压力	经济韧性、社会韧性、生态环境韧性、市政设施	35	全国104个城市
吕扬	2020	社会空间结构	能动性、稳定性	16	长春市
杜金莹	2020	城市韧性	经济韧性、社会韧性、生态韧性、组织韧性	22	珠江三角洲地区14个城市
谢晓君	2020	城市韧性	经济韧性、领导力、基础设施韧性、生态环境韧性	20	德阳市
黄晶	2020	城市洪涝韧性	压力、状态、响应	16	南京市
笪可宁	2020	应急管理	经济韧性、社会韧性、环境韧性、基础设施韧性、组织	22	辽宁省14个城市
朱金鹤	2020	城市韧性	经济韧性、社会韧性、生态韧性、基础设施	25	三大城市群55个城市
张慧	2020	洪涝灾害风险	经济韧性、社会韧性、生态韧性、基础设施	12	山西省11个城市

续表

第一作者	发表年份	构建视角	准则层分类	指标数量（个）	评估对象
陈韶清	2020	城市规模	经济韧性、社会韧性、生态韧性、基础设施	21	长江中游城市群31个城市
刘晖	2020	社会生态	生态环境韧性、市政设施韧性、经济发展韧性、社会发展韧性	25	吉林延边
周倩	2020	城市韧性	经济韧性、社会韧性、生态韧性、基础设施韧性	18	长三角城市群26个城市
路兰	2020	多维关联网络	经济韧性、社会韧性、生态韧性	17	直辖市、省会31个城市
王光辉	2021	风险矩阵	经济韧性、社会韧性、生活水平韧性、环境韧性、自然灾害	15	全国284个城市
缪惠全	2021	灾后恢复过程	社区与人口、政府与管理、住房与设施、经济与发展、环境与文化	62	全国31个省会城市
杨丹	2021	城市韧性	经济韧性、社会韧性、环境韧性、基础设施韧性、组织韧性	26	四川省18个城市
吴嘉琪	2021	灾害韧性	经济韧性、组织韧性、社会韧性、环境韧性、基础设施韧性、风险管理、适应性、暴露性	31	深圳市
臧鑫宇	2021	地震韧性、火灾与暴雨灾害韧性	冗余性、坚固性、资源可调配性、快速性	21	天津市
胡智超	2021	防灾减灾	社区韧性、经济韧性、社会韧性、生态韧性、设施韧性、制度韧性、预判能力、创新能力、决策能力、转化能力、合作能力	54	无

由表 3-11 可知，在准则层分类方面（即一级指标），基本要素中的经济安全韧性、社会安全韧性、生态安全韧性与基础设施安全韧性等维度成为评价指标体系构建的主流分类模式。由于该分类模式主要基于城市安全韧性内涵和概念的延伸，兼顾了国外评价指标体系的研究动态，故此分类方式被国内诸多学者普遍认可，在此基础上陆续

演化出更为细致的分类和指标。此外，从评价指标设置方向来看，早期国内研究多基于城市某一子系统进行分析评价，如测度城市基础设施安全韧性、防洪安全韧性，并不能展现城市安全韧性的全景。当前，城市安全韧性评价体系更多是建立多个子系统关联维度，如关联网络、风险矩阵、城市级联灾害等，对经济、社会、生态环境以及基础设施层面等多个领域进行整体性评价。从评价对象来看，国内研究成果也是相当丰富的，包括基于单一城市内区县韧性评价、单一省份内城市韧性评价、单一城市群内城市韧性评价、全国范围城市韧性评价、多个城市群韧性评价、省会城市韧性评价等，从时空角度对所处城市群及省辖、省际城市进行综合对比分析，有利于更加明确城市安全韧性发展的优势与不足。

综上，目前国内城市安全韧性在评价视角、评价对象和体系划分上还有待深入地探讨，评价指标体系的设计需要进一步丰富发展。

二 广东省应用实践

2021 年，广东省国土空间规划协会发布《广东省城市评估数据蓝皮书（2020）——韧性城市视角下的城市评估》（以下简称《蓝皮书》），以城市韧性发展为主题，从城市健康与城市系统韧性理念出发，提出了韧性强化的策略建议及信息化转型设想，为强化城市治理能力提供理论和技术支撑；另外，构建起生态资源韧性、城市综合韧性、社区韧性、农业韧性、交通韧性、经济韧性、数据增强韧性、信息技术增强韧性 8 个维度的韧性概念，建立了城市综合韧性、社区韧性、农业韧性、交通韧性的评价框架，兼顾综合评价体系和单一评价体系，为未来城市快速韧性评估提供了重要思路。这里仅就《蓝皮书》中的综合韧性和社会韧性评价体系做简要说明。

（一）综合韧性评价体系

根据《蓝皮书》，在综合韧性评估框架中，共设立了 6 个准则层和 29 个具体指标（见表 3 - 12），该体系特别关注了人口系统、文化系统，强调超大特大城市风险叠加形势。在人口流动减缓和人口老龄化趋势越发明显的时代背景下，地方政府承受极大的财政与社会保障负担，给城市经济和社会的可持续发展造成更大压力，一旦发生外部灾害冲击，可能带来超出预期的破坏性后果。这也是综合韧性评价的重点关注方向。

表 3 - 12　　　　　　　　城市综合韧性评价 （《蓝皮书》）

主题层	准则层	具体指标
城市综合韧性评价	城市人口韧性	常住人口；户常比；自然增长率；机械增长率
	城市经济韧性	城镇居民人均可支配收入；地区生产总值；人均地区生产总值；人均研究与测试发展经费；人均发明专利授权数；固定资产投资效率
	城市社会韧性	城乡消费支出比；城乡可支配收入比；城镇登记失业率；万人拥有执业（助理）医师数；万人拥有医疗床位数
	城市文化韧性	城镇职工基本养老保险参保率；城镇职工基本医疗保险参保率；万人拥有公共图书馆数量；万人拥有博物馆（含美术馆）数量；单位图书馆工作人员数；单位博物馆（含美术馆）工作人员数
	城市环境韧性	空气质量综合指数；城镇生活污水集中处理率；人均公园绿地面积；生活垃圾无害化处理率
	城市管理韧性	亿元生产总值安全事故死亡率；火灾事故死伤人数；交通事故死伤人数；刑事犯罪人数

（二） 社区韧性评价体系

党的十九届四中全会提出：“推动社会治理和服务重心向基层下移，把更多资源下沉到基层，更好提供精准化、精细化服务”。2020 年以来的新冠疫情阻击战中，国内基层社区群防群治工作发挥了不可替代的作用。如何进一步优化和完善基层社区在物质空间、公共服务配套、民生保障等方面的能力支撑，推进社区治理现代化，提高社区应对灾害的韧性水平，也成为城市安全韧性评价的重要组成部分。《蓝皮书》提出了一套社区韧性评价体系，涵盖社区物质空间环境、社区配套设施与居民自有资源三个维度（见表3-13），为城市社区韧性评价研究打开了思路。

表3-13   社区韧性发展评价

主题层	准则层	具体指标
物质空间环境	城市孕灾环境	坡度；降水量；建成区密度
物质空间环境	城市生命线系统	三甲医院通勤时间；消防机关通勤时间；每万人拥有开敞空间数；开敞空间步行可达时间；医疗卫生机构千人床位数
	城市住区空间	土地供应面积占比；人均居住用地面积
社区配套设施	教育设施	至幼儿园距离；至小学距离；至中学距离
	医疗养老设施	每万人拥有医院诊所数；至医院距离；每千名老年人养老床位数
	文体设施	至文化设施距离；至运动场距离
	商业配套设施	至商业设施距离
居民自有资源	劳动力水平	劳动人口抚养比
	居民经济水平	居民人均可支配收入；就业人员平均工资；人均住户存款
	民生保障	医疗保险参保人数比例；每万人民政事业费支出
	社会参与	每万人拥有社会组织数量；志愿者服务人数比

一是物质空间环境：支撑社区成员日常生活、工作的物质空间载体，包含城市孕灾环境，交通、医疗、应急救援等城市生命线系统以及住区建筑空间等。

二是社区配套设施：即社区所拥有的社区配套公共服务供给水平，包括各类教育、医疗、养老、文化体育、商超便利设施等。良好的公共服务质量和资源可得性，有助于社区在紧急状态下能够及时得到外部援助，为社区快速恢复和适应提供有力支持。

三是居民自有资源：社区成员为应对危机可依托的劳动力、经济收入、社会保障及其社会组织载体等。劳动力水平高、民生保障投入高以及经济实力好的社区拥有更多资源，适应新环境的能力更强；社区党组织、居民自治组织、营利或非营利组织能够有效供给公共物品，满足社区需求，优化社区秩序。

三　安全韧性城市评价规范

2018 年 1 月，中共中央办公厅、国务院办公厅发布的《关于推进城市安全发展的意见》指出，国内一些城市安全基础薄弱，安全管理水平与现代化城市发展要求不适应、不协调的问题比较突出，明确要求强化城市运行安全保障，有效防范事故发生，建立安全韧性城市。2018 年 8 月，清华大学工程物理研究院、公共安全研究院的黄弘、李瑞奇、范维澄等学者对安全韧性城市的概念进行阐析，将其定义为能够有效应对来自经济社会、技术系统和基础设施方面的冲击和压力，在遭受重大灾害后能够维持城市基本功能、结构和系统并能在灾后迅速恢复、适应性调整、可持续发展的城市。以下围绕评价规范就国内典型的 2021 年《安全韧性城市评价指南》做概要说明。

（一）《安全韧性城市评价指南》

2021 年 11 月 26 日，全国公共安全基础标准化技术委员会正式发布了《安全韧性城市评价指南》（以下简称《指南》），提出国内城市治理面临新的发展态势，需要顺应新的时代特点对安全城市的内涵进行完善，安全韧性城市也成为当代城市安全发展的新范式。

《指南》重点构建了安全韧性城市的评价指标体系，对城市安全韧性进行综合性评价具有重要的参考价值。一方面，有助于深入了解特定城市的安全发展状况，为推进安全韧性城市工作提供管理工具和评价依据，有效防范和减少各种安全事故的发生，实现经济社会安全发展、高质量发展。另一方面，通过评价指标体系的测度分析，找出城市运行过程中潜在的各种不安全因素，及时发现和掌握城市工作中的不足和薄弱环节，识别城市系统的脆弱性，强化各级政府、各职能部门、各社会组织的安全责任，落实公共安全措施。

　　该评价体系构建过程注重客观性原则，坚持全面、科学、公正和注重实效的综合评价原则，为本书的后续研究提供了重要参考思路。按照《指南》规范要求，安全韧性评价指标的设置应体现城市工作的全局和发展方向，尽量涵盖城市系统运行的各个方面；充分发挥被评价城市管理者的主体作用，重在发现问题并在工作中采取切实可行的措施进行整改，加强安全韧性城市建设。特别地，《指南》设置了大量的专业性指标，覆盖对城市生产生活有重大影响的交通、通信、供水、排水、供电、供气、输油等工程系统，从人员—设施—管理三个主要维度展开（见表3–14）。

表3–14　　　　　　　　《指南》中安全韧性城市评价指标

一级指标	二级指标	三级指标
城市人员安全韧性	人口基本属性	人口年龄结构指数；残疾人口比例；建成区常住人口密度；暂住人口比例； 基本医疗保险覆盖率；接受高等教育就业人口比例
	社会参与准备	万人卫生技术人员数；万人人民警察数； 万人消防员数；应急救援队伍数；注册志愿者比例
	安全感与安全文化	安全生产责任险覆盖率；市民安全意识和满意度； 商业保险密度；城市安全文化教育体验基地或场馆数量
城市设施安全韧性	建筑工程	基本符合抗震设防要求的建筑物比例 安全薄弱区域用地面积比例；土地开发强度
	交通设施	人均道路面积；公路桥梁安全耐久水平；城际物资运送通道数量
	生命线工程设施	备用燃气供应维持基本服务的天数；电力系统事故备用容量占比；户年均停电时间；户年均停水时间；移动电话普及率；固定宽带家庭普及率
	监测预警设施	城区公共区域监控覆盖率；气象灾害监测预报预警信息公众覆盖率； 市政管网管线智能化监测管理率
	工业企业	危险化学品企业运行安全风险；尾矿库、渣土受纳场运行安全风险； 建设施工作业安全风险
	应急保障设施	人均避难场所面积；绿化覆盖率；万人救灾储备机构库房建筑面积；消防站建设情况；万人医疗卫生机构床位数

续表

一级指标	二级指标	三级指标
城市管理安全韧性	管理体系建设	城市各级党委和政府的城市安全领导责任；各级各部门城市安全监管责任；城市总体规划及防灾减灾等专项规划；韧性城市规划或韧性城市提升计划；城市级恢复计划制订情况；应急预案体系；应急演练开展；城市社区安全网格化
	预防与响应	城市安全隐患排查整改；城市综合风险评估；气象、洪涝灾害监测；地震、地质灾害隐患监测；危险化学品运行安全风险监测；建设施工作业安全风险监测；城市生命线及电梯安全风险监测；城市交通安全风险监测；桥梁隧道、房屋建筑安全风险监测；重大危险源密度；年径流总量控制率最低限值；城市应急管理综合应用平台；处置、救援人员从接警到达现场的平均时间
	风险控制水平	百万人口因灾死亡率；年度因灾直接经济损失占地区生产总值的比例；亿元地区生产总值安全生产事故死亡率；工矿商贸就业人员万人生产事故死亡率；特别重大事故直接经济损失占地区生产总值的比例；甲乙类法定传染病死亡率；年受灾人数比例；万人火灾死亡率；万人刑事案件发生率
	支撑保障投入	公共安全财政支出比例；医疗卫生财政支出比例；安全科技研发及成果、技术和产品的推广使用

（二）《指南》相关指标分析

《指南》在安全韧性城市测评指标上有较大改进，整体框架确立为三个层次的分类架构。具体而言，第一层包括城市人员安全韧性、城市设施安全韧性、城市管理安全韧性三个大类，共设置人口基本属性、社会参与准备、安全感与安全文化等13个专题，每个专题选取了若干指标来反映本专题状态（见表3-14），评价指标由45项定量指标和27项定性指标构成。其中，定性和定量指标需要通过自评价、上级政府评价和第三方评价等方式完成，但是该类型指标评价体系的测量难度较高，相关指标数据获取较为复杂，以下针对相关特殊类型的指标进行概要举例说明。

简单定量指标，例如人口年龄结构指数（T1），直接用65岁及以上、14岁及以下城市常住人口数占城市常住人口总数的百分比计算得出［见式（3－1）］，该指标是典型的负向指标，数值越大得分越低，数值越低得分越高。按照设定：T1≤24%得A，24%＜T1≤26%得B，26%＜T1≤30%得C，T1＞30%得D。该类型的指标计算方式和方法较为简单，可以直接获得并进行判断。

人口年龄结构指数（T1）

$$= \frac{65 \text{ 岁及以上、} 14 \text{ 岁及以下城市常住人口数}}{\text{城市常住人口总数}} \times 100\% \quad (3-1)$$

复杂定量指标，如安全生产责任险覆盖率，是指安全生产责任险签约生产经营单位数占生产经营单位总数的百分比［见式（3－2）］。其中，安全生产责任险覆盖率按高危行业领域、其他行业领域分别统计计算，得出高危行业领域安全生产责任险覆盖率，其他行业领域安全生产责任险覆盖率。根据《安全生产责任保险实施办法》，高危行业领域包括煤矿、非煤矿山、危险化学品、烟花爆竹、交通运输、建筑施工、民用爆炸物品、金属冶炼、渔业生产等，其余为其他行业领域。按照《指南》设定，高危行业领域安全生产责任险覆盖率达100%，其他行业领域安全生产责任险覆盖率大于或等于60%，才能得A。高危行业领域安全生产责任险覆盖率达100%，其他行业领域安全生产责任险覆盖率大于或等于30%并且小于60%，得B。高危行业领域安全生产责任险覆盖率达100%，其他行业领域安全生产责任险覆盖率小于30%，得C。高危行业领域安全生产责任险覆盖率未达100%，得D。该类型指标计算方式相对复杂，相关数据判断内容也存在定性成分。

安全生产责任险覆盖率

$$= \frac{\text{安全生产责任险签约生产经营单位数}}{\text{生产经营单位总数}} \times 100\%$$

$$(3-2)$$

市政管网管线智能化监测管理率（T30）是指可以由物联网等技术进行智能化监测管理的城市市政管网管线长度占城市市政管网管线总长度的比例［见式（3-3）］。纳入智能化监测管理的城市市政管网管线数据，包括水、电、气在内的城市建成区内的所有管线；"智能化监测"实现对水、电、气的运行状态进行风险监测、安全预警、水质监测等功能。按照《指南》设定，T30 = 0 得 D，0% < T1 < 15% 得 B，15% ≤ T1 < 30% 得 C，T1 ≥ 30% 得 A。该类型指标数据获取难度较高，如何计算实际检测管网管线长度较难统一，因此，该类型的指标缺乏城市之间的可比性。

市政管网管线智能化监测管理率（T30）

$$= \frac{可由物联网等技术进行智能化监测管理的城市市政管网管线长度}{城市市政管网管线总长度} \times 100\% \qquad (3-3)$$

定性指标，如市民安全意识和满意度。该指标用来表征市民的安全获得感、满意度，若该值很高可得 A；市民安全获得感、满意度一般，安全知识知晓率一般，安全意识一般，可设定为 C；B 则介于两者之间。该类型的定性指标，需要政府有关部门通过实地调查、召开座谈等方式调查得出，但是关于如何具体开展调研获得该类定性指标，还未有相关指导性意见。

动态定性指标，例如公路桥梁安全耐久水平。A 档得分需要被评价城市满足以下全部要求：一是基本完成 2020 年年底存量四、五类桥梁改造；二是国省干线公路新发现四、五类桥梁处治率为 100%；三是实现全国高速公路一、二类桥梁比例达 95% 以上；四是普通国省干线公路一、二类桥梁比例达 90% 以上。B 档需要满足其中 3 项，C 档需要满足其中 2 项，D 档需要满足其中 1 项。相关标准参考《交通运输部关于进一步提升公路桥梁安全耐久水平的意见》，需要通过实地调查、听取汇报、查阅资料才能进行判断。此类定性指标存在动态变化问题，相关定性判断标准和流程更为复杂，获得难度较高。

　　在指标打分方面，根据《指南》，评价小组采取听取汇报、查阅资料、访问座谈、材料审核、实地调查等多种方式对参评城市材料的真实性和有效性进行审查、打分、确认最后评价分数并提出评价意见及建议（见表 3－15）。具体分数则是评价小组按百分制进行打分，分值确定区间为：A 档取值为 90—100 分，B 档取值为 76—89 分，C 档取值为 60—75 分，D 档取值为 60 分以下。由此可见，《指南》中指标体系的设置整体上突出完备性，涉及安全韧性城市建设的方方面面，融合了主客观、定性定量测评方式。总之，城市安全韧性评价工作相当复杂，《指南》提供了一套应用框架及评价标准，为该研究领域的探索创造了良好基础。

表 3－15　　《指南》中安全韧性城市建设指标考核评价（部分）

指标	打分档级细则				评价方式	备注
	A	B	C	D		
残疾人口比例	≤5.8%	>5.8%，≤6.4%	>6.4%，≤7.0%	>7.0%	直接计算	定量
应急救援队伍数	>10 支	>2 支，<10 支	1 支	无应急救援队伍	应急管理部门提供	定量
户年均停电时间	≤1h	>1h，≤3h	>3h，≤5h	>5h	市政工程设施管理部门提供	定量
市民安全意识和满意度	市民具有较高的安全获得感、满意度，安全知识知晓率高，安全意识强	介于A、C档之间	市民安全获得感、满意度一般，安全知识知晓率一般，安全意识一般	低于C档	实地调查、开座谈会	定性

指标	打分档级细则				评价方式	备注
	A	B	C	D		
消防站建设情况	被评价城市满足以下全部要求：①消防站的布局符合标准，在接到出动指令后5分钟内消防队到达辖区边缘；②消防站建设规模符合标准要求；③消防通信设施完好率大于或等于95%；④消防站及特勤站中的消防车、防护装备、抢险救援器材和灭火器材配备达标率为100%	被评价城市满足以下要求中的3项：①消防站的布局符合标准，在接到出动指令后5分钟内消防队到达辖区边缘；②消防站建设规模符合标准要求；③消防通信设施完好率大于或等于95%；④消防站及特勤站中的消防车、防护装备、抢险救援器材和灭火器材的配备达标率为100%	被评价城市满足以下要求中的2项：①消防站的布局符合标准要求，在接到出动指令后5分钟内消防队到达辖区边缘；②消防站建设规模符合标准要求；③消防通信设施完好率大于或等于95%；④消防站及特勤站中的消防车、防护装备、抢险救援器材和灭火器材的配备达标率为100%	被评价城市满足以下要求中的1项或不满足以下所有要求：①消防站的布局符合标准要求，在接到出动指令后5分钟内消防队到达辖区边缘；②消防站建设规模符合标准要求；③消防通信设施完好率大于或等于95%；④消防站及特勤站中的消防车、防护装备、抢险救援器材和灭火器材的配备达标率为100%	实地调查、听取汇报、查阅资料	定性
城市各级党委和政府的城市安全领导责任	被评价城市满足以下全部要求：①及时研究部署城市安全工作；②将城市安全重大工作、重大问题提请党委常委会研究；③市级党委定期研究城市安全重大问题，领导班子分工体现安全生产"一岗双责"	被评价城市满足以下要求中的3项：①及时研究部署城市安全工作；②将城市安全重大工作、重大问题提请党委常委会研究；③市级党委定期研究城市安全重大问题，领导班子分工体现安全生产"一岗双责"	被评价城市满足以下要求中的2项：①及时研究部署城市安全工作；②将城市安全重大工作、重大问题提请党委常委会研究；③市级党委定期研究城市安全重大问题，领导班子分工体现安全生产"一岗双责"	被评价城市满足以下要求中的1项或不满足以下所有要求：①及时研究部署城市安全工作；②将城市安全重大工作、重大问题提请党委常委会研究；③市级党委定期研究城市安全重大问题，领导班子分工体现安全生产"一岗双责"	听取汇报、查阅资料	定性

第四章　减灾视域下安全韧性城市综合评价体系

第一节　"脆弱性—韧性"框架及应用

脆弱性与韧性研究是国内外灾害领域研究的重要内容和切入点，城市作为人工环境与自然环境交汇融合的复杂系统，面对自然或人为灾害冲击时往往暴露出明显的社会脆弱性，带来一系列超预期的破坏后果。本书研究将在梳理脆弱性—韧性分析框架的基础上，构建城市安全韧性综合评价指标体系。

一　脆弱性—韧性评价视角

（一）城市灾害系统结构

城市灾害并非单纯的自然现象或社会现象，而是一类复合型的自然—社会现象，危害城市中人类生命财产和生存发展条件的各类事件可统称为城市灾害。城市各类灾害事件的发生存在许多不确定、模糊的方面，总体可以归结为天灾人祸，即自然灾害与人为灾害。其最根本的共同点就是对人类自身及其人类社会造成危害作用，离开人与人类社会的承灾体，就无所谓灾害。

城市灾害的演变是孕灾环境、致灾因子、承灾体和应灾干预四个要素相互作用、动态发展的过程，即城市的灾情（Disaster）是地球表层孕灾环境（Environment）、致灾因子（Hazard）、承灾体（System）与应灾干预（Intervention）综合作用的产物。如表 4－1 所示，致灾因子包括自然、人为和环境三个系统，指能够对人类生命、财产或各种活动产生不利影响并达到灾害程度的罕见或极端事件，一般可划分为突发性与渐发性两种体系。承灾体包括人类本身及生命线系统，是指直接受到灾害影响和损害的人类社会主体，包括各种建筑物、基础设施、生命线系统以及各种自然资源。承灾体中除了人类本身，其他可划分为不动产与动产两部分。孕灾环境主要分为自然环境与人为环境，是大气圈、水圈、岩石圈、生物圈和人类社会圈构成的综合地球表层环境。应灾干预包含灾前、灾中和灾后干预，是指为防灾减灾所采取的一系列人为活动。灾情包括人员伤亡及造成的心理影响、直接经济损失和间接经济损失、建筑物破坏、生态环境及资源破坏等，也是由自然与社会的许多因素相互作用而形成的。[1]

　　灾害演变过程主要通过"孕灾环境—致灾因子—承灾体—应灾干预—孕灾环境"的循环反馈决定。从时间过程角度来说，灾害的发生、发展可分为灾前、灾中和灾后三个阶段，各种致灾因子在空间、时间上的孕育、分布配置可称为孕灾过程。经过一定孕灾过程的发展后，各类致灾因子的异常变化会施加到承灾体上，对承灾体造成生命、财产、资源和生存条件等方面的系列损失，从而形成灾情，这个过程就是成灾过程。任何灾害的形成、演化都存在致灾因子、脆弱性和适应性、干扰条件及人类的应对和调整能力等方面的影响因素。脆弱性是灾害形成的主要根源，致灾因子是必要条件，在同一致灾强度下，灾情随脆弱性的增强而扩大。

　　城市灾害演变与上述四要素的相互关系可以表示为：$D = E \cap H \cap S \cap I$，任何一个特定地区的灾害发生、发展，都可看作 H、E、S 综合

---

① 张乃平、夏东海编：《自然灾害应急管理》，中国经济出版社 2009 年版，第 24 页。

作用的结果。上述关系中，H——灾害产生的充分条件；S——放大或缩小灾害的必要条件；I——降低灾害的重要条件；E——影响 H、S 和 I 的背景条件。

表 4 –1　　　　　　　灾变系统的构成要素及其变量特征

	自然属性	人为属性	生态属性	变量特征
孕灾环境	大气圈、水圈、岩石圈、生物圈等，如江、河、湖、海	人类圈、技术圈等	—	稳定性、平衡性
致灾因子	气象因素中台风、暴雨、冰冻、大雾等，地质因素中地震、滑坡、崩塌、泥石流、地面沉降、海水倒灌等；环境因素的污染、酸雨、噪声等；生物灾害中的瘟疫、病虫害等	火灾、爆炸、交通事故、技术事故、地方冲突、军事对抗、金融链断裂等	大气污染、风蚀沙化、森林耗竭、臭氧洞等	风险性、概率
承灾体	自然资源（空气、土壤、水流、山川、植被等）	人口、生命线、建筑物、生产系统等	—	暴露性、脆弱性
应灾干预	工具设备的自然来源	预警、预报、安全管理、风险防控、应急准备、应急救援、恢复重建等	生态环境修复恢复	科学性、有效性

资料来源：作者自制。

（二）城市灾害脆弱性与评价

"脆弱性"（Vulnerability）一词来源于拉丁文"Vulnerare"，意指"受到伤害的可能性"，而非英语中脆弱一词（Fragility）的变形。有关脆弱性的研究始于 20 世纪 70 年代，主要出现在生态环境、气象学、自然灾害学等领域。传统研究认为，自然灾害、生态环境变化领域中的脆弱性是系统遭受灾害的可能性以及灾害所造成损失的大小。[1] 目

---

① 阮鑫鑫等：《湖北省自然灾害社会脆弱性综合测度及时空演变特征》，《安全与环境工程》2019 年第 2 期。

前，脆弱性的概念已经在地理学、经济学、社会学、管理学、工程技术学等多学科领域得到广泛应用，成为一个跨学科、综合交叉的研究范畴。现代脆弱性研究特别强调人们处于风险时的防御和应对能力条件以及经受灾害、减轻损失并从灾害影响中恢复的能力。面对相同的致灾事件，灾情会因设防能力、经济水平和人类对灾害的反应而呈现较大的差异。[①] Zobler 和 White 较早阐述了城市系统的敏感性和暴露性特征，城市系统容易因遭受外界带来的干扰和冲击而表现出脆弱性。[②] Adger 等强调脆弱性是系统受到外界干扰时无法恢复到良好状态的情形，其阐述更强调系统的自我修复能力。脆弱性还被定义和理解为一种概念（暴露、敏感性、适应性与恢复力等）的集合、一种对外部干扰的敏感性和缺乏抵抗力而造成系统结构和功能容易发生改变的属性等。[③] 以上定义更多关注承灾体在物理认知层面的脆弱性。随着城市问题的日益严重以及城市在国家经济社会发展中占据特殊地位，城市脆弱性研究得到了越来越多的重视。城市脆弱性不仅关注城市本身对各类灾害风险的应对能力，还强调灾害的适应能力。降低城市发展过程中的脆弱性是现代灾害治理的重点内容。

　　在概念定义上，脆弱性作为当代城市主题研究中较新的一类方向，由于视角不同，界定也不尽相同。冯振环作为较早的城市脆弱性研究人员之一，从城市经济系统出发，提出脆弱性是城市发展水平的一个标量，反映城市经济发展在外部干扰的条件下遭受损失的大小。[④] 喻小红等把城市脆弱性分为狭义和广义两种类型，狭义是指来自自然界

①　Tate Eric, "Social vulnerability indices: a comparative assessment using uncertainty and sensitivity analysis", *Natural Hazards*, Vol. 63, No. 2, 2012, pp. 325 – 347; Susan, et al., "Social Vulnerability to Environmental Hazards", *Social Science Quarterly*, 2003.

②　Zobler, L., White, G. F., "Natural Hazards: Local, National, Global", *Geographical Review*, Vol. 66, No. 2, 1976, p. 247.

③　Adger W. Neil, et al., *Social-Ecological Resilience to Coastal Disasters*, Planning for Climate Change, 2018.

④　冯振环：《西部地区经济发展的脆弱性与优化调控研究》，博士学位论文，天津大学，2003 年。

和人类自身的威胁与破坏，导致城市在自然环境和社会环境中表现出不利于城市可持续发展的问题；① 广义是指城市在其发展过程中表现出的弱势和缺陷。陈倬基于结构型和胁迫型视角对脆弱性进行了重新界定，认为结构型脆弱性是城市系统存在的内在不稳定性，胁迫型脆弱性是外界的干扰和胁迫使城市系统遭受损失或产生不利变化。② 王岩等认为城市脆弱性反映城市发展水平，是在自然和人为因素的共同作用下，城市经济发展、资源利用、人口增长、环境污染和生态破坏等程度超出现有社会经济和科学技术水平所能应对的城市长期发展能力。③ 程林等和陈伟珂等认为城市脆弱性是城市在发展过程中抵抗环境、经济、社会等内外部自然要素和人为要素干扰的敏感性以及应对能力的一种本质属性。④ 综上所述，本书将城市脆弱性界定为：在特定区域和特定时间段内，城市系统由于自身属性的不稳定性和对外界干扰的敏感，致使当其遭受来自城市内外部影响因素的干扰时，表现出有限的抵抗能力，从而使城市朝着不利方向发展演进。

在研究内容上，国内城市脆弱性研究主要集中在生态环境和自然灾害的脆弱性评价上，对一些特殊类型城市（如资源型城市、旅游城市、重工业城市）的单一子系统的脆弱性展开研究。随着研究领域的不断拓宽，国内学者开始探讨城市复合系统的脆弱性问题，从而出现了有关城市经济社会系统脆弱性、人地系统脆弱性、城市与区域发展脆弱性以及全球气候变化背景下的城市脆弱性等相关研究（见表4-2）。对城市灾害脆弱性的研究多关注特定环境背景下特定地点或地区的脆

---

① 喻小红、夏安桃、刘盈军：《城市脆弱性的表现及对策》，《湖南城市学院学报》2007年第3期。

② 陈倬：《粮食供应链脆弱性分析与整合研究》，《财经论丛》2011年第6期。

③ 王岩、方创琳、张薇：《城市脆弱性研究述评与展望》，《地理科学进展》2013年第5期。

④ 程林、修春亮、张哲：《城市的脆弱性及其规避措施》，《城市问题》2011年第4期；陈伟珂、闫超华、董静、尹春侠：《城市脆弱性时空动态演变及关键致脆因子分析——以河南省为例》，《城市问题》2020年第3期。

弱性，如地震、洪灾、飓风、海啸等灾害和全球气候变化，主要涉及城市人群和城市区域对灾害脆弱性及脆弱性空间分布特征，并对脆弱性产生的原因和空间分布上的差异进行探讨。

表 4-2 城市脆弱性研究领域

研究对象	主要界定/认知
城市经济脆弱性	区域经济发展的脆弱性是衡量区域经济发展水平的一种度，指某个地区经济发展的稳定性差，对外部经济条件改变反应敏感，在外部条件的干扰和变化下遭受各种损失的程度比较大
城市生态脆弱性	生态系统的脆弱性是指系统在面临外界各种压力和干扰（包括人类活动的扰动），可能导致系统出现某些损伤和退化特征程度的一个衡量
城市社会脆弱性	社会系统对内外各种扰动的敏感性和缺乏应对不利扰动的能力，使该系统容易向不可持续方向发展的一种状态，是系统的一种内在的属性，在系统遭受扰动时才表现出来
城市自然灾害脆弱性	城市对自然灾害（如地震）的脆弱性是人类行为的函数，它描述了城市系统和物理环境受自然灾害的影响程度或从中恢复的能力
城市气候变化脆弱性	脆弱性是自然或社会系统容易遭受来自气候变化（包括气候变率和极端气候事件）持续危害的范围或程度，是系统内的气候变率特征、幅度和变化速率及其敏感性和适应能力的函数

在城市脆弱性评价上，国外普遍关注外部环境影响的脆弱性分析，遵循"概念界定—分析框架—定量测度"的基本研究脉络，较为常见的分析框架包括风险—灾害分析框架（RH）、压力释放分析框架（PAR）、灾害脆弱性分析框架等[①]。研究角度涵盖城市地貌、生态环境、地下水、自然灾害、燃气管网、地铁网络物流、城市安全等自然社会系统；选取评价指标的方法有专家推荐法、历史事件追溯法等；确定权重的方法有专家打分法、层次分析法、模糊综合评价法、灰色关联分析法、熵值法等；评价工具有综合指数法、建模仿真法、集对分析法、数据

---

① 邱建等：《重大疫情下城市脆弱性及规划应对研究框架》，《城市规划》2020 年第 9 期。

包络分析法等。城市脆弱性评价的研究模式为城市安全韧性评价提供了早期思路。

（三）城市安全韧性能力要素与评价

从学术研究演进过程来看，韧性原本是脆弱性概念的延伸，韧性和脆弱性各自描绘了自然界、人类社会与风险关系的两个方面。一般认为，在风险灾害环境中，对应系统主体越具有韧性，其遭受脆弱性的反应能力越明显。但两者不应被简单地理解为是一对反义词，而是各有倾向、各有侧重的差异性观测视角。进言之，脆弱性的概念强调对风险灾害的本体考察，更多是一种对客观事实与结果的认知表达；韧性概念则被赋予能动的属性，更关注人类自身应对的能力，属于一种含有主观性评价与过程的认知表达。本质上，城市系统是韧性能力的反应载体，当城市遭受来自外部环境诸如自然灾害、气候变化、金融危机、社会动乱等冲击时，或者城市内部诸如人为破坏、不利政策、社会动荡、资源枯竭等干扰时，会表现出对这些内外部因素的显著敏感特性，而城市是这些自然或人为因素的直接承灾体。随着灾害系统结构和功能的改变，城市安全韧性会随之变化，而且人类活动既可以放大也可以缩小韧性的表达状态。它受到风险暴露、承灾体自身性质、社会经济、政治因素等方面的影响，表现出不同形式，城市安全韧性能力要素可以基于脆弱性分析，归纳为暴露性、敏感性和恢复力的内容。

1. 暴露性评价

暴露（Exposure）是影响脆弱性和韧性的重要因素，使承灾体的韧性状态发生变化。在城市人口密集地区，暴露于自然灾害的人口和财产的比率上升，是灾害损失增加的一个重要原因。以四川省为例，由于其特殊的自然地理条件，地震灾害较之其他区域更为突出，当地建筑更有可能受到地震灾害的破坏而暴露出脆弱性。譬如，2008年汶川8.0级地震、2013年雅安7.0级地震、2017年九寨沟7.0级地震、2022年雅安6.1级地震，这些地震灾害中当地建筑物和基础设施均不同程度地受到破坏。由于四川省位于亚欧板块和印度洋板块交界附近，地震发生频率高，新建学校、幼儿园、医院、养老机构、儿童福利机构、应急指挥中心、应急避难场所、广播电视等建筑应当按照有关规定采用隔震减震等技术。对四川省脆弱性和韧性进行评价，必然要充分考虑基础设施抗震性、社会医疗保障、应急救援能力等指标要素，这与评价其他地区的表现不同。此外，虽然暴露的地点是自然位置，但在复杂的社会生活中，哪些人暴露于哪一类致灾因子以及遭受灾害影响的程度等深受年龄、性别、职业、收入水平、所担负的社会责任等个体及社会因素的制约。[①]

因此，从暴露性视角构建诸如四川省的韧性评价体系，需要考虑城市绿地面积、城市水管密度等公共基础设施指标，也需要考虑符合抗震设防要求的建筑物比例、安全薄弱区域用地面积比例等建筑工程类指标，与此同时也要纳入城市样本人群的年龄结构、职业分布等具体个体特征情况。

2. 敏感性评价

敏感性反映的是当系统内部或外部条件发生变化时，观测系统对这种变化的响应程度，这与承灾体自身性质密切关联。不同的自然特征要素，如温度、水分，水陆接触界面形成的水平梯度，此类关联要素变化急剧，对人类活动干扰非常敏感；某些类型的森林和草原在干旱、炎热的天气下常常容易发生火灾。如受高温热浪天气影响，美国西部地区极易遭遇山火侵袭，突发性强，破坏性大，对生态环境与人们生命财产安全造成极大威胁。在中国，森林火灾往往集中发生在中部和南部地区，其中湖南、广西、贵州三省为山林火灾多发地区，而西北部地区由于森林资源相对匮乏，森林火灾发生概率和次数较少，总体灾害风险等级较低。

---

① 商彦蕊：《自然灾害综合研究的新进展——脆弱性研究》，《地域研究与开发》2000 年第 2 期。

因此，从敏感性视角构建地区韧性评价体系，要充分把握观测对象的易感特征，将自然要素与社会要素有机结合，体现因地制宜的建模原则。譬如，针对山地区域评价既要涵盖16—60岁人口比例、社区人口比例、城镇登记失业人数等人口指标，也需要考虑消防站数量、医护人员数、山火应急救援队伍等指标，以衡量灾害响应能力；考虑森林气象、洪涝风险监测、地震、地质灾害隐患监测等指标，以衡量山地区域灾害预防能力。

3. 恢复力评价

恢复力是指当系统受到外界干扰而产生结构和功能变化时，系统恢复原来功能和结构的能力，是韧性的典型特征之一。韧性研究强调人的主动性和恢复能力，面临灾害冲击能够有效传递特定利益诉求，千方百计寻找、利用各种资源，提高自身韧性并从困境中解脱出来。恢复力实现状况与特定地区灾前灾后应急准备密不可分。比如，城市是否制定完备的防灾减灾规划与各类应急预案（如综合防灾减灾规划、安全生产规划、地质灾害防治规划、排水防涝规划等专项规划和年度实施计划），是否定期开展应急演练（如中小学应急避险演练、处置救援人员接警平均时间）等情况，影响城市面对灾害的响应恢复能力。此外，某种程度上财富与安全维护呈正相关，充足的资金可为防灾减灾投入提供保障，包括修建一系列现代化的防灾减灾设施和提升应急能力支持，将灾害损失降到最低。

因此，从恢复力视角构建城市安全韧性评价体系，要体现恢复力实现的系列支持保障，涉及经济、制度等软硬件环境。例如，需要考虑城市人均生产总值、第三产业占比、人均储蓄存款余额等经济指标以及各级政府的安全领导责任、城市总体规划及防灾减灾专项规划、应急预案体系等建设指标，以综合衡量城市恢复建设能力。

如图4-1所示，对于城市韧性和脆弱性而言，二者相互对立统一，脆弱性理论为韧性理论提供了基础和参考意义，相关脆弱性研究也为城市安全韧性的评价与实践提供参照依据。孕灾环境、致灾因子、承灾体、应灾干预共同影响城市的风险状态指数和压力指数，从而导致城市脆弱性的波动。在社会脆弱性视角之下，暴露性、敏感性、恢复力反映灾害应对强度，防止灾害事件演化为灾难中起到决定性作用。将脆弱性和韧性理念纳入减灾、准备、反应、恢复行动体系的设计之中，更有利于指导评价指标体系的构建。

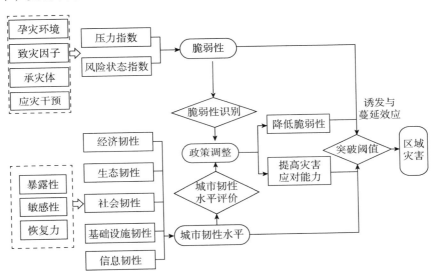

图 4 - 1　脆弱性—韧性评价理论框架

二　减灾视域城市安全"脆弱性—韧性"评价

脆弱性—韧性评价是对城市系统致灾因子进行辨识与分析，判断灾害风险状态，特别是自然灾害和安全事故的可能性及其严重程度，从而为制定防范措施和管理决策提供科学依据。从我国城市防灾减灾的基本情境出发，安全韧性评价研究主要包括基本态势研究、安全风险特征、发展趋势及演化机理、综合保障体系等内容。对于不同类别的城市安全韧性建设重点有所区别，故所运用的评价方法、工具与模型也存在差异。

（一）城市减灾安全韧性评价内容

1. 安全韧性基本态势研究

从防灾减灾特征出发界定城市安全韧性的概念内涵，在此基础上构建分析框架，从而为后续研究提供一个总体模型和逻辑结构。目前，国内已有的城市安全韧性分析框架多是基于城市外部条件基础之上，本书将从城市系统的"脆弱性—韧性"出发来构建分析框架，诊断和评估城市安全风险状态，从而帮助政府正确认识和把握城市安全的整体态势，实现对城市系统状态的整体性体检与监测，提高建设工作的前瞻性和灵活性。

2. 灾害风险特征因素及薄弱环节识别

从减灾视域的脆弱性—韧性视角切入进行分析，城市系统的产业链、供应链、价值链日趋复杂，生产生活空间高度关联，各类承灾体暴露度、集中度、脆弱性大幅增加。可以结合各地城市安全具体情况加以考虑，实现对孕灾环境、致灾因子、承灾体与应灾干预的准确分析与识别；也可以通过动态分析框架，对城市的预防预控能力、监测预警能力、物资保障能力、应急处置能力和恢复重建能力等进行系统评价，揭示城市安全韧性建设过程中的薄弱环节，即识别城市运行中的风险暴露性。

3. 城市安全韧性的定量测度与动态演化

在脆弱性—韧性框架范畴内，利用时间序列数据完成城市脆弱性的动态演化分析，以期发现城市安全韧性的发展变化特点和规律，综合利用探索性数据挖掘信息处理技术，对城市脆弱性动态演化的趋势、水平和状态进行定量模拟和预测。

4. 城市安全韧性的综合调控体系

在对城市安全韧性进行定量测度、动态演化研究的基础上，探索构建城市安全的综合调控体系，提出有针对性、可操作性的优化思路和建设措施，从而把脆弱性—韧性的理论和技术工具应用于实践，为城市可持续发展提供科学的决策依据。

（二）安全评价的方法与工具

城市安全韧性评价框架的设计是在"脆弱性—韧性"认知视角下，形成对安全韧性现状、演化机理及影响因素的理论分析，确定对于测量对象的评价内容结构，然后设计框架将评价体系应用到实际案例中，通常运用层次分析、熵值法等定量分析工具做出科学性评价。其详细内容参见本章第三节。

此外，安全评价方法还包括综合指数法、集对分析法、数据包络分析法、生态足迹法、耦合度评价法、图层叠置法等，各具特色和价值。如采用系统动力学可以对城市洪涝韧性进行研究，评估城市过去及现在应对洪涝灾害的韧性。特别是随着 GIS 技术、遥感技术、投影寻踪技术等在定量分析中的不断拓展，国内外学者开始尝试将城市地图信息导入 GIS 软件进行处理，利用震害模拟器评价城市建筑物的抗震韧性。

第二节　安全韧性城市综合评价指标

一　评价指标构建原则

反映城市状态和灾害应对的数据千千万万，指标的甄选需要综合考虑多方面的因素，需要依托一定的理论、政策或原则基础。本书在"脆弱性—韧性"认知框架下，吸收借鉴既有研究中的评价体系，根据国内韧性城市建设的实际需求，立足科学性、适应性、可操作性、动态性等原则，确立相应综合评价指标的选取。

（一）科学性和适应性原则

城市安全韧性评价指标体系除了作为评价的内容，后续研究还可作为区域规划、防灾减灾平台构建的基础，因此其科学性特别重要。科学性原则要求评价对于实践的映射必须精准规范，这样才能保证搜集的资料有效并以可信的数量化形式表现，以做出正确的分析。例如，新冠疫情背景下建立临时方舱医院的举措带来更多科学性启示，如何依托新建体育馆、学校校舍等资源，探索建设室内避难场所成为今后防灾减灾的重要思路，由此"城市安全文化教育体验基地或场馆数量"这一指标在研究中备受关注。由于本书基于江苏省实际案例进行城市安全韧性评价研究，评价指标的选取倾向适用于江苏省的实际情况（如灾害），做到指标合理并突出适用性。

（二）可操作性原则

城市安全韧性涉及内容众多，在对其进行评价时应选择可以直接通过客观数据反映或经过定量化处理后能够用数据进行反映的指标。换言之，可操作性原则要求拟设计的指标在技术和经济方面有获取的可能性。技术方面的可操作性是指利用现有技术手段能够获取某类指标，不能凭空设计现有技术条件下无法获得的某些指标。例如，因年灾造成的直接经济损失占地区生产总值的比重这一指标，可通过复合计算得出。经济方面的可操作性是指获取指标的成本不能过高，一些在技术上具备可行性的指标，但可能其获取经济成本过高，以致难以现实操作。同时，选取的指标要确保有一定的逻辑关系，从不同的角度反映评价系统情况。按照这一原则，本书主要选取政府公开发布的权威统计数据，以保证数据的可操作性。

（三）可比性原则

以"脆弱性—韧性"为核心进行评价指标的选取，一定程度上也是为了保证指标具有可比性，即要求指标在不同的时间或空间范围内具有可比性。例如，城市年末户籍人口、年末常住人口这一类的单纯反映人口变化的指标，往往在城市各类评价体系中不作为指标，因为城市规模大小存在差异会导致相应的指标产生波动，不能线性反映城市状态，往往需结合其他指标进行叠加计算，如人均卫生机构床位数、每万人卫生机构床位数等。同时，要注意被对比指标在时间上具有可比性，以便对同一时间范围内不同城市或年代的评价结果进行对比。任何一个单位指标应具有高度概括性，能够简单明了地反映城市这一复杂系统最本质、最重要的特征。例如，城市的人均生产总值相较于城市生产总值，能够非常直接地反映一个城市的经济活力与韧性。一般来说，评价指标体系规模适中，基本维持在 20—30 个指标，规模过大可操作性不强，指标太少又难以覆盖相关领域，本书将秉承可比性、简明性原则，将最终评价体系的指标控制在特定区间。

（四）前瞻性和动态性原则

安全韧性城市的建设与发展是一个长期的动态过程，具有阶段性和建设性，因此，在设计评价指标体系时，既要充分体现当时城市发展的特点、条件而具有相对稳定性，又要对未来发展有所预见而力求保持一定的连续性。这样才能够对城市的安全韧性发展做出合理预测和判断，提出适合城市的建设之路。例如，韧性城市研究初期仍将移动电话普及率作为参考指标之一，但是该指标数据在近年来已经滞后，总体波动非常小，已不具有前瞻性和动态性，在实际应用中已经被"互联网宽带接入用户数和普及率"等新的指标所替代。

二　指标体系框架结构

（一）指标体系构建方式

关于指标体系的构建方式，当前国内外学界普遍采用的是"目标层—主题层（或准则层）—指标层"三层次结构（见表 4 - 3），在部分学术研究中也采用了"目标层—主题层（或准则层）—要素层（或专题层）—指标层"四层次结构（见表 4 - 4）。具体来说，指标分类框架一般设立 3—4 个层级，第一层为目标层，即韧性评价；第二层为准则层，也称主题层，往往按照韧性的构成要素、灾害前中后期干预或者脆弱性要素等分成若干个大类；第三层为专题层，也称要素层，是在准则层内部进行细化并分隔出若干个专题，为确定具体指标提供思路，但实际中该部分往往会简化或省略；第四层为指标层，专题选取特定指标来综合反映该要素的状态。从评价指标体系内部框架构建来看，所涉及的指标组织方式通常有平行式与递进式两种，其差异主要体现在主题层之间的逻辑关系，在实际应用中平行式较为普遍。

1. 平行式组织方式

平行式组织方式选取的指标通常根据评价主题分为并列多组，依照每组中的指标分别进行计算，每一组侧重一个主题，多组共同并列构成体系。这样的设计不仅有助于从各分项获取数据，也能够依照各分项的测评结果对城市实践提出针对性措施。

以张明斗、冯晓青在《中国城市韧性度综合评价》中构建的中国城市韧性度综合评价体系为例（该篇文章被引次数在国内韧性城市评价研究中居于前列），该指标体系是以"1 + 4 + 15"的结构进行组织。其中，"1"代表目标层韧性城市测评；"4"代表构成该评价指标体系的4大模块，分别是生态环境、经济水平、社会环境和基础设施服务，四者的关系是平行并列的，无先后顺序；"15"代表基于4个模块探讨城市发展状况和反映城市问题的特殊指标。可以看出，准则层4大模块分别对应该评价指标体系所针对的4个方面并由此着手甄选指标，整个体系以平行式的组织方式展开。

这种类型指标分类框架的优点是覆盖面宽，灵活性、通用性较强，许多指标容易做到国际层面的一致性和可比性，被众多研究者和机构部门采用。

表4-3　　　　　　　　　城市韧性度的评价指标体系

目标层	准则层	指标层
城市韧性度	城市生态环境韧性	建成区绿化覆盖率；人均绿地面积 工业废水排放量
	城市经济水平韧性	人均生产总值；当年实际使用外资金额 财政收入；城乡居民储蓄年末余额
	城市社会环境韧性	非农就业人员比重；人均道路面积 普通高校学生在校人数；医院、卫生院床位数
	城市基础设施韧性	城市供气总量；每万人拥有公共汽车量 排水管道长度；国际互联网用户数

资料来源：张明斗、冯晓青：《中国城市韧性度综合评价》，《城市问题》2018年第10期。

2. 递进式组织方式

城市评价指标体系的另一种组织方式是递进式，其实施逻辑类似于马斯洛的需求理论模型，后者将人类需求（生理需求、安全需求、社交需求、尊重需求、自我实现需求）从低到高进行分类。递进式组织方式也是按照指标所表达的重要性进行分类，较为常见的是将基础性指标，如灾害应对过程作为准则层依次聚焦并收缩到所关注的议题。相应地，涉及的指标也更加聚焦特定方向。在递进式组织方式中，指标的分组通常可以人为设定，也可以通过科学运算等方式自然形成指标的递进层次关系。比如，美国阿贡国家实验室（Argonne National Laboratory，ANL）与美国国土安全部（DHS）合作制定的韧性评估指数（RMI），该体系主要侧重于评价关键基础设施安全韧性。RMI 在准则层设置了准备措施、缓解措施、响应能力、恢复机制 4 大类，这 4 大类就是一个递进式的关系，上下顺序不能调整，每个大类下设置了若干个专题层。专题层也能反映整个灾害应对过程，在每个专题下选取若干个指标来说明问题（见表 4 - 4），整体是 4 个准则层，8 个专题层，32 个指标层。

表 4 - 4　　　　　　　　韧性评估指数（RMI）体系框架

目标层	准则层	专题层	指标层
韧性评价指数	准备措施	防范意识	信息共享；韧性操作
		防范规划	网络计划；紧急行动/紧急行动计划；业务连续性计划；新规划措施
	缓解措施	缓解方式	新的缓解措施；自然灾害重大资产/区域缓解；隔离距离
		替代地点	可替代的减灾场所
		资源缓解措施	电力；水；天然气；通信技术；信息技术运输；关键产品；沟通
	响应能力	现场能力	新的响应措施；事件管理功能最初的预防者/响应者互动
		场外能力	资源服务水平协议；等效依赖
		事件管理和指挥中心的特性	当地应急指挥中心参与程度设施事故管理与指挥中心特点

续表

目标层	准则层	专题层	指标层
韧性评价指数	恢复机制	恢复预案	资源恢复预案；信息共享能力
		恢复时间	重大资产/区域恢复；资源恢复能力

资料来源：https：//www. nist. gov/resilience。

这种类型的指标分类框架的优点是逻辑性强，能够展现很强的过程性，指标的综合程度相对较高，但是指标筛选和评价较为困难，现实应用相对较少。

（二）韧性指标体系分类框架分析

以平行式组织方式构建韧性评价指标框架是一种广泛使用的方法。细分建立指标体系的准则层，可以依据韧性城市特征、基本要素和韧性建设过程，也可以总结为比较主流的脆弱性理论、灾害过程理论、韧性4R理论、韧性评估指数（RMI）。

第一，脆弱性理论。目前，有关脆弱性主题的研究已经渗透到自然科学与社会科学各个领域，尽管视角不同，但各领域对脆弱性的三个主要研究维度达成了较为一致的意见，即暴露性、敏感性、适应能力，这也构成了脆弱性研究的主体方向。例如，赵冬月等基于脆弱性理论构建了城市安全韧性评估模型，通过灾害事件严重度、承灾体脆弱性、抵御力、恢复力、适应力反映城市安全韧性状态（见表4－5）。

表4－5   城市安全韧性多因素综合评估模型

目标层	准则层	要素层	指标层
城市韧性度	灾害事件严重度	自然灾害严重度 事故灾难严重度	自然灾害救助及恢复重建支出 事故灾难经济损失
	承灾体脆弱性	承灾体暴露性	人口密度、经济密度（地区国内生产总值/行政面积）

续表

目标层	准则层	要素层	指标层
城市韧性度	灾害抵御力	灾损敏感性	一般公共预算支出决算表中城市灾害防治支出金额
		承灾体防灾能力	城市建筑结构刚度、基础设施冗余度、应急管理事务支出
	恢复力	城市灾害预警能力	电视综合人口覆盖率、移动网络设备用户数等
		城市社会功能居民自救互救能力	千人病床数、应急管理事务支出金额数、城市人口医保比例、人均地区国内生产总值
	适应力	教育水平	教育支出、人均地区国内生产总值

资料来源：赵冬月等：《城市韧性多因素综合评估模型研究》，《中国安全生产科学技术》2022年第5期。

第二，灾害过程理论。该理论将灾害应对过程分为三个阶段，即灾前阶段、灾中阶段和灾后阶段，国内学者依托该理论思维，绘制并利用灾时的基础设施功能曲线，根据灾害前中后期建立的基础设施安全韧性评价模型，简称"三阶段韧性评价框架"。也有研究者关注灾后恢复过程，从救援阶段、避难阶段、重建阶段、复兴阶段构建评价体系。[①]

第三，韧性4R理论。尽管很多研究对韧性的描述和评价方法有所区别，但是对韧性特征的认知通常会被纳入评价构建中，普遍公认的包括鲁棒性（Robustness）、快速性（Rapidity）、谋略性（Resourcefulness）和冗余性（Redundancy）。

第四，韧性评估指数（RMI）。根据该复合指数，韧性评价的准则层包括准备措施、缓解措施、响应能力和恢复机制等灾害应对过程，也保留了脆弱性—韧性理论中的吸收能力、适应能力和恢复能力等要

---

① 缪惠全等：《基于灾后恢复过程解析的城市韧性评价体系》，《自然灾害学报》2021年第1期。

素特征，即同时考虑了针对基础设施维护保障的应急管理和预先控制导向的风险管理，是一种典型的混合分析框架。

对上述四种准则层的构建方式进行对比分析，其中，就脆弱性理论而言，脆弱性和韧性具有概念上的差异，不适合完全套用；灾害过程理论较少考虑管理性指标；韧性评估指数（RMI）比较缺少技术性指标；韧性4R理论缺乏对城市系统发展要素的考虑。

在灾害风险场景下，一方面，城市基础设施和生态环境容易遭受外部破坏性打击，表现出显著的脆弱性；另一方面，城市经济和社会环境状况是预防、抵御灾害以及灾后重建的重要支撑条件。按照安全韧性城市建设目标、关键领域和重点环节，采用平行式组织方式构建评价指标框架，应涉及城市环境、经济、社会、基础设施等各个层面，更为直观地展现城市安全韧性构成要素。在具体操作上，基于以上4个大类确立韧性发展要素，然后根据要素选取相应评测指标。为了使指标体系的设置与已有研究成果接轨，本书重点对国内较成熟的重要指标体系进行梳理，为安全韧性城市指标体系分类构建提供借鉴。

三　评价指标筛选

（一）总体工作流程（步骤）

为客观准确地评价城市安全韧性水平，本书评价指标设置遵循科学性、可操作性、简明性和前瞻性原则，采取文献分析、频度统计、专家咨询等方法对现有研究指标进行筛选，在不断比较修正的基础上，最终确定综合型指标体系。指标选取的具体流程分为六步。

一是指标收集。本书主要收集国内文献中有关安全韧性评价指标和国家《安全韧性城市评价指南》（2021），在此基础上形成指标库，总量超一百个。重点考虑国内评价指标的原因在于，安全韧性评价要和中国国情及城市发展相符合，体现中国特色城市治理情况，确保所选择指标能够体现中国行政体系和制度特征。

二是指标初选。指标筛选过程充分吸收借鉴国家层面已经公开发布及典型城市政府年度考核或地方评估的系列指标并进行同类项合并和不同表述方式的梳理分析，剔出明显不符合国家发展现状和统计制度的有关指标，优选出一定数量的备选指标。

三是合并重复性指标。对一些具有重复性含义或指向的指标进行合并处理。比如，医生数、执业（助理）医师数、医疗卫生技术人员数，每万人执业（助理）医师数、每万人医疗卫生技术人员数等同类型指标，存在表述差异或概念包含的问题，遴选过程中予以排除，仅保留医疗卫生技术人员数统计指标，覆盖范围更广。再如，每万人高等院校在校人数和普通高等院校在校人数这两个指标都是关于高等院校人力资源的指标，反映人力资源系统的社会韧性、人才储备和支持能力，应按照一定规则做合并处理。

四是排除与构建原则不符指标。例如，本书依据可操作性原则进行筛选，排除每万人城市居民最低生活保障人数、下一代广播电视覆盖率、本地市民对政府决策能力的满意度、政府主要领导中高学历人员占总人员比重等无法有效获取的数据指标以及部分新纳入城市统计年鉴但缺乏可比性、可量化的指标。在实际统计过程中，特定类型的指标往往被要求控制在一个规定范围之内，成为政府监督检查和目标责任考核机制的重要一环，但实践中也衍生出一系列问题和评价争议，故本书不选择"人员死亡类"灾害指标。

五是指标精选。在初选的指标中，由本书课题组对每项指标进行逐一评估并制作调查问卷、开展专家咨询，根据多轮跨区域评分结果综合计算每项指标的评估分数，在参考专家打分的基础上精选评价指标，体现主观性与客观性综合评测思路。

六是确定指标。根据课题组筛选和专家意见对所选评价指标进行不断修正调整，确定准则层及所包含的相应指标内容，最终形成安全韧性城市评价指标体系。

（二）指标初选

本书评价指标收集的一个重要来源是中文期刊文献数据库。比如，通过中国知网平台检索以"城市韧性""韧性城市""弹性城市""弹复力"等为关键词的核心期刊以及学位论文研究成果，获得评价指标的总体判断。由于早期国内评价指标构建内容相对简单，已无法反映最新的时代发展状况，故针对较早成果中的指标予以选择性剔除。此外，2012年之前国内各地政府统计年鉴、政府公告数据统计口径不统一或者部分数据不完整，在指标选择方面受到很大限制，往往获得的指标只能针对截面数据进行分析，故有所取舍。

在指标收集阶段，本书将2017—2021年核心期刊中构建的城市安全韧性评价体系全部筛选出来，对具体指标进行统计分析（见表4-6），其中部分指标进行了合并处理，例如地区生产总值和人均生产总值、普通高等院校在校人数和每万人普通高等院校在校人数。针对每个评价指标所属的准则层（维度），国内研究者均有不同的判断标准，尤其在生态安全韧性和基础设施安全韧性所属具体指标的认知思路上，分界线相对较为模糊，评判标准差异大。如在早期研究中，城市污水日处理能力指标可纳入生态安全韧性维度，反映城市生态建设的状态，也可以视为城市污水处理厂建设情况的反映，属于城市基础设施所提供的公共服务。对此，本书认为，城市污水日处理能力是城市污水处理现状展现出的能力，是反映一个城市生态文明建设情况的重要指标，故将其归为生态安全韧性维度进行统计。此外，针对文献梳理统计中具体指标频数为1次的予以剔除，不再纳入参考体系，但如果部分文献中对该指标进行有理由阐释或特殊性说明，则选择性保留。

"经济安全韧性"指标库中，第三产业占比、城乡居民储蓄存款余额、人均生产总值的指标统计频数较高，实际使用外资金额和实际外商直接投资项目等指标也被纳入考虑。"社会安全韧性"指标库中，

表 4 - 6　　　　　　　　安全韧性城市具体指标统计　　　　　　单位：次

维度	具体指标（属性）	频数	具体指标（属性）	频数
经济安全韧性	第三产业占比（+）	13	财政收入（+）	2
	城乡居民储蓄存款余额（+）	11	实际使用外资金额（+）	4
	人均生产总值（+）	16	科学事业费用占比（+）	1
	地区生产总值/增长率（+）	3	社会消费品零售总额（+）	2
	城市居民收入水平（+）	3	较大规模工业企业总产值（+）	1
	实际外商直接投资项目（+）	2	人均/固定生产投资（+）	4
	公共财政预算支出（+）	2	第二、第三产业产值占比（+）	1
社会安全韧性	城市恩格尔系数（+）	1	公共管理与社会组织人员占比（+）	2
	卫生机构床位数（+）	6	人均住房面积（+）	1
	普通高等院校在校人数（+）	7	非农就业人员比重（+）	1
	普通高等院校专任教师数（+）	1	失业人员数量（-）	4
	医疗卫生技术人员数（+）	2	邮电业务收入（+）	2
	社会保障比重/覆盖率（+）	3	保险保费收入（+）	2
	基本医疗保险参保人数（+）	1	全市公路客运/全市人口（+）	1
	执业（助理）医师数	1	注册护士人数	1
	城镇人口数量（+）	1	第三产业就业人员比重（+）	1
生态安全韧性	城市建成区绿地率（+）	8	工业固体废物综合利用率（-）	6
	人均公园绿地面积（+）	8	工业废水排放量（-）	4
	城镇生活污水排放量（-）	1	工业烟（粉）尘排放量（-）	2
	城市污水日处理能力（+）	3	生活垃圾无害化处理率（+）	4
	城市生活垃圾清运量（+）	1	二氧化硫排放量（-）	2
基础设施安全韧性	城市道路长度/密度（+）	3	供水管道长度/密度（+）	2
	建成区面积（+）	2	城市道路面积（+）	5
	互联网普及/率/用户数（+）	7	城市供气总量（+）	3
	移动电话数	1	公共汽车、电车量（+）	4
	排水管道长度/密度（+）	6	人均/总用电量（-）	3
	燃气普及率（+）	3	人均/总用水量（-）	4

卫生机构床位数、普通高等院校专任教师数和失业人员数量等指标的
频数统计值较高。"生态安全韧性"指标库中，城市建成区绿地率、

人均公园绿地面积、生活垃圾无害化处理率的统计频数较高，同时作为负向指标的工业固体废物综合利用率和工业废水排放量等指标也被纳入考虑。"基础设施安全韧性"指标库中，互联网普及率/用户数、排水管道长度/密度和城市道路面积等指标统计频数较高，城市供气总量、人均/总用电量和人均/总用水量等指标也被吸纳进评价体系。此外，本书借鉴吸收《安全韧性城市评价指南》（2021）中的评价指标，根据筛选出的每个指标的可及性、前瞻性等进行逐一详细评估，从54个指标最终选择37个指标纳入调查问卷设计，为下一步引入专家咨询评估做好预备工作。

（三）专家咨询结果

根据指标确立规则，进一步利用德尔菲法（Delphi Technique）对指标权重进行确定。邀请国内韧性城市研究领域相关规划管理专家和政府部门实务人士对指标展开背对背评价打分，以确定指标初选成果及相应权重。具体来说，问卷调查主要包括三个部分内容：一是专家对初选的指标是否纳入予以评估并根据初期构建的评价体系提供建议；二是围绕安全韧性城市的认知理解，设立 Likert 问卷调查，具体调查形式采用6分制评分方式［不重要（1分）、不太重要（2分）、一般（3分）、一般重要（4分）、重要（5分）、很重要（6分）］，用以对各个入选的指标项目进行评测（调查情况见附录二）；三是开放式问答，即参照《安全韧性城市评价指南》（2021）基本框架，询问抽样专家对初选指标的补充意见。

根据国内专家打分情况结果，37个指标分数分布在4.56—5.67分（见表4-7），均分是5.08分，多数负向指标处于低分，且部分负向指标数据存在缺失情况，据此综合考虑将相关指标予以剔除［如工业烟（粉）尘排放量、二氧化硫排放量、工业废水排放量］。此外，生活垃圾处理能力、无害化处理厂日处理能力这两项指标所指内容有所重合，需要进一步处理。鉴于现实中生活垃圾处理能力体现为填埋、焚烧和堆肥三种方式，相关建筑场所建设一直存在邻避效应和污染问题，城市生活垃圾无害化处理指标更能体现低碳环保特点，反映绿色发展理念下城市生态基础设施建设的发展水平，故剔除前一指标"生活垃圾处理能力"。同时，卫生工作人员数、执业（助理）医师数、注册护士人数等指标本质上是从不同角度反映医护资源，筛选中统一合并为医疗卫生技术人员数指标。

表 4－7　　　　　安全韧性城市评价指标体系专家打分情况　　　　　单位：分

选取指标	得分	选取指标	得分
财政收入（亿元）	5.67	城乡居民储蓄存款余额（元）	5.00
人均地区生产总值（元）	5.56	人均公园绿地面积（公顷/人）	5.00
卫生机构床位数（床）	5.56	公共管理与社会组织人员占比（%）	5.00
卫生工作人员数（人）	5.56	工业废水排放量（万吨）	4.89
社会保障覆盖率（%）	5.56	人均拥有道路面积（平方米）	4.89
建成区排水管道密度（公里/平方公里）	5.44	全年用电量（千瓦时）	4.89
医疗卫生机构数量（个）	5.44	燃气普及率（%）	4.89
人均可支配收入（元）	5.33	全年供气总量（万立方米）	4.89
城市道路长度（公里）	5.33	每万人拥有公共交通车辆（台）	4.89
执业（助理）医师数（人）	5.33	普通本专科在校大学生人数（人）	4.89
社会消费品零售总额（亿元）	5.22	城镇失业登记率（%）	4.89
生活垃圾处理能力（万吨）	5.22	居民恩格尔系数（%）	4.89
无害化处理厂日处理能力（吨）	5.22	全年供水总量（升）	4.78
第三产业占 GDP 比重（%）	5.11	互联网宽带接入用户数（%）	4.78
人均固定生产投资（元）	5.11	工业烟（粉）尘排放量（万立法米）	4.67
建成区绿化覆盖率（%）	5.11	人均住房建筑面积（平方米）	4.67
城市污水处理率（%）	5.11	实际使用外资金额（万美元）	4.56
建成区面积（平方公里）	5.11	二氧化硫排放量（万立法米）	4.56
注册护士人数（人）	5.11		

（四）指标体系修正

在专家意见反馈过程中，特别提出应当根据当代网络安全形势及国家网络治理政策要求，补充民众风险感知、社会治理、突发事件应对、网络舆情等指标。兼顾专家组意见，课题组综合以往研究成果及多轮线上线下研讨，进一步对评价指标体系增加了信息安全韧性维度。

关于城市安全韧性评价指标体系的修正，国内少数研究者已经进行了不少理论层面的探索。如欧阳虹彬、叶强在梳理工程弹性、生态弹性、社会—生态弹性三个发展阶段基础上，发现不同的地理条件、历史发展过程造就了差异化的城市文化，不同的制度、组织模式、社会网络状态等也会使城市防灾减灾系统呈现出差异，决定了城市运行及突发事件的冲突回应、恢复机制不尽相同，由此提出了文脉韧性的概念。① 倪晓露、黎兴强结合数字化转型的发展趋势，提出将信息通信技术与发展（ICTD）的理念融入韧性城市评价过程，在三级指标中划分信息获取速度、信息传递效率、安全性等评价指标，侧重从网络基础设施、网络技术平台和数据安全管理等角度设立信息安全韧性的认知概念。② 这些研究探索为本书评价指标的修正提供了启示意义。

受以上研究启发，本书从民众风险感知、网络舆论等角度拓展"信息安全韧性"维度并融入综合评价指标体系的准则层。经课题组成员深入研究和专家再咨询，以互联网宽带接入用户、人均邮电业务量、年度政务发布微博运营评分、年度政务发布微信运营评分四个指标构建信息安全韧性，具体说明参见本节"评价指标内容简释"部分。

（五）最终指标体系确立

基于防灾减灾视角，安全韧性城市评价指标更加侧重事先预防方

---

① 欧阳虹彬、叶强：《弹性城市理论演化述评：概念、脉络与趋势》，《城市规划》2016年第 3 期。

② 倪晓露、黎兴强：《韧性城市评价体系的三种类型及其新的发展方向》，《国际城市规划》2021 年第 3 期。

面，即强化风险意识，让城市拥有充分准备去抵御各类灾害的冲击。在深入研讨的基础上，本书从经济安全韧性、生态安全韧性、基础设施韧性、社会安全韧性与信息安全韧性 5 个准则层出发，最终选取了23 个指标构建城市安全韧性评价体系（见表 4－8）。

表 4－8　　　　　　　　　安全韧性城市评价指标体系

序号	准则层	指标层	指标属性
1	A 经济安全韧性	A1 人均生产总值	正向
2		A2 第三产业占比	正向
3		A3 城乡居民储蓄存款余额	正向
4		A4 人均可支配收入	正向
5		A5 实际使用外资金额	正向
6	B 生态安全韧性	B1 人均公园绿地面积	正向
7		B2 建成区绿化覆盖率	正向
8		B3 城市污水日处理能力	正向
9		B4 无害化处理厂日处理能力	正向
10	C 基础设施安全韧性	C1 城市排水管道密度	正向
11		C2 人均道路面积	正向
12		C3 每万人拥有公共交通车辆（台）	正向
13		C4 全年用电总量	正向
14		C5 人均供水量	正向
15	D 社会安全韧性	D1 医疗卫生机构床位数	正向
16		D2 医疗卫生技术人员数	正向
17		D3 高等学校在校学生人数	正向
18		D4 社会保障覆盖人数	正向
19		D5 城镇登记失业人数	负向
20	E 信息安全韧性	E1 互联网宽带接入用户	正向
21		E2 邮电业务总量	正向
22		E3 年度政务发布微博运营评分	正向
23		E4 年度政务发布微信运营评分	正向

四　评价指标内容简释

（一）经济安全韧性指标

经济发展水平既是城市安全韧性建设的基础性保障，也是灾后救援的能力保障。作为城市安全韧性的核心维度之一，经济要素是相关韧性研究中出现频率最高、成果最为成熟的一个维度。立足防灾减灾的视角，经济安全韧性是指经济体系承受、吸收或克服内外部冲击的能力，从微观、中观、宏观视角出发，涉及个人、企业、政府/政策等不同层次。因此，在筛选经济安全韧性指标时，课题组充分考虑个人、市场、政府/政策三个层面在遭遇灾害冲击时的适应与恢复能力，以展现经济层面的韧性特征。

综合已有研究成果，本书确立的经济安全韧性维度是由人均生产总值、第三产业占比、城乡居民储蓄存款余额、人均可支配收入、实际使用外资金额5个子指标来表征。其中，人均生产总值被普遍认为能代表地区经济发展的水平，是当前城市安全韧性评价体系中应用最多的一个经济类型指标。第三产业占比是指服务业（除第一产业、第二产业以外的其他行业）在整个国家经济总值中占的份额，这与当代城市经济结构，尤其是超大特大型城市以服务业为主的特征相映射，反映城市经济结构特征对安全韧性发展的关联影响。实际使用外资金额是指与外商签订合同后实际到达的外资款项，外资是我国经济发展的重要资金来源，也是城市韧性发展中的一个经济基础，特别是对于本书实证研究对象（江苏省）而言，其外资引入额常年占据全国首位，这一省域经济特征对城市安全韧性的影响应充分体现。一般认为，第三产业占比和实际使用外资金额是城市经济转型升级和现代化发展的重要指标，指标数值越高，越有利于提供更突出的防灾减灾财政保障。其中，第三产业作为服务型产业，对衡量地区产业结构和经济发展均衡程度有着重要意义，合理的产业结构有利于促进城市经济稳定，适应及应对灾害风险。人均可支配收入与城乡居民储蓄存款余额共同反映个人及家庭经济实力，代表着自然灾害或危机事件发生时个人和家庭实施有效自救的经济能力。

（二）生态安全韧性指标

生态安全韧性是城市在气候变化背景下应对局部或区域灾害风险、适应气候变化形势、促进城市可持续发展的关键评测维度，也是城市应对外部各类自然灾害和环境危机的重要体现。根据前文的研究说明，本书中生态安全韧性是由人均公园绿地面积、建成区绿化覆盖率、城市污水日处理能力、无害化处理厂日处理能力4个子指标表征。其中，人均公园绿地面积被认为是城市区域对抗热岛效应的有效评价指标之一。长期来看，城市公园绿地面积越大，越有利于城市气候调节，增加城市应对极端天气灾害的适应能力，是城市安全韧性的重要体现。公园面积的大小一定程度上反映区域应对内涝灾害的承载力，区域内公园绿地面积越大，其雨水吸储调节能力相对越强，越有利于区域灾害适应。因此，人均公园绿地面积与建成区绿化覆盖率能够代表城市应对暴雨内涝灾害的抵抗能力，通常情况下指标越高越有利于城市降低内涝灾害带来的损害程度。此外，污水处理率是指经管网进入污水处理厂的城市污水量占污水排放总量的百分比。无害化处理厂日处理能力包括卫生填埋场、垃圾焚烧厂及其他无害化处理设施每日处理污水与污染物吨数。这两个指标数值越高，表明城市污水与污染物处理率越高，越有利于雨雪等自然灾害后的城市恢复重建。

（三）基础设施安全韧性指标

基础设施安全韧性体现一个城市经历各类灾害和基础设施损坏后快速恢复及响应的能力。各类基础设施是城市发展与秩序维护的硬件基础，也是城市平时状态与紧急状态下能够保障自身结构完整、功能稳定的关键基石。当遭受外来灾害事件冲击时，应急救援、公共交通、通信、电力、管道、燃气、食品供应等保障城市功能正常运行的基础设施尤为关键。本书有关"基础设施安全韧性"维度设置了城市排水管道密度、人均道路面积、每万人拥有公共交通车量、全年用电总量、人均供水量5个子指标，均是普遍公认的反映城市基础设施能力的通用指标。其中，城市排水管道密度是指一定区域内排水管道分布的疏密程度，其计算公式为：排水管道密度＝排水管道总长度/建成区面积。城市排水管道密度代表了城市的排水承载状况，反映城市对内涝灾害的防灾减灾能力，对城市污水处理效率越高，有害物对城市环境的破坏和干扰的可能性越小，城市系统的恢复能力越强。2021年发生严重暴雨内涝的河南郑州，城市建成区排水管道密度仅为7.97，处于内陆城市的平均水平，完全无法应对当时突袭的特大暴雨，带来了沉痛教训。人均道路面积与每万人拥有公共交通车辆代表地区基础设施建设水平，反映城市道路交通运输及疏散应急能力。供水供电是城市区域最基本的工程基础设施，也是与居民生产生活活动、灾害防控联系最密切的基础设施条件。此外，全年用电总量和人均供水量2项指标反映城市电力基础设施与供水设施状况的承载力。

（四）社会安全韧性指标

社会安全韧性是社会系统面临灾害破坏性冲击时，依靠社会结构内部自身力量，实现社会资源的有效整合，适应灾害冲击、快速调整和恢复重建的能力。社会安全韧性与城市居民的教育、医疗、文化、就业和收入水平等方面息息相关，强调个人、群体、组织等各类社会主体之间的相互关联与共识。如果社会系统的学习适应能力不足，往往会造成个体、家庭、政府、社会层面的防灾减灾行动方面的滞后性，不利于整体社会层面的灾害恢复力实现。

本书将社会安全韧性涵盖医疗卫生机构床位数、医疗卫生技术人员数、高等学校在校学生人数、社会保障覆盖人数、城镇登记失业人数共5个子指标。其中，医疗卫生机构床位数与医疗卫生技术人员数是衡量一个城市遭受重大灾害时能否及时有效处理受灾群众医疗需求的评估依据，医疗卫生机构床位数与医疗卫生技术人员数越多，区域卫生机构分布密度越大，地区民众就医条件越方便及时，越有利于灾害的救援救助。换言之，医疗卫生机构床位数与医疗卫生技术人员数越高，城市应对自然灾害与其他危机事件的应急救援更有保障，这在新冠疫情防控期间有着很好的佐证。医师、护士和床位决定了一个地区的基础医疗资源情况，而这些优质的医疗资源具有很强的区域辐射作用，不仅能服务本地城市和省内边际区域，还可能服务邻近省份城市。如果只考虑通过利用常住人口规模计算人均医疗卫生机构床位数、人均医疗卫生技术人员数，会忽视医疗资源的冗余性和辐射性。比如，2022 年上海发生的新冠疫情带来深入思考，3 月 27 日至 4 月 6 日，短短十日之内江苏各地在紧张进行本地区疫情防控的同时，依然累计派出了 1.4 万余名医疗队员组成采样队、检测队、方舱队支援上海，这侧面反映出江苏自身强大的医疗资源力量，强有力地支持了上海疫情防控，为全国疫情防控大局做出了贡献。医生、护士、床位数的多少，折射的是城市及区域医疗资源的丰富程度以及是否能满足突发重大公共卫生事件发生后带来的紧急收治要求，特别是医疗"峰值"需求。故此，本书采用医疗卫生机构床位数和医疗卫生技术人员数来衡量城市的医疗救助体系韧性。高等学校在校学生人数一定程度上代表城市的总体教育水平，同时反映着城市人才吸引力和社会活力，影响防灾减灾与城市恢复重建工作的开展。社会保障覆盖人数是指当年年末参加城镇职工基本养老、基本医疗、失业、工伤和生育保险人数，可反映个体的抗灾自救能力。城镇登记失业人数是指非农业户口、在法定劳动年龄内具有劳动能力、无业而要求就业并在当地就业服务机构进行求职登记的人员，这两项指标共同影响个人的风险应对能力与灾后社会稳定。

（五）信息安全韧性指标

习近平总书记强调："没有网络安全就没有国家安全，就没有经济社会稳定运行，广大人民群众利益也难以得到保障。"[①] 近年来，世

---

① 中共中央宣传部编：《习近平新时代中国特色社会主义思想学习纲要》，学习出版社、人民出版社 2019 年版，第 182—183 页。

界范围的网络安全威胁和风险日益突出，重大网络安全事件时有发生，持续提升网络意识形态领域风险防范化解能力成为城市安全韧性建设的重要组成要素。这其中的主要原因是灾害事件中的群体行为或集体行动往往受到民众心理情绪影响，而灾害危机状态作为深度不确定性情形，政府、媒体、专家、大众等主体也常常缺乏对灾害事件的基本共识，紧急条件下无序的受灾状态可能会衍生诸多超预期的次生事件，而灾害解释混杂无序也造成政治—行政系统权威性下降。因此，灾害应对和恢复阶段的信息权威发布尤为重要。

在新冠疫情防控期间，地方防疫状况与关联科学知识宣传通常依托电视、广播、网站、微信、微博等各类媒介开展高密度的信息传播，营造出有利于疫情防控的良好社会氛围。政务平台发布灾情、救援救助等权威信息，发挥舆论导向的客观性与及时性，考验地方政府的风险治理与社会管控能力。如何处置，处置手段是否妥当；如何发布，发布时间是否及时……这些内容都会受到民众监督乃至质疑，故城市信息安全韧性显得尤为重要。本书通过专家组咨询并参考国内外研究成果，在安全韧性评测维度上引入"信息安全韧性"这一要素。

本书将"信息安全韧性"界定为政府公共部门准确、及时发布政务信息以及民众有效获取政务信息的能力，这关乎重大自然灾害及突发事件中民众情绪的稳定、社会秩序的稳定，影响政府应急政策执行与民众支持。基于上述界定，"信息安全韧性"的评测，既关注城市应急通信保障力量，充分利用各类应急通信资源，确保断路、断网、断电等极端灾害冲击条件下，救援力量和救援现场通信畅通；也关注应急信息获取和公众服务，充分利用灾害风险隐患的信息报送系统、智能呼叫和其他移动客户端，强化灾害事故信息获取；政府有效发挥应急广播、手机短信、政务微博、微信公众号等手段，及时发布针对特定区域、特定人群的灾害预警和转移避险等信息，提高精准性和时效性。事实表明，现代信息技术赋予城市治理更强的内容感知、处理、应对的能力，对城市多个维度的韧性发展具有重要的支撑作用。在新冠疫情防控背景下，广泛的信息技术应用直接影响了城市空间发展和运行，展现出城市面向重大灾害事件的信息技术支撑能力。在数字化智能化发展背景下，信息技术应用赋能城市安全韧性的深刻塑造，以优化城市物质空间形态存续和资源配置，增强城市安全韧性。

针对"信息安全韧性"评价指标，受限于有关数据的可获得性，本书分设硬件和软件两个层面。在硬件层面选择互联网宽带接入用户与邮电业务总量，这两项指标能够体现城市政府及时传递受灾信息和做出相应的通信保障能力。在软件层面借助已有的公开数据，分别从传播力、服务力、互动力、认同力四个角度进行评分，较为权威地评价政府信息发布平台的运营情况，同时也体现了民众感受这一要素。为此，本书引入人民网舆情数据中心发布的相关评分数据，能够体现城市政府政务平台信息传播的权威性和舆论引导的及时性。

第三节　评价指标权重及计算方法

在构建多指标综合评价体系过程中，确立各个指标的权重分配十分重要，其反映各项指标、专题层及准则层对目标层的相对贡献程度，科学合理的权重确定及其分配更直接决定综合评价结果的可信度、可靠性，是整个定量化评估的关键环节。

一　指标确权的一般方法

目前，在指标型评价应用研究中有多种确定权重的方法，但总体上可分为主观赋权法、客观赋权法。根据前文阐析，本书确立了23项城市安全韧性评价指标，统计数据充分但未达到大样本程度且理想化指标暂时无统一标准，故可采用层次分析法、全局熵值法、TOPSIS法与熵权TOPSIS法、因子分析法/主成分分析法和模糊综合评价法中的一种或几种来进行赋权（见表4-9）。本节主要说明几种常用的综合评价方法的赋权方式与优缺点。

表4-9　　　　　　　　　常用的综合评价方法的赋权方式

名称	方法概述	适用场景
因子分析法/主成分分析法	将多个定量数据指标提炼为具有共同特征的概括性指标	多类别复杂信息浓缩；权重计算；竞争力排名
层次分析法	将多个指标进行两两成对比较，确定判断矩阵，计算决策目标权重	权重计算；单独性综合评价
模糊综合评价法	将一些较难量化的指标，借助模糊数学的操作方式进行处理并用于评价	适用指标较少的情况
全局熵值法	依据各项指标提供的信息大小，结合指标自身的变异程度，计算指标权重	可配合因子分析法/主成分分析得到一级指标权重，进一步使用全局熵值法计算二级指标的权重，最终构建权重体系；或单独使用进行权重计算
TOPSIS法与熵权TOPSIS法	依据评价对象与理想化目标之间的接近程度，对评价样本进行排序	熵权TOPSIS法可配合全局熵值法、层次分析法确定权重，再通过TOPSIS法进行综合排名

（一）层次分析法

层次分析法（AHP）是目前较为常见的规范评价方法，其思路是将与决策对象或评价对象有关的元素分解成目标、准则、方案等层次，通过一定的建模手段揭示决策问题，对其本质、影响因素及内在关系等进行深入分析，利用较少的定量信息使决策思维过程数学化。在以往的城市韧性研究中，层次分析法被广泛应用于不同尺度的城市安全韧性综合性评价中，其中一个重要应用是确定不同指标权重。层次分析法是定性与定量相结合的方法，能处理很多传统的最优化技术无法着手的实际问题，而且该方法可以使决策者与研究者相互沟通，增加决策的有效性；计算简便，结果明确，容易被决策者了解和掌握。但该方法比较/判断以及对结果的计算过程精确程度有一定不足，不适合应用于精确度需求较高的问题。

层次分析法的基本步骤共分为五步。① 一是确定系统分析总目标，厘清决策目标、决策准则和决策对象之间的关系和各种约束条件等，给出层次结构图示。二是根据分析要素关系建立一个多层次的递阶结构，按照研究目标和实现功能的差异，将分析对象分为几个等级层次。三是确定以上递阶结构中相邻层次元素之间的相关程度。通过构造两两比较判断矩阵及应用矩阵运算的数学方法，确定各个层次中相关元素的重要性排序，即相对权值。四是计算各层次元素对系统分析目标的合成权重并进行权值总排序，以确定递阶结构中底层各个元素在总目标中的重要程度。五是根据以上综合分析，计算得出相应的决策判断结果。

（二）全局熵值法

全局熵值法属于一种客观赋值法，是利用数据携带的信息量大小计算权重，得到较为客观的指标权重。全局熵值法是针对不确定性的一种度量方法，熵越小，数据携带的信息量越大，权重越大；相反熵越大，信息量越小，权重越小。全局熵值法广泛应用于各个领域，对于普通问卷数据（截面数据）或面板数据均可计算。在实际研究中，通常情况下是与其他权重计算方法配合使用，如先进行因子分析法/主成分分析法得到因子或主成分权重，即得到高维度的权重；然后再使用全局熵值法进行计算，进而得到各项具体权重。全局熵权法是客观确定权重的方法，相较于层次分析法等偏重主观性的方法具有更强的精确性。根据该方法确定的指标权重可以进行修正，从而具有较高的适应性。

（三）TOPSIS 法与熵权 TOPSIS 法

TOPSIS（优劣解距离）法是一种多指标评价方法，又名理想解法或优劣解距离法。这种方法通过构造各指标的最大值和最小值，计算

---

① 张炳江：《层次分析法及其应用案例》，电子工业出版社 2014 年版。

每个方案距离理想方案的相对贴进度，即构造评价问题的负理想解和正理想解，通过计算它远离负理想解和靠近正理想解的程度对方案进行排列，以确定最优解。TOPSIS 法是一种逼近理想解的排序法，在多目标决策分析中是一种常用的技术工具。具体操作中，它通过归一化处理后的数据矩阵，找出多个目标中的最优项和最劣项，分别计算各评价目标与"正理想解"和"负理想解"统计意义上的空间距离，获得目标与理想解的贴近度（Degree of Closeness）并排序，以此作为评价目标优劣的判断依据。通常情况下，贴近度的取值为 0—1，该值越接近 1，表示评价目标越接近最优水平；该值越接近 0，表示评价目标越接近最劣水平。[①]

　　此外，全局熵值法是一种客观赋值法，可以减少传统主观赋值法带来的偏差；TOPSIS 法作为一种多目标决策分析方法，适用于多方案、多对象、多目标对比研究，从中确立最佳选择。熵权 TOPSIS 法是全局熵值法和 TOPSIS 法的结合，是先利用熵权法计算得到指标的客观权重，再引入 TOPSIS 法对各目标对象进行评价。

（四）因子分析法/主成分分析法

　　因子分析法是一种从变量群中提取共性因子的统计技术，最早由英国心理学家 C. E. 斯皮尔曼提出，一般分为两类：探索性因子法和验证性因子法。其基本思想是：根据相关性大小（可用特定系数表征）把相关统计变量进行分组，使同组内变量之间相关性较高，但不同组的变量之间不相关或相关性较低，每组变量代表一个可显示共同意义的基本结构，即公共因子。该方法应用的优点在于它不是对原始变量的取舍，而是根据变量的综合信息判断后进行重新组合，找出影响原始变量的共同因子并通过旋转方式使因子变量具有可解释性；缺点在于计算因子得分时，采用传统的最小二乘法，应用限制性较多。

　　[①]　Hsu-Shih, "TOPSIS and Its Extensions: A Distance-based MCDM Approach", *Springer*, 2022.

作为一种探索性统计分析技术，用主成分分析法来挖掘数据信息，有助于总体把握数据信息的基本特征。通过因子矩阵的旋转方式（如方差最大正交旋转法）得到因子变量和原变量的关系，然后根据 m 个主成分的方差贡献率给出一个综合评价值，核心是从方差和协方差的结构来降维，在一定约束条件下用降维后的几个典型代表的新变量代替原变量。主成分分析法的优点是数据分析结果有较强的理论依据，操作过程较为规范。缺点是仅能得到有限的主成分权重，而无法获得各个独立评价指标的客观权重。

（五）　模糊综合评价法

模糊综合评价法是一种基于模糊数学的综合评标方法，最早由美国著名的控制论专家 L. A. Zadeh 提出。该方法根据模糊数学的隶属度原则（Membership Principle）把定性评价转化为定量评价，对受到多种因素制约的现实分析目标或对象做出总体评价，能较好地解决评价活动中模糊性、难以量化的问题，非常适合各种不确定性问题的处理。[①]

模糊综合评价法最显著的特点是在一定范围内可以相互比较。在分析操作中，以最优的评价因素值为基准（设值为 1），其余评价因素依据优劣程度得到相应的评价值；也可以依据各类评价因素的特征，确定评价值与评价因素值之间的函数关系，即建立量化的层次关联。这种函数关系的确立有很多种技术方法，如统计中的 F 分布等，也可以邀请有经验的专家参与并给出评价值。

小　结

权重是综合评价指标分析的重要内容之一，城市安全韧性评价指标权重直接影响评价结果的准确性、客观性。因子分析法/主成分分析法以实际信息来确定权重，具有客观性特征，可以达到降维的目的，但若是主成分因子负荷符号有正有负时，综合评价函数意义不明确，

[①]　张崇辉、苏为华：《模糊综合评价方法拓展及应用研究》，科学出版社 2023 年版。

故排除用此方法赋权。熵权法是目前研究中计算韧性评价指标权重较为常用的方式，能够避免主观因素干扰，但是作为一种客观赋权法往往导致权重与指标的实际重要程度相差较大。因此，陈长坤等采用 KL 距离公式改良 TOPSIS 法进行计算，[①] 朱金鹤、孙红雪将时间维度加入全局熵值法计算指标权重，[②] 杜金莹、唐晓春和徐建刚则将层次分析法与全局熵权法相结合。[③] 借鉴已有研究成果，为利用主观、客观赋权法优点，弥补单一方法的局限性，本书先用层次分析法计算准则层权重，再用全局熵值法计算指标层权重，最终将两种方法进行组合计算，提高指标确权的科学性。

二　层次分析法确权准则层

（一）基本原理

层次分析法（AHP）的基本思想是把复杂问题按照一定逻辑分解成若干层次并通过两两对比得出各因素的权重，进而用于综合评价。该方法的最大特点是在很大程度上弥补了单纯偏重定量而忽视定性分析以及定性分析中存在的主观因素明显等缺陷。在不同学科研究领域，AHP 方法已被广泛应用。[④]

层次分析法的主要执行步骤分为六步。

一是建立递阶层次结构。将决策目标、决策中考虑的有关因素（决策准则）和决策对象之间的关系分为高、中、低三个层次并绘制层次结构图。这里的高层是指决策的目的、需要解决的问题集合；低层是指目标决策时有哪些备选方案；中层是指决策中遵循的基本准则

---

① 陈长坤等：《雨洪灾害情境下城市韧性评估模型》，《中国安全科学学报》2018 年第 4 期。
② 朱金鹤、孙红雪：《中国三大城市群城市韧性时空演进与影响因素研究》，《软科学》2020 年第 2 期。
③ 杜金莹、唐晓春、徐建刚：《热带气旋灾害影响下的城市韧性提升紧迫度评估研究——以珠江三角洲地区的城市为例》，《自然灾害学报》2020 年第 5 期。
④ Golden, *The Analytic Hierarchy Process*, Springer, 2012.

或要求。对于该结构相邻的两层，具体分析中可以称高层为目标层，低层为因素层。

二是建立判断矩阵。指标确权是分析的重点，在确定各层次、各因素之间的权重时，若仅是应用定性程序，往往会受到质疑，故 Saaty 等提出了"一致矩阵法"来处理这种情况，即不是把所有因素放在一起比较，而是采用相对尺度相互比较，以尽可能减少性质不同的因素进行比较的困难。如根据某一准则，对各方案进行两两对比并按其重要性程度评定等级。a_{ij} 为要素 i 与要素 j 的重要性比较结果，此处两两比较构成的矩阵称为判断矩阵，其具有如下性质：$a_{ij} = \dfrac{1}{a_{ij}}$。判断矩阵元素 a_{ij} 的标度方法如表 4 – 10 所示。

表 4 – 10　　　　　　　判断矩阵中各元素的确定

各元素的标度值	两目标相比
1	同样重要
3	稍微重要
5	明显重要
7	重要得多
9	极端重要
2、4、6、8	介于两种情况之间
以上各数的倒数	两目标反过来比较

三是计算判断矩阵的最大特征根，构造特征矩阵。采用方法根近似求解的方法分别求每一个判断矩阵的最大特征值 λ_{max}，构造相应的特征矩阵。对应判断矩阵最大特征根 λ_{max} 的特征向量，经过归一化（使向量中各元素之和等于 1）处理后记为 W。W 的元素为同一层次因素对上一层次某因素相对重要性的排序权值，这一过程称为层次单排序，需要进行一致性检验。所谓"一致性检验"，是指对 A 确定不一致的允许范围。其中，n 阶一致矩阵的唯一非零特征根为 n；n 阶正互

反阵 A 的最大特征根 $\lambda \geq n$，当且仅当 $\lambda = n$ 时，A 为一致矩阵。

四是进行一致性检验。一致性检验是通过计算一致性指标和检验系数来检验，是层次分析中必不可少的一步。由于 λ 连续依赖于 a_{ij}，λ 比 n 大的越多，A 的不一致性越严重，一致性指标用 CI 计算，CI 越小，说明一致性越大。用最大特征值对应的特征向量作为被比较因素对上层某因素影响程度的权向量，其不一致程度越大，引起的判断误差越大。因而可以用 $\lambda - n$ 数值的大小来衡量 A 的不一致程度。定义一致性指标为：$CI = \dfrac{\lambda_{max} - n}{n - 1}$，$CI = 0$，有完全的一致性；$CI$ 接近于 0，表明有满意的一致性；CI 越大，表明不一致程度越严重。[1]

五是进行系数 CR 检验。在实践操作中，考虑到一致性的偏离可能是随机原因造成，检验判断矩阵是否具有"满意"的一致性时，还需将 CI 和随机一致性指标 RI 进行比较，进而得出检验系数 CR，即 $CR = \dfrac{CI}{RI}$，其中，RI 是平均一致性指标，可以通过 RI 系数查得（见表 4 – 11）。

表 4 – 11　　　　　　　　　　　　　**RI 系数**

阶数	3	4	5	6	7	8
RI	0.58	0.9	1.12	1.24	1.32	1.41

当 $CR < 0.1$ 时，表明建立的判断矩阵具有统计层面的满意一致性；否则，就需要重新调整判断矩阵。

六是求取相对权重。依据以上检验的判断矩阵，再借助特定统计软件（如 Stata），计算出各指标的权重 w_i。

---

[1]　王策：《基于三维重建技术的增强现实遮挡问题的研究和可视可重视》，博士学位论文，北京邮电大学，2020 年。

（二）判断矩阵构建

借助最为常见的李克特量表（Likert Scale），可以进一步确立指标判断矩阵，本节以本书韧性评价研究为例进行具体说明。

本书构建了安全韧性城市系统评价指标的因子分析调查表（详见附录）。从 1—5 表示指标 X 对指标 Y 的重要程度逐渐增加，从 1—1/5 表示指标 X 对指标 Y 的相对不重要程度逐渐增加。借助问卷星网站（https：//www.wjx.cn/）制作标准化电子问卷并向多位城市规划、应急管理与公共危机管理领域的专家学者、政府实务人士征求意见，针对准则层的经济安全韧性、生态安全韧性、基础设施安全韧性、社会安全韧性及信息安全韧性进行两两对比打分（见表 4 – 12）。根据调查中专家学者等对所纳入指标重要性的总体判断，按照本章第三节阐述的层次分析法权重运算步骤，单独计算准则层指标权重，然后将权重计算结果进行平均计算，进一步得到最终权重。

表 4 – 12　　　　安全韧性城市系统评价指标因子分析调查

X	重要性比较									Y
	1/5	1/4	1/3	1/2	1	2	3	4	5	
经济安全韧性										生态安全韧性
经济安全韧性										基础设施安全韧性
经济安全韧性										社会安全韧性
经济安全韧性										信息安全韧性
生态安全韧性										基础设施安全韧性
生态安全韧性										社会安全韧性
生态安全韧性										信息安全韧性
基础设施安全韧性										社会安全韧性
基础设施安全韧性										信息安全韧性
社会安全韧性										信息安全韧性

依据专家打分法的结果，以最终均分构建判断矩阵，再计算得出准则层权重 w_i 并进行一致性检验。比如，表 4 – 13 是某位专家填写的

问卷最终计算结果，能够清晰明了地展现判断矩阵数据信息，本书将以此为例详细介绍计算过程。

表4-13 问卷一准则层各指标判断矩阵

	信息安全韧性	社会安全韧性	基础设施安全韧性	生态安全韧性	经济安全韧性	w_i（权重）	
信息安全韧性	1	0.3333	0.3333	0.25	0.2	0.0585	$\lambda_{max} = 5.244$
社会安全韧性	3	1	5	1	0.5	0.2473	$CI = 0.061$
基础设施安全韧性	3	0.2	1	0.3333	0.3333	0.0962	$RI = 1.120$
生态安全韧性	1	3	1	1	0.2717	0.0791	$CR = 0.055 < 0.1$
经济安全韧性	5	2	3	1	1	0.3263	

一是将表4-13转换为准则层指标权重判断矩阵 A，即：

$$A = \begin{bmatrix} 1 & 0.3333 & 0.3333 & 0.25 & 0.2 \\ 3 & 1 & 5 & 1 & 0.5 \\ 3 & 0.2 & 1 & 0.3333 & 0.3333 \\ 4 & 1 & 3 & 1 & 1 \\ 5 & 2 & 3 & 1 & 1 \end{bmatrix}$$

二是计算判断矩阵 A 内每一行元素的乘积 B_i，其中 i 为矩阵行数位置，计算结果为：

$$B_1 = 1 \times \frac{1}{3} \times \frac{1}{3} \times 0.25 \times 0.2 = \frac{1}{180}$$

$$B_2 = 3 \times 1 \times 5 \times 1 \times 0.5 = 7.5$$

$$B_3 = 3 \times 0.2 \times 1 \times \frac{1}{3} \times \frac{1}{3} = \frac{1}{15}$$

$$B_4 = 4 \times 1 \times 3 \times 1 \times 1 = 12$$

$$B_5 = 5 \times 2 \times 3 \times 1 \times 1 = 30$$

三是计算 B_i 的 n 次方根 C_i，为保证计算结果的准确性，小数点精确到后四位，计算结果为：

$$C_1 = \sqrt[5]{\frac{1}{180}} = 0.3539$$

$$C_2 = \sqrt[5]{7.5} = 1.4962$$

$$C_3 = \sqrt[5]{\frac{1}{15}} = 0.58178$$

$$C_4 = \sqrt[5]{12} = 1.6437$$

$$C_5 = \sqrt[5]{30} = 1.9743$$

四是将向量 $C = [C_1, C_2, C_3 \cdots, C_n]$ 作归一化处理，即 $W_i = \dfrac{C_i}{\sum_{j=1}^{n} C_i}$。其中，向量 $C = [0.35393, 1.4962, 0.58178, 1.6437, 1.97435]$。

$$\sum_{j=1}^{n} C_i = 0.35393 + 1.4962 + 0.58178 + 1.6437 + 1.97435 = 6.0501$$

$$W_1 = 0.35393/6.0501 = 0.0585$$

$$W_2 = 1.4962/6.0501 = 0.2473$$

$$W_3 = 0.58178/6.0501 = 0.0962$$

$$W_4 = 1.6437/6.0501 = 0.2717$$

$$W_5 = 1.97435/6.0501 = 0.3263$$

通过计算得出：$W = [0.0585, 0.2473, 0.0962, 0.2717, 0.3263]$。

五是为检验判断矩阵的一致性，计算判断矩阵 A 的最大特征值 $\lambda_{\max}$，即：

$$\lambda_{\max} = \frac{1}{n} \sum_{j=1}^{n} \frac{(AW)}{W_i}$$

$$AW = \begin{bmatrix} 1 & 0.3333 & 0.3333 & 0.25 & 0.2 \\ 3 & 1 & 5 & 1 & 0.5 \\ 3 & 0.2 & 1 & 0.3333 & 0.3333 \\ 4 & 1 & 3 & 1 & 1 \\ 5 & 2 & 3 & 1 & 1 \end{bmatrix} \begin{bmatrix} 0.0585 \\ 0.2473 \\ 0.0962 \\ 0.2717 \\ 0.3263 \end{bmatrix} = \begin{bmatrix} 0.3062 \\ 1.3385 \\ 0.5204 \\ 1.3678 \\ 1.6736 \end{bmatrix}$$

$$\lambda_{\max} = \frac{1}{5}\left(\frac{0.3062}{0.0585} + \frac{1.3385}{0.2473} + \frac{0.5204}{0.0962} + \frac{1.3678}{0.2717} + \frac{1.6736}{0.3263}\right) = 5.2442$$

六是进行一致性检验，计算出 A 的一致性指标 $CI = 0.0611$，由表 4 – 10 可知 RI 系数为 1.120，计算 $CR = 0.0545 < 0.1$，即判断矩阵 A 的一致性检验通过，故 $W_1 = 0.0585$、$W_2 = 0.2473$、$W_3 = 0.0962$、$W_4 = 0.2717$、$W_5 = 0.3263$ 可以作为相应评价指标的权重系数。

$$CI = \frac{\lambda_{max} - n}{n - 1} = \frac{5.2442 - 5}{5 - 1} = 0.0611$$

$$CR = \frac{CI}{RI} = \frac{0.0611}{1.12} = 0.0545 < 0.1$$

七是重复上述步骤，依次计算其他专家构建的判断矩阵，最终结果如表 4 – 14 至表 4 – 21 所示。

表 4 – 14　　　　　　调查获得专家 2 准则层各指标判断矩阵

	信息安全韧性	社会安全韧性	基础设施安全韧性	生态安全韧性	经济安全韧性	w_i（权重）	
信息安全韧性	1	0.5	0.3333	0.25	0.5	0.0844	$\lambda_{\max} = 5.379$
社会安全韧性	2	1	1	2	0.5	0.2103	$CI = 0.095$
基础设施安全韧性	3	1	1	3	2	0.3263	$RI = 1.120$
生态安全韧性	4	0.5	0.3333	1	1	0.1688	$CR = 0.085 < 0.1$
经济安全韧性	2	2	0.5	1	1	0.2103	

表 4 – 15　　　　　　调查获得专家 3 准则层各指标判断矩阵

	信息安全韧性	社会安全韧性	基础设施安全韧性	生态安全韧性	经济安全韧性	w_i（权重）	
信息安全韧性	1	1	0.5	0.3333	0.25	0.0926	$\lambda_{\max} = 5.056$
社会安全韧性	1	1	1	0.5	0.3333	0.1221	$CI = 0.014$
基础设施安全韧性	2	1	1	0.5	0.3333	0.1403	$RI = 1.120$
生态安全韧性	3	2	2	1	1	0.2872	$CR = 0.012 < 0.1$
经济安全韧性	4	3	3	1	1	0.3578	

表 4 – 16　　　　　　　调查获得专家 4 准则层各指标判断矩阵

	信息安全韧性	社会安全韧性	基础设施安全韧性	生态安全韧性	经济安全韧性	w_i（权重）	
信息安全韧性	1	0.25	0.25	0.3333	0.2	0.0568	$\lambda_{max} = 5.071$
社会安全韧性	4	1	1	2	0.5	0.2242	$CI = 0.018$
基础设施安全韧性	4	1	1	2	0.5	0.2242	$RI = 1.120$
生态安全韧性	3	0.5	0.5		0.5	0.1396	$CR = 0.016 < 0.1$
经济安全韧性	5	2	2	2	1	0.3553	

表 4 – 17　　　　　　　调查获得专家 5 准则层各指标判断矩阵

	信息安全韧性	社会安全韧性	基础设施安全韧性	生态安全韧性	经济安全韧性	w_i（权重）	
信息安全韧性	1	0.3333	2	0.5	0.5	0.1275	$\lambda_{max} = 5.433$
社会安全韧性	3	1	2	3	0.3333	0.2611	$CI = 0.108$
基础设施安全韧性	0.5	0.5	1	1	0.5	0.1204	$RI = 1.120$
生态安全韧性	2	0.3333	1	1	0.5	0.1465	$CR = 0.097 < 0.1$
经济安全韧性	2	3	2	2	1	0.3445	

表 4 – 18　　　　　　　调查获得专家 6 准则层各指标判断矩阵

	信息安全韧性	社会安全韧性	基础设施安全韧性	生态安全韧性	经济安全韧性	w_i（权重）	
信息安全韧性	1	0.3333	3	4	0.5	0.1801	$\lambda_{max} = 5.347$
社会安全韧性	3	1	4	4	3	0.4235	$CI = 0.087$
基础设施安全韧性	0.3333	0.25	1	3	0.25	0.0900	$RI = 1.120$
生态安全韧性	0.25	0.25	0.3333	1	0.25	0.0548	$CR = 0.078 < 0.1$
经济安全韧性	2	0.3333	4	4	1	0.2517	

表4–19   调查获得专家7准则层各指标判断矩阵

	信息安全韧性	社会安全韧性	基础设施安全韧性	生态安全韧性	经济安全韧性	w_i（权重）	
信息安全韧性	1	0.3333	3	0.3333	0.3333	0.1113	$\lambda_{max}=5.297$
社会安全韧性	3	1	3	1	0.3333	0.2151	$CI=0.074$
基础设施安全韧性	0.3333	0.3333	1	0.3333	0.3333	0.0717	$RI=1.120$
生态安全韧性	3	1	3	1	1	0.2680	$CR=0.066<0.1$
经济安全韧性	3	3	3	1	1	0.33339	

表4–20   调查获得专家8准则层各指标判断矩阵

	信息安全韧性	社会安全韧性	基础设施安全韧性	生态安全韧性	经济安全韧性	w_i（权重）	
信息安全韧性	1	0.5	1	3	0.3333	0.1537	$\lambda_{max}=5.285$
社会安全韧性	2	1	5	2	1	0.3214	$CI=0.071$
基础设施安全韧性	1	0.2	1	1	0.3333	0.1027	$RI=1.120$
生态安全韧性	0.3333	0.5	1	1	0.5	0.1074	$CR=0.064<0.1$
经济安全韧性	3	1	3	2	1	0.3147	

表4–21   调查获得专家9准则层各指标判断矩阵

	信息安全韧性	社会安全韧性	基础设施安全韧性	生态安全韧性	经济安全韧性	w_i（权重）	
信息安全韧性	1	1	0.2	1	0.2	0.0947	$\lambda_{max}=5.433$
社会安全韧性	1	1	1	0.5	0.3333	0.1260	$CI=0.108$
基础设施安全韧性	5	1	1	1	0.5	0.2165	$RI=1.120$
生态安全韧性	1	2	1	1	1	0.2070	$CR=0.097<0.1$
经济安全韧性	5	3	2	1	1	0.3559	

（三）权重计算结果

前述内容是本书专家调查中对所构建的判断矩阵和利用层次分析法计算的结果，通过计算判断矩阵的最大特征值、正规化向量和一致性检验可知，本问卷调查具有满意的一致性。仅有一个问卷的 CI 指标较高，为 0.097，虽然接近 0.1，但是仍然小于 0.1，因此该计算结果予以保留。此外，采用等权重的方法将各个指标权重进行平均，最终结果如表 4 - 22 所示。

表 4 - 22　　　　　　　　　　指标权重计算结果

	专家 1	专家 2	专家 3	专家 4	专家 5	专家 6	专家 7	专家 8	专家 9	权重均值
信息安全韧性	0.0844	0.0585	0.0926	0.0568	0.1275	0.1801	0.1113	0.1537	0.0947	0.1066
社会安全韧性	0.2103	0.2473	0.1221	0.2242	0.2611	0.4235	0.2151	0.3214	0.1260	0.2390
基础设施安全韧性	0.3263	0.0962	0.1403	0.2242	0.1204	0.0900	0.0717	0.1027	0.2165	0.1543
生态安全韧性	0.1688	0.2717	0.2872	0.1396	0.1465	0.0548	0.2680	0.1074	0.2070	0.1834
经济安全韧性	0.2103	0.3263	0.3578	0.3553	0.3445	0.2517	0.3339	0.3147	0.3559	0.3167

三　全局熵值法确权指标层

（一）基本原理

传统的熵值法存在一定弊端或不足，缺乏时间维度的充分考虑，只能针对截面数据，即根据某一年 k 个地区 j 项指标进行综合评价，研究者往往采用最新一年的数据进行权重计算，只进行空间维度分析。而在实际处理数据过程中经常会遇到面板数据，即根据 m 个年份、k

个地区、j 项指标对其进行综合评价。故本书研究引入全局熵值法，加入时间维度进行更为全面的计算，也为后续空间分析提供数据支撑。针对五个准则层内的指标分别进行全局熵值法计算，得出各指标的权重 w_j，具体步骤如下所示。

一是构建原始指标矩阵：$X = \{x_{tij}\} p \times m \times n$（$1 \leqslant t \leqslant p$，$1 \leqslant i \leqslant m$，$1 \leqslant j \leqslant n$），其中，$x_{tij}$ 表示第 t 个年份第 i 个城市的第 j 项指标。

二是数据标准化。一般也称指标数据的无量纲化，由于各项指标的计量单位并不统一，计算综合指标前需要通过数学工具来消除原始指标量纲及量级差异带来的影响。而且正向指标和负向指标数值代表的含义不同，简而言之就是正向指标数值越高越好，如人均生产总值，该指标越高代表城市经济实力越强，越有利于防灾减灾行动特别是灾后恢复的快速推进；负向指标数值越低越好，如本书评价体系中涉及的城镇登记失业人数，该指标越低越有助于社会稳定，表明公共就业创业服务体系相对健全。因此，针对正负指标用不同的算法进行数据标准化处理，即：

正向指标的处理公式：$d_{tij} = (1 - a) + a \times \dfrac{x_{tij} - \min x_{tij}}{\max x_{tij} - \min x_{tij}}$

负向指标的处理公式：$d_{tij} = (1 - a) + a \times \dfrac{\max x_{tij} - x_{tij}}{\max x_{tij} - \min x_{tij}}$

本书对所构建的评价体系中的各项指标采用极值标准差方法进行无量纲化处理，其中以上公式中 a 取 0.99，$d_{tij} \in [0.01, 1]$，最大值为 1，最小值为 0.01，避免 0 值影响后续的计算过程。在前文综合选取的 23 项评测指标中，仅城镇登记失业人数为负向指标，其余 22 项指标均为正向指标，分别对指标进行正向或负向处理，得到标准化数据。

三是计算各项指标所占比重，即公式：$q_{tij} = d_{tij} \Big/ \displaystyle\sum_{t=1}^{p} \sum_{i=1}^{m} d_{tij}$。

四是计算各项指标的熵值，即公式：$e_j = -k \displaystyle\sum_{t=1}^{p} \sum_{i=1}^{m} q_{tij} \times \ln q_{tij}$，

其中 $k = 1/\ln~(p \times m)$。

五是计算各项指标的权重，即公式：$w_j = (1 - e_j)~/~\sum_{j=1}^{n}~(1 - e_j)$。

（二）权重计算结果

由于全局熵值法的计算包含大量数据处理过程，碍于章节篇幅限制，相关内容和计算过程参见本书附录。当某个指标信息熵值越小，其离散程度越小，所能提供的信息就越多，在后期综合评价分析中起到的作用越大，该指标的权重自然越大。

表 4 - 23 是本书部分指标权重计算结果，由此可以看出，除个别指标权重值偏小，其余指标权重整体差距不大。

表 4 - 23　　　　　　　熵值及权重计算结果（部分）

指标	熵值 e_j	权重 w_j	指标	熵值 e_j	权重 w_j
人均生产总值	0.9576	0.1844	全年用电总量	0.9110	0.3841
第三产业占比	0.9729	0.1179	人均供水量	0.9527	0.2042
城乡居民储蓄存款余额	0.9386	0.2670	医疗卫生机构床位数	0.9321	0.1817
人均可支配收入	0.9617	0.1664	医疗卫生技术人员	0.9362	0.1707
实际使用外资金额	0.9392	0.2643	高等学校在校学生人数	0.8723	0.3416
人均公园绿地面积	0.9840	0.0746	社会保障覆盖人数	0.9896	0.0279
建成区绿化覆盖率	0.9791	0.0975	城镇登记失业人数	0.8961	0.2781
城市污水日处理能力	0.8966	0.4819	互联网宽带接入用户	0.8906	0.3598
无害化处理厂日处理能力	0.9258	0.3460	邮电业务总量	0.8915	0.3569
城市排水管道密度	0.9609	0.1686	年度政务发布微博运营评分	0.9541	0.1509
人均拥有道路面积	0.9656	0.1485	年度政务发布微信运营评分	0.9598	0.1323
每万人拥有公共交通车辆	0.9781	0.0946			

四　组合权重及分析

根据层次分析法所得准则层权重与全局熵权法所得指标层权重，两者相乘得出综合权重，计算公式为 $w_s = w_i \cdot w_j$。本书使用目前最普遍利用的综合评价法，即城市安全韧性评价结果等于指标数据的标准值与评价指标的组合权重的乘积之和，从而确定各子指标的最终权重。

由表 4-24 可以看出，就研究的总体目标"减灾视域下的城市安全韧性"而言，经济安全韧性权重所占比重最高，是准则层五项指标中最关键的因素。在当今复杂多变的时代环境下，良好的经济韧性对城市系统稳定运行、高水平安全发展具有重要意义。社会安全韧性权重占比位列第二，凸显其重要性，根据新冠疫情防控常态化带来的经验，社会安全韧性权重占比相对较高具有典型现实意义。

表 4-24　　　　　　　　城市安全韧性评价指标体系及权重

目标层	准则层（权重）	指标层（初算权重）	组合权重	指标属性	指标含义及性质
城市韧性度	经济安全韧性（0.3167）	人均生产总值（0.1844）	0.0584	+	体现城市经济实力
		第三产业占比（0.1179）	0.0373	+	体现城市经济结构合理性
		城乡居民储蓄存款余额（0.2670）	0.0846	+	体现城乡居民经济实力状况及风险应对能力
		人均可支配收入（0.1664）	0.0527	+	
		实际使用外资金额（0.2643）	0.0837	+	体现城市对外经济交流实力
	生态安全韧性（0.1834）	人均公园绿地面积（0.0746）	0.0137	+	体现城市生态绿化状态及应急疏散空间
		建成区绿化覆盖率（0.0975）	0.0179	+	
		城市污水日处理能力（0.4819）	0.0884	+	体现城市污染治理效率与能力
		无害化处理厂日处理能力（0.3460）	0.0634	+	

续表

目标层	准则层（权重）	指标层（初算权重）	组合权重	指标属性	指标含义及性质
城市韧性度	基础设施安全韧性（0.1543）	城市排水管道密度（0.1686）	0.0260	+	体现城市排污防涝能力
		人均道路面积（0.1485）	0.0229	+	体现城市道路交通运输及疏散应急能力
		每万人拥有公共交通车辆（台）（0.0946）	0.0146	+	
		全年用电总量（0.3841）	0.0593	+	体现城市水力、电力供应保障能力
		人均供水量（0.2042）	0.0315	+	
	社会安全韧性（0.2390）	医疗卫生机构床位数（0.1817）	0.0434	+	体现城市医疗救助能力
		医疗卫生技术人员数（0.1707）	0.0408	+	
		高等学校在校学生人数（0.3416）	0.0816	+	体现城市教育、科研、创新能力和人才储备情况
		社会保障覆盖人数（0.0279）	0.0067	+	体现个人的风险应对能力
		城镇登记失业人数（0.2781）	0.0665	−	体现城市社会稳定情况
	信息安全韧性（0.1066）	互联网宽带接入用户（0.3598）	0.0384	+	体现城市互联网普及率
		邮电业务总量（0.3569）	0.0380	+	体现城市邮电通信服务能力
		年度政务发布微博运营评分（0.1509）	0.0161	+	体现政府政务信息公开及舆情应对处置能力
		年度政务发布微信运营评分（0.1323）	0.0141	+	

　　在经济安全韧性维度中，人均储蓄存款余额权重最高，这意味着个人抗风险能力最重要，在城市灾害发生后，民众能够依靠自身储蓄满足一定的生存保障。在生态安全韧性维度中，城市污水日处理能力权重最高，城市污水处理体现在农业、交通、能源、石化、环保、城市景观、医疗、餐饮等各个领域，城市建设发展中的高效处理对生态环境维护至关重要，同时有效的污水处理也可以提升居民的生活质量，为居民的身体健康提供良好支持。在社会安全韧性中，医疗指标（医疗卫生机构床位数和医疗卫生技术人员数）组合权重最高，原因在于近年来社区卫生服务中心（站）、诊所和医务室的快速建设带动了城市医疗系统床位数和技术人员的大幅度增加。在信息安全韧性维度中，互联网宽带接入用户数权重最高，随着宽带的快速普及，城市用户规

模不断扩大，互联网宽带接入用户数大幅增加，这是城市网络通信设施生命线工程建设的重要内容。

第四节　小结

本章基于城市防灾减灾的理论视角，依托脆弱性—韧性分析框架进行研究设计，首先，构建了评估认知的分析思路，确定综合评价的多层级架构；其次，对城市安全韧性综合评价指标体系进行设计，包括借鉴国内外成果确定评价指标体系的准则层、运用文献挖掘等分析确定指标层；最后，阐析指标赋权与综合评价方法。

这里需指出的是，本章因一定的局限性而存在操作中可能的偏差。

一是在前期评价指标筛选过程中参考的文献范围和专家咨询有一定限制，以 CSSCI 等中文核心期刊来源为主。这主要是由于本章研究始于 2020 年，由于新冠疫情的暴发一定程度上使调查指标确权及专家咨询工作受阻，受限于当时客观条件暂未进行补充，故在整理上对于指标筛选可能存在遗漏，或者忽视部分最新的成果。

二是专家咨询范围相对有限，覆盖面主要集中于高校科研院所，对于指标筛选过程的打分可能存在缺陷。但是从准则层打分结果来看，所构建的判断矩阵全部通过一致性检验，说明专家成员认真参与，结果具有较高的稳健性。此外，专家群体给出的相关指导意见也切中要害，如注重疫情期间网络舆论、网络空间中的公民体验等问题并最终吸收反映到"信息安全韧性"的评价指标之中。

三是医疗指标权重较高。本章研究过程中引入专家咨询及确权打分时正值冬季，新冠疫情再次在国内多个城市零星散发，这可能影响专家的主观判断倾向。无论是指标筛选还是确权打分，社会安全韧性的权重结果都比较高，最终组合权重占比为 0.2390，另外，医疗卫生机构床位数权重占比为 0.0434，医疗卫生技术人员权重占比为 0.0408，比早期同类研究中的社会安全韧性比重明显高出不少。

第五章　江苏省安全韧性城市系统评价应用[*]

在安全韧性城市评估对象方面，国外应用研究涵盖单一城市、省（州）、城市群等，目前国内研究更多集中在城市群。受我国长江流域自然地理环境的影响，暴雨、洪涝、龙卷风等自然灾害多发频发，而区域城市的空间差异、结构性特征较之其他地区也更为突出，安全韧性城市研究更具典型价值。因此，本书选择位于长三角地区的江苏省进行城市安全韧性评价分析。江苏省作为我国经济总量、生态文明、科教文化事业相对发达的地区，其中人均 GDP、地区发展与民生指数（DLI）均居全国省域第一，但是省内城市发展水平仍然存在一定程度的梯度差异特征，苏南、苏中、苏北地区间经济社会发展水平具有相对落差。同时由于地跨长江、淮河，江苏省湖泊众多，兼具北方和南方两种气候特点，因气候变化引发的自然灾害类型多样。基于此，本书探索分析江苏省内城市安全韧性发展水平的时空分异格局及影响因素，依据城市客观数据进行综合评价，有助于检验上一章所构建的分析框架并统筹推进梯度差异型省域的城市安全韧性建设。

---

[*] 该章的早期探索研究已发表，参见刘泽照、马瑞《防灾减灾视域下城市韧性评价体系构建及应用——基于江苏省 13 个城市研究》，《中国应急管理科学》2021 年第 5 期。

第一节　江苏省韧性城市建设实践

一　江苏省省情及韧性建设总体规划

（一）江苏省灾害概貌

江苏地处我国沿海地区中部，长江、淮河下游，东濒黄海，北接山东，西连安徽，东南与上海、浙江接壤，是长江三角洲地区的重要组成部分。全省陆地面积为10.322917万平方千米。其中，苏北地区（徐州、连云港、淮安、盐城、宿迁）面积占全省陆地面积的51.62%，苏中地区（南通、扬州、泰州）面积占全省陆地面积的21.17%，苏南地区（南京、无锡、常州、苏州、镇江）面积占全省陆地面积的27.21%。

江苏跨江滨海，湖泊众多，水网密布，海陆相邻，水域面积占16.9%。长江横穿东西433千米，大运河纵贯南北757千米。全省有乡级以上河道20000余条，县级河道2000多条。面积50平方千米以上的湖泊15个，面积超过1000平方千米的是太湖、洪泽湖，分别为全国第三、第四大淡水湖。江苏属东亚季风气候，处在亚热带和暖温带的气候过渡地带。江苏地势平坦，一般以淮河、苏北灌溉总渠一线为界，以北地区属暖温带湿润、半湿润季风气候；以南地区属亚热带湿润季风气候。江苏气候总体呈现四季分明、季风显著、雨热同季、雨量充沛、光热充足、气象灾害多发等特点。

根据《江苏统计年鉴》（2021）数据显示，2020年，江苏先后遭受风雹和洪涝灾害24次，造成全省11个设区市52个县（区、市）约108.2万人受灾，因灾死亡5人，紧急转移安置2.8万人，农作物受灾面积135.7千公顷、绝收面积20.4千公顷，房屋倒塌1248间、不同程度损坏9095间，直接经济损失约19亿元。其中洪涝灾害和风雹占灾害总数的近五成。当年7月，全省发生1998年以来最严重的汛情，长江江苏段超历史最高水平，太湖发生超标准洪水，淮河发生流域性较大洪水，沂河发生 1960 年以来最大洪水，造成 60.8 万人受灾，紧急转移安置 20848 人，直接经济损失 8.7 亿元，此次灾害进一步推动了江苏全省海绵城市建设部署。由此可知，风雹和洪涝等气候性灾害是目前江苏主要频发的自然灾害。

（二）江苏省历史灾情[①]

1. 地震

江苏地处郯庐断裂带和长江中下游至南黄海断裂带，7 度及以上设防地区占全省面积的 74%，是我国中东部设防标准较高的地区之一。江苏是地震分布较为复杂的地方，存在很多断裂带，例如郯庐断裂带、长江中下游黄海地震带贯穿区域等，具有小震不断的特点。20 世纪 70 年代以来，江苏陆地已发生 5 级以上破坏性地震 4 次，溧阳发生 2 次地震，分别为 1974 年的 5.5 级地震和 1979 年的 6.0 级地震，致使房屋倒塌 10 万余间，人员伤亡 3000 多人，直接经济损失近 3 亿元。1990 年常熟、太仓发生 5.1 级地震，共造成 1.3 亿元的直接经济损失，为全国同类地震损失之最。2012 年 7 月 20 日，在江苏高邮、宝应交界处发生 4.9 级地震，震源深度 5 公里，余震 58 次，是江苏陆地上 20 年以来最大的一次地震，造成 1 人死亡，2 人受伤，13 间房屋倒塌，155 间房屋严重损坏，351 间房屋一般损坏。

2. 雨涝汛情

洪涝灾害是江苏省域最严重的自然灾害之一，江苏总体气候特征是温高雨多，强对流灾害重，异常天气事件频发且强度大。

例如，2019 年，全省气候形势复杂多变。5—7 月，苏北地区遭遇 60 年一遇气象干旱；8 月上旬，中华人民共和国成立以来影响华东地区第三强台风"利奇马"由南向北纵贯全省并引发沂沭泗流域 1974 年以来最大洪水，52.13 万人受灾，紧急转移 10.64 万人，农作物、水利设施损失惨重。

---

① 本节内容来自江苏省政府报告及相关媒体报道信息。

2020 年，降水事件发生之频繁、强度之大、范围之广历史罕见。徐州、灌南、宿迁、滨海、射阳及响水地区的降雨量均打破历史纪录，沿淮偏北地区以及沿江中西部地区共有 8 个监测站点降水量超过 400 毫米，全省水情形势最严峻时共有 46 站水位超警戒线，主要分布在太湖、沿江、秦淮河、固城湖、石臼湖、水阳江、滁河等地区。其中，沂沭泗地区发生 1960 年以来最大洪水，超过 2019 年"利奇马"台风暴雨洪水和 1974 年暴雨洪水。

2021 年，台风"烟花"为江苏有气象记录以来停留时间最长（37 小时）、过程雨量最大的台风。受"烟花"影响，7 月 24—29 日全省平均降水量约为 221.8 毫米，共出现 36 个大暴雨站，4 个特大暴雨站，日最大降水量为 322.3 毫米，部分站点短历时暴雨超 50 年一遇，个别监测站点超百年一遇，导致苏南地区发生大面积严重洪涝灾害。

由此可见，近年来江苏省气候形势越发复杂严峻，雨情、汛情、灾情不仅考验水利设施的适应性，也考验江苏省市防灾减灾救灾体制。

3. 龙卷风

江苏龙卷风发生频率居全国之首。1956—2005 年，共发生 1070 次龙卷风事件，平均每年都会有 21.4 次的龙卷风发生。[1] 就季节分布而言，江苏 7 月的龙卷风活动最强，占年龙卷风总数的 39.3%；其次为 6 月和 8 月。而且江苏龙卷风的出现有地域特点，"最黏"高邮，"偏爱"仪征、宝应、江都。龙卷风极易在高邮地区形成的理由是该地区处于平原低洼处，地貌像个大锅底，四周沟渠湖泊密布，容易为龙卷风的形成创造条件。

2000 年夏季，江苏先后遭遇了 4 次龙卷风袭击。其中影响最大的是 7 月 13 日 15 时至 17 时 40 分发生在高邮、兴化、宝应、海安、东台 5 个县市的强龙卷风，风灾造成惨重伤亡，共计死亡 34 人，重伤 349 人，轻伤 1600 多人。

---

① 徐芬、郑媛媛、孙康远：《江苏龙卷时空分布及风暴形态特征》，《气象》2021 年第 5 期。

2016 年 6 月 23 日 14 时许，江苏盐城市阜宁县、射阳县部分地区突发龙卷风冰雹严重灾害，多个乡镇受灾，造成大量民房、厂房、学校教室倒塌，部分道路交通受阻，造成 78 人死亡、约 500 人受伤。

4. 风雹灾害

冰雹常与雷暴大风结伴而行，由于风卷、雹砸，所经之地往往房倒屋损，树木、电杆倒折，农作物被毁，人畜被砸伤亡，危害极大。近年来，江苏各地风雹灾害频发，造成了一系列重大损失。

2021 年 4 月 30 日，江苏南通部分地区出现冰雹和大范围强雷暴大风天气，全市自动监测站最大风力超过 10 级的站点达 66 个，其中通州风速达到 45.4 米/秒（14 级强风），海安、通州、如东等地出现直径 1—3 厘米的冰雹。此次灾害中受灾人口达 3000 余人，因大树倒伏砸倒房屋、电杆刮断、狂风卷入河道等，造成 11 人死亡。

2022 年 3 月 1 日，江苏部分地区遭受风雹灾害，造成盐城、南通、连云港等 8 市 21 县（市、区）3.5 万人受灾，500 余人紧急转移；700 余间房屋倒塌，1.3 万间房屋不同程度损坏；农作物受灾面积 2600 公顷，其中绝收 200 余公顷；直接经济损失 1.9 亿元。

5. 安全事故

近年来，江苏暴雨、大风等强对流天气出现概率增加，导致水路交通、道路安全、易燃易爆品运输等各类衍生风险攀升，安全生产事故也呈现多发态势。以 2020 年为例，江苏共发生各类生产安全事故 2190 起、死亡 1234 人，较大事故 13 起、死亡 52 人。2021 年 7 月 12 日，苏州市吴江区四季开源餐饮管理服务有限公司辅房发生坍塌事故，造成 17 人死亡、5 人受伤，直接经济损失约 2615 万元。2022 年 5 月 24 日，常州武进居民楼发生爆炸事故，共造成 1 死 5 伤。显然，经营性自建房以及群租房、燃气管道设施老旧成为不少城市发展中的安全隐患，着力防范化解危险化学品重大安全风险、排查治理各类安全事故隐患是江苏各级政府需要重点防控的方向。

（三）江苏省韧性城市建设总体规划

2020 年 12 月 23 日，中国共产党江苏省第十三届委员会第九次全体会议通过了《中共江苏省委关于制定江苏省国民经济和社会发展第十四个五年规划和二〇三五年远景目标的建议》，明确提出建设海绵城市、韧性城市、智慧城市的目标，构建城市幸福生活服务圈。这是江苏省政府文件第一次正式提出建设韧性城市。

2021 年 1 月，江苏省政协十二届四次会议发布提案《关于我省"十四五"期间大力推动"韧性城市"建设的建议》，韧性城市的理念再次被提出，认为我国正处于城镇化快速发展时期，越来越多的人口和社会经济活动在城市聚集，加剧了城市发展的风险和脆弱性。立足新发展阶段，要确立以人民为中心的发展理念，加强江苏韧性城市建设，弘扬生命至上、人民至上的思想，把安全发展作为城市现代化文明的重要标志，提升人民群众的获得感、幸福感、安全感，推动城乡建设高质量发展。

2021 年 6 月，江苏省住房和城乡建设厅经过网络平台公开说明了江苏省内韧性城市建设工作。其主要内容包括：一是组织编制城市抗震防灾规划。全省抗震防灾规划实现全覆盖并组织规划到期和抗震设防烈度发生重大变化的城市，开展 2035 版城市抗震防灾规划修编。二是加强各类房屋建筑和市政设施抗震设防监督管理。"十三五"时期全省共审查房屋建筑工程项目 64161 个，市政基础设施工程项目 8352个，审查面积达 15.49 亿平方米，开展超限高层建筑工程抗震设计专项审查 228 项，总面积达 2112.9 万平方米，有力地保障了城乡建设工程的抗震设计质量安全。三是指导各地开展应急避难场所建设。全省已建成中心应急避难场所 97 处，固定应急避难场所 601 处，有效避难面积 6063 万平方米，初步建立应急避难场所体系框架。四是探索推进海绵城市建设。无锡、宿迁 2 个城市成功入围国家首批 20 个"系统化全域推进海绵城市建设示范城市"。

2021 年 8 月江苏省委召开十三届十次全会，明确提出在"率先建设秩序优良活力彰显的现代化"道路上走在全国前列，并且首次提出了推进"韧性江苏"建设。面对现代社会发展中的复杂不确定性，及时发现、有力管控、高效处置各类矛盾风险，是实现社会治理现代化征程中面临的时代命题。同年9月，江苏省政府办公厅印发《江苏省"十四五"应急管理体系和能力建设规划》，明确提出未来要新建1个省级应急物资储备库，建筑面积约6000平方米，主要应对自然灾害和生产安全事故的省级应急物资储备并全力推进县级应急物资储备库建设，"十四五"时期95%以上县（市、区）建立应急物资储备库。与此同时，江苏省应急管理厅救灾和物资保障处针对当年全国范围内极端天气频发和自然灾害增多的情况，在官方微信平台发布《江苏省家庭应急物资储备建议清单》，引导各地群众积极储备家庭应急物资，一度引发了网络极大关注。

由此可见，江苏省级层面对于城市安全韧性建设规划和实践非常重视，在《江苏省市县国土空间总体规划编制指南（试行）》和《江苏省国土空间规划（2021—2035年）》中也有相应描述，省内各地政府陆续将韧性理念融入城市规划之中，制定实施城市安全韧性建设政策。

二　江苏省部分城市韧性建设规划

1. 南京

南京较早开始全域海绵城市规划及建设，经过多年发展已基本实现城市建成区40%以上面积达到海绵城市建设要求。2021年，市委第十四届十三次会议提出城市安全韧性发展攻坚战，随后9月出台的《南京市城市内涝治理实施方案（2021—2025年）》中明确提出到2025年，排水防涝工程体系进一步完善，排水防涝能力与海绵城市、韧性城市要求更加匹配，总体消除防御标准内城市内涝现象。2021年11月出台的《南京市"十四五"应急体系建设（含安全生产）规划》提出，南京要建成与高质量安全发展相适应、与省会城市首位度提升相匹配的应急管理、安全生产和综合防灾减灾体系，建成高效能治理的安全韧性城市。该规划还明确提出3个预期指标：到2025年，年均因自然灾害直接经济损失占GDP的比例小于0.5%，年均每百万人口因自然灾害死亡率小于0.5，年均每十万人受灾人次小于5000人。

此外，南京高度重视应急队伍建设，要求市、区分别建设不少于5支重点专业应急救援队伍，针对洪涝灾害、森林火灾、地质灾害等自然灾害和危险化学品、矿山、地铁（隧道）等重点领域组建了专门的应急救援力量。同时通过市政设施加固、地质灾害专项治理等举措，南京着力提升城市防灾抗灾能力，在城市更新、海绵城市建设领域投入大量资源并取得显著成效。

2. 苏州

2020年9月，苏州审议《苏州市城市防洪排涝专项规划（2035）》和《苏州市消防规划（2035）》，明确提出"节水优先、空间均衡、系统治理、两手发力"的治水理念，着力筑牢城市安全防线，提升城市发展的韧性和能力。2021年苏州"两会"中，苏州将"强韧性"写进《政府工作报告》，提出始终坚持统筹发展和安全，让"强韧性"成为城市发展最牢固的基石，通过推进治理体系和治理能力现代化，打造智慧城市、韧性城市；同时，健全防范化解重大风险体制机制，实施城市生命线安全工程，强化突发公共事件应急处置水平，提升防灾、抗灾、救灾的系统能力。

3. 无锡

2021年，无锡在《无锡市国土空间总体规划（2021—2035年）》中提出完善设施、建设高水平的安全韧性城市，构建"全天候、系统性、现代化"的城市运行安全保障体系，加强抵御灾害事故和处置突发事件能力。当年，无锡成为全国首批海绵城市建设示范城市，出台了《关于扎实推进系统化全域海绵示范城市建设的实施意见》，提出将"内外兼修、独具特色、示范引领"的海绵城市作为总体目标，实现城市水生态系统质量稳步提升，城市水环境承载力明显增强，生态、低碳、韧性的城市雨水系统建设取得显著进展，形成引领太湖流域的城市雨水管理的新模式、新路径。

4. 南通

2020 年，南通市政府下发《南通市美丽宜居城市建设工作行动方案》，明确提出在提升城市安全韧性方面，创新社会治理模式，推进城区地下管网升级改造，加强应急避难场所建设、管理和使用，推进生态环境治理体系和治理能力现代化。2021 年，南通将高标准布局建设市政基础设施，把建设海绵城市、韧性城市写入南通"十四五"规划之中；2022 年《南通市政府工作报告》提出建设韧性城市，扎实推进城市生命线工程试点，建成运行地下管线综合监管系统，完善城市供水安全保障体系，提升城市防洪排涝能力，完成地表应急备用水源地标准化建设；同时制定南通防范化解重大风险体制机制，基本建成国家安全发展示范城市。

5. 扬州

2021 年《扬州市国民经济和社会发展第十四个五年规划和二〇三五年远景目标纲要》提出推进海绵城市和韧性城市建设。加大市容环境管理保洁力度，深入推进城市垃圾分类收集处理，全面提升市容市貌。2021 年 10 月，扬州市政府第 52 次常务会议通过《关于加快推进城市更新的实施意见（试行）》。要求各地、各部门深刻领会实施城市更新行动的丰富内涵和重要意义，牢固树立以人民为中心的发展思想，推进韧性城市、海绵城市、人文城市、绿色城市建设，坚持集约发展，盘活存量、做优增量、提高质量。同年 11 月，《扬州市"十四五"水利发展规划》出台，提出提升全市防洪屏障、供水通道和生态脉络的效能和韧性，增强城市供水韧性和应对极端干旱能力并按照海绵城市和韧性城市建设要求，不断恢复和扩展城市调蓄水面，完善排水防涝工程体系，加强排涝河道与雨水管网的衔接，保障城市安全运行。

6. 徐州

2021 年 9 月，徐州市召开的第十三次党代会提出，抓好城市基础设施补短补缺，统筹地上地下空间开发利用，加强地下管线、防洪排涝、污水收集处置等基础设施建设，提升防灾减灾能力，增强城市安全韧性。此外，徐州在地下管线规划设计上，将海绵城市和韧性城市建设要求融入生态保护、水系布局、绿地系统、市政和交通基础设施等内容中，充分考虑城市洪涝风险，优化排涝通道设施设置和地下管线，系统推进城市内涝治理，提高防洪排涝减灾能力和保障城市安全运行。截至 2022 年，统筹安全与发展、韧性城市的相关概念已经多次出现在徐州市政府职能部门的相关规划文件中。

7. 宿迁

2021 年，宿迁入围全国首批系统化全域推进海绵城市建设示范城市。同年 10 月，《市区城市公共空间治理"三年行动"实施方案（2021—2023 年)》发布，明确提出系统化推进海绵城市建设，加强垃圾分类治理和资源化利用，强化城市运行综合管理创新，切实增强设施韧性、公共服务供给能力和突发事件应对能力，充分利用智慧化手段提高城市治理的精细化程度和现代化水平。2022 年 4 月，宿迁全市城市建设管理工作会议提出全面打造韧性城市，牢固树立底线思维、韧性理念，增强防灾减灾、内涝治理、卫生防疫能力，切实提高城市应对各种风险挑战的抵御力、适应力、恢复力。

8. 连云港

2021 年，《连云港市国民经济和社会发展第十四个五年规划和二〇三五年远景目标纲要》明确提出建设韧性城市。其主要内容包括：超前谋划布局城市生命线系统、应急救援和物资储备系统，提升各类设施"平战转化"能力。加强基础设施智能化改造和地下空间开发利用，增强城市防洪排涝能力，全面提升对自然灾害风险、公共卫生风险、社会风险等的应对和快速修复能力，保障极端情况下能正常运转。2022 年，《连云港市"十四五"住房和城乡建设事业规划》提出建设"更加安全的韧性之城、更高质量的融合之城"建设目标，并据此做出了详细工作规划。

第二节　江苏省安全韧性城市综合评价

一　基本数据来源

(一)　数据收集和缺失值处理

依据前一章所构建的脆弱性—韧性分析框架及评价指标体系，本节针对江苏省内城市进行检验分析。考虑数据可获得性和城市区域的具体实践，选取指标数据来源包括 2015—2021 年《江苏统计年鉴》、2014—2020 年江苏各地市的《城市统计年鉴》与《国民经济和社会发展统计公报》、2017—2020 年"江苏省政务和重点新闻媒体微博微信排行榜"以及江苏各地市统计部门、民政部门、应急部门网站提供的相关公开数据。研究中部分人均数据通过计算各地当年年末常住人口的方法而得，与可直接获得数据计算方式保持一致。

其中，部分缺失数据通过多重替代法来补齐。比如，在信息安全韧性维度，由于 2014—2016 年江苏还未发布"江苏省政务和重点新闻媒体微博微信排行榜"，政务发布微博运营评分、年度政务发布微信运营评分指标数据存在一定缺失，本书依靠 Stata 软件进行处理。多重估算是由 Rubin 等建立起来的一种数据扩充和统计分析方法，作为缺失数据简单估算的应用工具。首先，多重估算技术用一系列可能值替换缺失值，以反映缺失数据。其次，用标准的统计工具对替换后产生的若干数据集进行深入分析。[1] 最后，把来自各个数据集的统计结果进行综合，得到总体待估参数的估计值。需要指出的是，多重估算技术并不是简单用单一值来替换缺失值，而是试图产生有关缺失值的随机样本，这种操作方法能够反映由于数据缺失而导致的计算不确定性，

---

[1]　曹阳、张罗漫：《运用 SAS 对不完整数据集进行多重填补——SAS 9 中的多重填补及其统计分析过程（一）》，《中国卫生统计》2004 年第 1 期。

产生更加有效的统计推断。结合这种方法，研究者可以较为便捷地在不舍弃有关信息的情况下对缺失数据性质进行推断。

（二）评价等级划分

目前，常见评价等级划分方法有相等间隔划分法、自定义间隔划分法、分位数划分法、自然间断点划分法、标准差划分法，相关操作主要借助 ArcGIS 软件。以下做简要说明并选择使用标准差划分法。

相等间隔划分法将属性值的范围划分为若干个大小相等的子范围，间隔取值和间隔数往往是约定俗成的，最适用于常见百分比、温度数据。例如，彭翀、林樱子、顾朝林在对长江中游城市网络结构韧性进行评估时，直接以 5 作为度值从低到高的划分区间。[①]

自定义间隔划分法具有较大的主观性判断，往往用于定义一系列值域范围相同的数据。李彦军、马港、宋舒雅在研究长江中游城市群安全韧性的空间分异时，自行计算出归类韧性等级，以偏离全国城市平均韧性的百分比范围划分城市安全韧性等级：－30% 及以下归为低韧性、（－30%，－10%）归为中低韧性、［－10%，＋10%）归为中韧性、［＋10%，＋30%）归为中高韧性、＋30% 及以上归为高韧性。[②]

分位数划分法中每个类都含有相等数量的要素，分位数为每个类分配数量相等的数据值，不存在空类情形，非常适用于呈线性分布的数据。例如，白立敏等在探究中国城市安全韧性综合评估及其时空分异特征时，以城市安全韧性指数平均值的 50%、100% 及 150% 依次将各城市划分为低水平韧性城市、中低水平韧性城市、中高水平韧性城市、高水平韧性城市，该划分方式主要借鉴了区域经济分类方法和标准。[③]

---

① 彭翀、林樱子、顾朝林：《长江中游城市网络结构韧性评估及其优化策略》，《地理研究》2018 年第 6 期。

② 李彦军、马港、宋舒雅：《长江中游城市群城市韧性的空间分异及演进》，《区域经济评论》2022 年第 2 期。

③ 白立敏等：《中国城市韧性综合评估及其时空分异特征》，《世界地理研究》2019 年第 6 期。

自然间断点划分法是基于数据的自然分组，对分类间隔加以识别，可以使相似值最恰当地得以分组并使各个分组类别之间的差异最大化，更适合原始数据的分组。例如杜金莹、唐晓春、徐建刚在研究热带气旋灾害影响下的城市安全韧性中，按照自然间断点划分法，使用低韧性、较低韧性、中等韧性、较高韧性及高韧性地区 5 个等级来绘制城市韧性空间分布图。[1]

标准差划分法用于显示要素属性值与平均值之间的差异，有助于显示平均值以上的值以及位于平均值以下的值，反映城市安全韧性指数间的差异。例如，李亚、翟国方在进行城市灾害韧性评估时，选取 1 倍的标准差作为分类间隔，对城市灾害韧性指数进行分级，从低到高分为五级，分别是低韧性、较低韧性、中等韧性、较高韧性和高韧性。[2]

综合比较来看，标准差划分法简单易行，被各学科领域广泛使用。为更好地展现城市安全韧性的空间差异，本书同样采用标准差分类法对城市安全韧性指数平均值进行分析，使用与标准差 1∶1 的等值创建分类间隔，从低到高将韧性水平依次分为四级，分别是低韧性、中等韧性、较高韧性、高韧性，分析得出江苏 13 个城市的安全韧性发展水平的分布状态。采用该方法依次对各城市的经济安全韧性、生态安全韧性、基础设施安全韧性、社会安全韧性、信息安全韧性进行分析并绘制空间分布示意图。

二　区域总体态势评价

本节基于前一章构建的城市安全韧性综合评价体系对江苏省辖 13 个设区城市的安全韧性发展水平进行综合评价分析。首先，根据各测度指标权重计算出 2014—2020 年城市安全韧性子系统中经济安全韧

---

① 杜金莹、唐晓春、徐建刚：《热带气旋灾害影响下的城市韧性提升紧迫度评估研究——以珠江三角洲地区的城市为例》，《自然灾害学报》2020 年第 5 期。

② 李亚、翟国方：《我国城市灾害韧性评估及其提升策略研究》，《规划师》2017 年第 8 期。

性、生态安全韧性、基础设施安全韧性、社会安全韧性和信息安全韧性5个子系统的韧性测评值，进而计算得出总体安全韧性发展水平。其次，从空间差异和时间演变的角度对城市安全韧性综合评价指数进行分析。再次，对各个子系统韧性评价指数分别进行分析并阐述子指标各指数的影响。最后，基于城市安全韧性发展水平的深度和广度对城市治理提出针对性建议。

（一）城市安全韧性总体评价

通过对数据的综合测算，得到 2014—2020 年江苏 13 个城市的安全韧性评价结果（见表 5 - 1），研究结果显示，2014 年江苏城市安全韧性评价指数在 0.0948—0.6061，2020 年安全韧性评价指数在 0.2172—0.8772，七年间安全韧性评价指数均值在 0.1444—0.7215，均值及分数段输出值均有提高，总体上安全韧性发展的态势是稳中向好，说明江苏安全韧性城市建设工作取得明显成效。进一步分析对比分数提升的幅度，各城市安全韧性水平呈逐年上升趋势，总涨幅均超 60%，其中 2019—2020 年，全省 13 个城市安全韧性评价指数呈现大幅度提高。苏南城市提升幅度弱于苏北、苏中城市，苏北城市的安全韧性建设潜力更大。总分最高的前三个城市始终不变，分别为南京、苏州和无锡。总分最低的两个城市不断变动。其中，2014—2019 年，常州城市指数常年保持在第 4 名，2020 年被南通追赶上。

从安全韧性指数均值来看，各区域间城市安全韧性发展差距较大，区域空间发展呈现一定程度上的不平衡分布。指数均值最高的城市是南京（0.7215），随后是苏州、无锡和常州，排名前 4 的城市均地处苏南。韧性指数均值最低的城市是连云港（0.1506），苏北除徐州以外，宿迁、淮安、连云港和盐城的韧性指数均值排名处于末尾。进一步分析发现，城市安全韧性指数最大值约是最小值的 5 倍，不同城市之间的韧性指数存在显著差异。苏北城市的韧性指数均值最低为 0.2010，苏南城市的韧性指数均值最高达 0.4935，表明江苏省内不同地区安全韧性发展水平差异较大。

表 5 - 1　　　　江苏各城市安全韧性评价结果（2014—2020 年）

城市	2014 年（名次）	2015 年（名次）	2016 年（名次）	2017 年（名次）	2018 年（名次）	2019 年（名次）	2020 年（名次）	均值（名次）
南京	0.6061（1）	0.6372（1）	0.6658（1）	0.7027（1）	0.7564（1）	0.8053（1）	0.8772（1）	0.7215（1）
苏州	0.5604（2）	0.5858（2）	0.6293（2）	0.6353（2）	0.6560（2）	0.7332（2）	0.8375（2）	0.6625（2）
无锡	0.3402（3）	0.386（3）	0.4109（3）	0.4439（3）	0.4653（3）	0.5006（3）	0.5439（3）	0.4415（3）
常州	0.2881（4）	0.3075（4）	0.334（4）	0.3450（4）	0.3692（4）	0.3872（4）	0.4311（5）	0.3517（4）
镇江	0.1802（8）	0.2127（7）	0.2084（8）	0.2154（8）	0.2291（8）	0.2414（8）	0.2894（9）	0.2252（8）
南通	0.2268（5）	0.2610（5）	0.2731（5）	0.3092（5）	0.3153（5）	0.3456（5）	0.4317（4）	0.3090（5）
扬州	0.1925（7）	0.2105（8）	0.2204（7）	0.2424（7）	0.2543（7）	0.2659（7）	0.3283（7）	0.2449（7）
泰州	0.1227（10）	0.1629（9）	0.1680（11）	0.1966（9）	0.2206（9）	0.2343（9）	0.2796（10）	0.1978（9）
徐州	0.2244（6）	0.2394（6）	0.2622（6）	0.2810（6）	0.3040（6）	0.3312（6）	0.3890（6）	0.2902（6）
淮安	0.1389（9）	0.1504（11）	0.1694（10）	0.1838（11）	0.2013（11）	0.2247（10）	0.2762（11）	0.1921（11）
宿迁	0.0948（13）	0.1226（12）	0.1269（12）	0.1381（13）	0.1484（13）	0.1625（13）	0.2172（13）	0.1444（13）
盐城	0.1217（11）	0.1554（10）	0.1703（9）	0.1843（10）	0.2019（10）	0.2158（11）	0.2984（8）	0.1925（10）
连云港	0.0957（12）	0.1146（13）	0.1258（13）	0.1472（12）	0.1705（12）	0.1768（12）	0.2239（12）	0.1506（12）
均值	0.2456	0.2728	0.2896	0.3096	0.3302	0.3557	0.4172	0.3172
苏南	0.3950	0.4258	0.4497	0.4685	0.4952	0.5335	0.5958	0.4805
苏中	0.1807	0.2115	0.2205	0.2494	0.2634	0.2819	0.3465	0.2506
苏北	0.1351	0.1565	0.1709	0.1869	0.2052	0.2222	0.2809	0.1940

注：苏北、苏中、苏南划分依据来源于《江苏统计年鉴》，苏南城市为南京、苏州、无锡、常州、镇江；苏中城市为南通、扬州、泰州；苏北城市为徐州、宿迁、淮安、盐城、连云港。

（二）城市安全韧性空间差异分析

按照标准差分类法，江苏城市安全韧性综合测算结果标准差为 0.1864，将标准差成 1：1 的等值创建分类间隔，从低到高将韧性水平依次分为低韧性（0—0.1623）、中等韧性（0.1623—0.3487）、较高韧性（0.3487—0.5351）、高韧性（0.5351—0.7215）。以下对研究结果进行具体说明。

第一，江苏 13 个城市安全韧性水平整体较高。其中，南京、苏州两市处于高安全韧性水平，无锡、常州、南通三市处于较高安全韧性水平，徐州、镇江、扬州、泰州、淮安、盐城处于中等安全韧性水平，仅有宿迁、连云港两市处于低安全韧性水平。安全韧性水平的划分是基于江苏省内城市数据综合评价比较的结果，宿迁、连云港相对于省内其他城市相对居后，而非简单理解为城市安全韧性水平低。现实实践表明，当自然灾害和公共突发事件发生后，江苏多数城市能够有效应对和恢复，保证城市发展快速恢复正常生产生活秩序。例如，2022年2月，苏州受到新一轮新冠疫情冲击，市政府迅速组织协调防控救助力量，江苏各市的精锐医疗队纷纷外派驰援，苏州新冠疫情快速得到控制。强大的医疗实力是苏州抗疫胜利的基础，也是江苏各城市韧性水平高的体现。

第二，江苏韧性发展空间具有"核心—边缘"特征，不同地区之间存在显著的差异，苏南城市安全韧性水平相对高于苏中、苏北。苏南的南京、苏州、无锡、常州是我国经济发达且建设现代化程度较高的城市，安全韧性水平处于第一、第二梯队，这些城市基础设施建设相对完善，能够利用雄厚的经济基础对安全韧性城市的各方面能力提升提供足够的财政支持，同时依托产业结构优势，加深第三产业的深层次融合应用，使城市政务、医疗、交通等方面向着更加"韧性化"的方向前进。苏北的徐州、淮安、宿迁、盐城和连云港拥有较多的自然和文化资源，但面临着突出的经济结构转型压力以及改善民生、配套设施优化和污染防治的挑战。面对重大灾害救援和灾后重建，问题短板暴露更突出。苏中的扬州、泰州、南通安全韧性水平处于中部，应着重关注资源环境的利用率，加强社会管理，提升应急保障能力，让经济发展、民生福祉和社会建设齐头并进。

第三，江苏省整体城市安全韧性与分类别韧性（经济安全韧性、生态安全韧性、基础设施安全韧性、社会安全韧性、信息安全韧性）的空间分布均存在一定差异。城市安全韧性指数在空间上呈现出的分异现象是多方面因素共同作用的结果，主要原因在于韧性指数与评价指标权重密切相关。根据本书第四章的城市安全韧性评价指标体系及权重（见表4－24），准则层权重排前三位的是社会安全韧性、经济安全韧性和基础设施安全韧性，指标层组合权重排名前六位的依次是人均生产总值、医疗卫生机构床位数、医疗卫生技术人员数、城市排水管道密度、社会保障覆盖人数和人均可支配收入。受 2020 年以来新冠疫情的影响，本书研究在应用层次分析法进行专家打分阶段，社会安全韧性权重居于前列，医疗相关的两项指标权重随之提升，成为影响城市安全韧性评价的主要因素。通过以上分析可知，城市安全韧性评价受到经济和社会因素的共同影响。

（三）城市安全韧性时间演变分析

在表 5 - 1 的基础上进一步绘制城市安全韧性评价演进示意图（见图 5 - 1）。可以发现，2014—2020 年江苏 13 个城市的总体韧性指数呈现逐渐上升趋势，全省城市安全韧性指数均值由最初的 0.2448 上升为 0.3081，7 年的增幅为 25.86%。各城市安全韧性演变特征体现为以下 5 个方面。

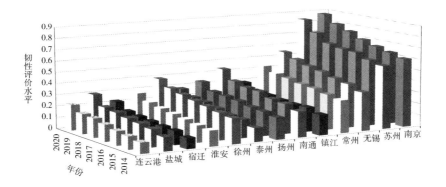

图 5 - 1　江苏 13 个城市安全韧性演进总体评价示意（2014—2020 年）

第一，在总体韧性表现上，2020 年以后江苏城市安全韧性指数呈现大幅度上升趋势。新冠疫情在影响地区经济发展的同时，也深度刺激了社会安全韧性、经济安全韧性及其子指标。从增速上看，并非传统经济实力更强的苏南城市增速快，苏中、苏北城市增速也不低。以2020 年为例，当年江苏全省 13 个设区市国内生产总值（GDP）均达到 3000 亿元以上，南通成为继苏州、南京、无锡之后第 4 座跻身"万亿俱乐部"的江苏城市，南通安全韧性指数也超越常州跃居全省第 4。这一结果与南通紧抓长三角区域一体化等国家战略机遇，升级城市基础设施、优化产业布局的一系列举措有着直接关联，而且反映到了城市安全韧性发展水平上。此外，面对国内新冠疫情常态化管理，当地政府高度重视数字政府建设与信息基础设施提升，也促使信息安全韧性指数大幅提升。

第二，苏北的徐州安全韧性指数均值全省排名第 6，远超苏北其他城市的同时，也超过了苏南、苏中的镇江、扬州和泰州。2014—2020 年，徐州安全韧性指数保持了较高的增长速度，远高于苏中的平均值。目前，徐州户籍人口与常住人口均突破 1000 万人，由于其较强的经济、教育、医疗水平，徐州韧性指数一直处于江苏省内中高水平。同时，近年来徐州市政府高度注重韧性城市建设，早在 2019 年即发布《徐州市生态修复与创新区规划导则》，明确提出要构建使城市资源效率更高且韧性更强的解决方案，主张增强城市安全韧性，降低灾害风险冲击，推进城市生态环境包容性、安全性、适应性和可持续性发展。

第三，分析显示，虽然苏北的宿迁安全韧性指数均值最低，但是其 2014—2020 年的韧性指数增长速度远高于其他城市，增长幅度达到 229%，这一结果值得高度认可。宿迁作为江苏设立最晚的地级市，经济社会发展基础相对薄弱，但自 1996 年成立以来城市发展日新月异，各类城市基建项目和投资增长迅猛，这也间接影响其防灾减灾的安全韧性发展水平。尽管宿迁相对于江苏其他城市总体实力有所欠缺，但是其 GDP 值等经济指标依然迈入全国百强城市行列。

第四，苏南的镇江市韧性指数全省排第 8 名，2016 年出现小幅度下降，可能原因在于城市基础设施相关指标下降幅度较大。此外，根据第七次全国人口普查结果，镇江全市常住人口仅为 321 万人，十年人口仅增长 3.09%，远低于省内其他城市，导致部分经济发展指标值偏低。相较于苏南其他城市，镇江整体上相对缺乏具有竞争力的医疗和教育资源，也是导致镇江韧性指数处于中低水平的重要原因。

第五，常州安全韧性指数增长最慢，主要原因可能是受到基础设施和医疗相关指标的影响。根据第七次全国人口普查结果，常州全市常住人口为 528 万人，十年增长 14.93%，城市建设城区面积的快速扩建与人均环境承载力之间矛盾越发凸显。譬如统计指标显示，常州基础设施中的城市排水管道密度和人均道路面积等关键指标出现大幅度下降，城市安全防灾支出增长缓慢，这在一定程度上影响城市韧性水平的提升。

三　城市分类安全韧性分析

（一）经济安全韧性

经济安全韧性是城市防灾减灾救灾的重要保障，灾害事件往往导致巨额经济损失和政府财政支出，严重制约城市发展。城市防灾减灾的建设离不开公共财政的支持，面对近年来多发频发的极端气候灾害，如何补齐防洪抗旱等工程设施欠账，完善医院、民政、应急等公共服务设施，提升抗灾设防标准，成为每个城市必须要考虑的现实问题。基础设施安全韧性、社会安全韧性均是建立在一定经济基础之上。

在本书设立的五大评价维度中，江苏城市"经济安全韧性"评测结果最为强劲。2020 年即便受到社会面新冠疫情的严重冲击影响，江苏依然实现了 GDP 增速由负转正，全年增速 3.7%，显著高于全国水平。如表 5-2、图 5-2 所示，苏州安全韧性指数常年保持江苏省第一名，仅 2018 年受外资指标明显变动影响而略低于南京。新冠疫情暴发给江苏的城市经济发展带来巨大冲击，但也侧面彰显出较强的城市经济安全韧性，比如苏州在 2022 年疫情防控中的突出表现也展示出这种韧性和经济实力。据政府官方报道，苏州一天顺利完成全市超千万人的核酸检测任务，24 小时内全部输出结果；面对疫情期间空前压力，当地政府加大物资储备和投放，确保市场秩序总体平稳，商超大卖场和菜场等服务设施运行科学谋划，不间断营业，源源不断地对外供应必要生活物资。这些也体现了较高的城市经济安全韧性。

表 5 – 2　　江苏 13 个城市经济安全韧性评价（2014—2020 年）

城市	2014 年（名次）	2015 年（名次）	2016 年（名次）	2017 年（名次）	2018 年（名次）	2019 年（名次）	2020 年（名次）	均值（名次）
南京	0.1441 (2)	0.1604 (2)	0.1739 (2)	0.1882 (2)	0.2155 (1)	0.2335 (2)	0.2485 (2)	0.1949 (2)
苏州	0.2065 (1)	0.2010 (1)	0.2152 (1)	0.2109 (1)	0.2152 (2)	0.2480 (1)	0.2640 (1)	0.223 (1)
无锡	0.1296 (3)	0.1443 (3)	0.1594 (3)	0.1746 (3)	0.1779 (3)	0.2004 (3)	0.2056 (3)	0.1703 (3)
常州	0.1002 (4)	0.1064 (4)	0.1256 (4)	0.1338 (4)	0.1547 (4)	0.1581 (4)	0.1670 (4)	0.1351 (4)
镇江	0.0709 (6)	0.0986 (6)	0.0919 (6)	0.0976 (6)	0.1022 (6)	0.1029 (7)	0.1118 (7)	0.0965 (6)
南通	0.0871 (5)	0.1011 (5)	0.1143 (5)	0.1249 (5)	0.1304 (5)	0.1518 (5)	0.1643 (5)	0.1249 (5)
扬州	0.0579 (7)	0.0643 (8)	0.0765 (7)	0.0853 (7)	0.0982 (8)	0.1080 (6)	0.1179 (6)	0.0869 (7)
泰州	0.0486 (9)	0.0780 (7)	0.0755 (8)	0.0880 (8)	0.0996 (7)	0.0987 (8)	0.1107 (8)	0.0856 (8)
徐州	0.0504 (8)	0.0578 (9)	0.067 (9)	0.0759 (9)	0.0946 (9)	0.0976 (9)	0.1038 (9)	0.0782 (9)
淮安	0.0314 (11)	0.0415 (11)	0.0495 (11)	0.0548 (11)	0.0625 (11)	0.0668 (11)	0.0758 (11)	0.0546 (11)
宿迁	0.0083 (13)	0.0176 (13)	0.0179 (13)	0.0233 (13)	0.0352 (13)	0.0441 (13)	0.0507 (13)	0.0282 (13)
盐城	0.0347 (10)	0.0427 (10)	0.0504 (10)	0.0593 (10)	0.0766 (10)	0.0805 (10)	0.0934 (10)	0.0625 (10)
连云港	0.0197 (12)	0.0260 (12)	0.0291 (12)	0.0361 (12)	0.0501 (12)	0.0499 (12)	0.0564 (12)	0.0382 (12)
均值	0.0761	0.0877	0.0959	0.1040	0.1164	0.1262	0.1362	0.1061
苏南	0.1303	0.1421	0.1532	0.1610	0.1731	0.1886	0.1994	0.1640
苏中	0.0645	0.0811	0.0888	0.0994	0.1094	0.1195	0.1310	0.0991
苏北	0.0289	0.0371	0.0428	0.0499	0.0638	0.0678	0.0760	0.0523

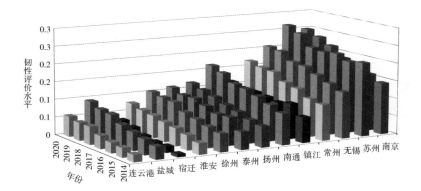

图 5 – 2　江苏 13 个城市经济安全韧性评价示意（2014—2020 年）

灾害对社会系统会产生直接且持续性的影响，例如严重洪涝灾害造成城市停工停产和一定程度的社会秩序损害、公共职能运行中断等。在当今复杂多变的大变局形势下，经济安全韧性对城市社会稳定运行具有特别重要的意义，保持良好的产业多样性以及适度的网络联系度也对经济安全产生积极的正面效应，同时政府实施的长远、强有力的产业结构调整与政策部署是提升经济安全韧性的重要举措。苏州凭借其雄厚的经济产业基础、高水平的对外开放度和活跃的政务创新氛围，不仅在江苏经济高质量发展中发挥引领和带动作用，在安全韧性发展中也占据了特殊地位。

首先，从经济安全韧性重要基础之经济总量分析，2020 年数据显示，江苏 13 个城市已经形成较为明显的三个梯队，即地区生产总值 15000 亿元以上的苏州、南京为第一梯队，地区生产总值 5000 亿—15000 亿元的无锡、徐州、常州、南通、盐城、扬州、泰州 7 个城市为第二梯队，5000 亿元及以下的镇江、连云港、淮安、宿迁 4 个城市为第三梯队。评估分析发现，经济体量较大的城市具有更强的经济安全韧性水平，南京、苏州、无锡、常州的经济韧性指数值明显领先于其他城市，其中 4 个城市人均生产总值快速增长，到 2020 年年末均已突破 15 万元。

其次，从经济安全韧性评价之外部关联分析，2021 年江苏实际利用外资 288.5 亿美元，规模保持全国首位，宿迁、盐城、泰州实际利用外资分别同比增长 53.4%、24.5%、22.3%，增速位居全省前列。江苏经济规模较大城市无论是经济发展质量还是创新发展活力均具有明显优势。对于步入高质量发展阶段的江苏各城市而言，对外资的有效利用一定程度上有助于缓解受新冠疫情影响的国内经济下行压力。面临内外部冲击挑战，政府应当秉持高质量创新理念，既要积极培育新兴经济和产业业态，也要重视拓展国际国内"双循环"发展路径，构建高质量产业体系对冲可能的风险。

最后，从经济安全韧性之微观个体分析，可以反映在城乡居民储蓄存款余额与人均可支配收入。分析显示，江苏各城市之间的城乡居民收入结构有较明显的差异。以 2020 年为例，苏州人均可支配收入为 9499.25 元，宿迁仅为 1734.12 元，达到约 5.5 倍的差距，长远来看不利于区域城市经济安全与可持续发展。苏南属于传统经济发达地区，产业结构具有一定优势，城市基础设施水平比较完善，医疗卫生体系及城乡经济相对占优，较强的居民个体经济实力配合较为完备的城市治理功能，有助于增强应对外部灾害风险冲击的韧性能力。

（二）生态安全韧性

生态安全韧性是城市系统应对气候变化、环境退化等问题的一种能力表现，良好的生态环境成为抵御风险灾害的天然屏障。2021 年，河南郑州遭受 "7·20" 特大暴雨灾害，给城市生态安全可持续发展提供了警示。近年来，江苏各城市加大生态修复与生态环境建设，特别是在应对城市内涝灾害方面做了大量的有效工作，持续加大防涝排涝基础设施建设，应用科技手段加强地区排水设施养护升级和风险隐患排查整改，强化应急抢险人员的培训和物资储备，确保城市安全度汛和增强灾害应对修复能力。当然需要指出的是，对照《国务院办公厅关于加强城市内涝治理的实施意见》提出的 "源头减排、管网排放、蓄排并举、超标应急" 的城市防灾目标，江苏省内城市仍存在不小短板，部分基层地区生态环境薄弱的状况依然突出，给城市灾害应急响应与风险防控带来不利影响。

研究和实践表明，提高城市空间水、土地等自然资源利用效率和环境质量，加强生活污水、垃圾集中处理和回收利用，减少各种污染物排放，有助于增加城市的环境承载容量，展现城市生态安全韧性。基于 "小雨不积水、大雨不内涝、水体不黑臭、热岛有缓解" 的生态建设思考，本节主要从人均公园绿地面积、城镇生活污水集中处理、生活垃圾无害化处理等方面测度城市生态安全韧性水平，当然城市所处的自然地理位置和经济发展状况也会影响城市生态系统的韧性表现。

　　根据生态安全韧性评价分析结果，南京、苏州、无锡、常州指数均值依次位列前4名，与综合韧性测度结果有明显差异的是，徐州生态安全韧性指数位列全省第5名，淮安位列全省第7名（见表5－3）。由图5－3可知，苏北的淮安、徐州、宿迁等城市生态安全韧性指数在2020年有明显增幅，究其原因主要是由于2018年以来，江苏协同推进与黑臭水体整治相关联的海绵城市建设、污水全收集全处理等工作并纳入地方政府目标责任考核中。根据官方信息发布，"十三五"时期江苏全省13个设区市共实施城市黑臭水体整治195条，全年新增城镇污水处理量为42.5万立方米/日，新增污水收集管网1850公里，新开工建设3200多个村庄生活污水治理项目，全省污水日处理能力在此期间有了大幅提升。特别值得一提的是，苏北城市的乡镇污水处理厂提标改造进程加快，补齐了以往全省污水处理设施短板，相关数据出现大幅度变动，其中淮安污水日处理量由2019年的73万吨快速上升为162.5万吨，取得的成效十分明显。此外，江苏"十三五"时期新建23座垃圾焚烧站，目前全省城乡生活垃圾无害化处理率达到99%以上，城市生活垃圾从2017年开始已经实现100%无害化处理，这也带来了生态安全韧性水平的普遍提升。

表5－3　　　江苏各城市生态安全韧性评价（2014—2020年）

城市	2014年（名次）	2015年（名次）	2016年（名次）	2017年（名次）	2018年（名次）	2019年（名次）	2020年（名次）	均值（名次）
南京	0.1233（1）	0.1196（1）	0.1159（2）	0.1433（1）	0.1317（1）	0.136（1）	0.1592（1）	0.1327（1）
苏州	0.1053（2）	0.1118（2）	0.1209（1）	0.1169（2）	0.1067（2）	0.1283（2）	0.1267（2）	0.1167（2）
无锡	0.0547（3）	0.0578（3）	0.0601（3）	0.0736（3）	0.0768（3）	0.0800（3）	0.0824（3）	0.0693（3）
常州	0.0397（5）	0.0494（4）	0.0519（4）	0.0533（5）	0.0602（4）	0.0642（4）	0.0681（4）	0.0553（4）
镇江	0.0304（7）	0.0315（7）	0.0331（8）	0.0348（9）	0.0348（9）	0.0357（8）	0.0522（8）	0.0361（8）
南通	0.0270（8）	0.0295（8）	0.0356（7）	0.0371（7）	0.0398（7）	0.0327（10）	0.0354（12）	0.0339（9）
扬州	0.0396（6）	0.0423（6）	0.0449（6）	0.0474（6）	0.0487（6）	0.0530（6）	0.0608（7）	0.0481（6）
泰州	0.0093（13）	0.0123（13）	0.0155（13）	0.0221（13）	0.0252（13）	0.0285（12）	0.0247（13）	0.0197（13）
徐州	0.0430（4）	0.0444（5）	0.0507（5）	0.0545（4）	0.0541（5）	0.0610（5）	0.0623（6）	0.0528（5）

城市	2014 年（名次）	2015 年（名次）	2016 年（名次）	2017 年（名次）	2018 年（名次）	2019 年（名次）	2020 年（名次）	均值（名次）
淮安	0.0235 (9)	0.0259 (9)	0.0331 (8)	0.0350 (8)	0.0366 (8)	0.0443 (7)	0.0642 (5)	0.03750 (7)
宿迁	0.0191 (10)	0.0221 (10)	0.0235 (11)	0.0275 (10)	0.0303 (11)	0.0322 (11)	0.0380 (10)	0.0275 (10)
盐城	0.0141 (11)	0.0215 (11)	0.0244 (10)	0.0275 (10)	0.0296 (12)	0.0264 (13)	0.0465 (9)	0.0271 (11)
连云港	0.0134 (12)	0.0167 (12)	0.0183 (12)	0.0222 (12)	0.0340 (10)	0.0328 (9)	0.0366 (11)	0.0249 (12)
均值	0.0417	0.0450	0.0483	0.0535	0.0545	0.0581	0.0659	0.0524
苏南	0.0707	0.0740	0.0764	0.0844	0.0820	0.0888	0.0977	0.0820
苏中	0.0253	0.0280	0.0320	0.0355	0.0379	0.0381	0.0403	0.0339
苏北	0.0226	0.0261	0.0300	0.0333	0.0369	0.0393	0.0495	0.0340

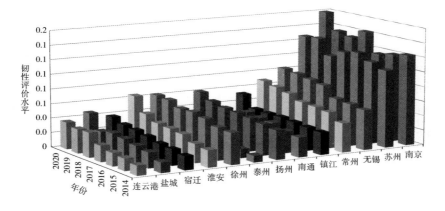

图 5 – 3　江苏 13 个城市生态安全韧性评价示意（2014—2020 年）

　　生态安全韧性的时间演变分析结果显示，仅有苏中的扬州维持在较高韧性水平并保持持续上涨趋势，苏南城市均出现先下降后上升的波动特征。党的十八大以来，扬州加强公园绿地、防护绿地、城市绿地及城郊环境绿化建设，变"城市公园"为"公园城市"，全市强化生态保护和政策监管，当地自然保护区数量保持稳定，自然湿地保护面积增加，这也促使扬州绿地覆盖率与人均公园绿地面积逐步提高，面对洪涝等自然灾害，能够最大限度地实现节流分洪，降低城市积水。从具体指标数据来看（见本书附录），扬州 2020 年人均公园绿地面积达到 20 平方米，位列江苏第一名，远高于其他省内城市，而苏州 2020 年人均公园绿地面积仅为 12.4 平方米，位列江苏省内末尾，这当然也与苏州千万级人口数量基数有很大关系。

（三）基础设施安全韧性

城市基础设施安全韧性反映以城市生命线工程为重点的各类基础设施应对灾害风险的综合保障能力。与传统防灾减灾相比，现代城市安全应急的侧重点强调从灾后损失最小化转变为全程适灾化，即突出减缓适应的要求。城市基础设施虽然不能完全消除自然灾害等引发的损失或破坏，但是可以有效降低灾害风险带来的不利影响，为抗灾救灾活动和居民的生产生活恢复提供强有力的支持保障，这在我国新冠疫情防控期间同样有着深刻启示。

从基础设施安全韧性指数来看，2014 年后江苏各城市韧性指数均出现大幅波动的情况（见表 5-4、图 5-4）。苏州、南通、徐州等城市指数还出现不同程度的下跌，其中一个背景是随着城市建成区面积的快速增加，排水管道建设远远落后于城市建设，导致城市建成区"城市排水管道密度"这一指标逐年大幅下降。其中，苏州建成区"城市排水管道密度"从 2014 年的 18.3 千米/平方千米下跌到 2019 年的 13.2 千米/平方千米，无锡也从 2015 年的 39.4 千米/平方千米下跌到 2019 年的 24.6 千米/平方千米，下降幅度将近 40%。据统计，2010—2020 年，江苏 13 个城市建成区面积翻倍，地表空间呈现飞速"硬化"，也使洪涝灾害时雨水无处可排。随着城市建设的加速，一些原本不会出现水浸的城市区域也加入水浸"黑名单"，由于历史欠账较突出，洪水排放以及下水道排污能力明显不足，一旦发生洪涝灾害极易使城市内部产生严重积水现象。以徐州为例，徐州市建成区"城市排水管道密度"从 2014 年的 12.2 千米/平方千米下跌到 2020 年的 6.7 千米/平方千米，远低于 2020 年我国城市建成区"城市排水管道密度"11.11 千米/平方千米的平均值，这也导致徐州市域雨季遭受暴雨灾害影响，市区往往会出现大面积内涝现象。由此可见，城镇化快速发展的同时，急需补齐防灾减灾基础设施短板。

基础设施安全和可靠运行是城市应对自然灾害等突发事件的重要保障。伴随全球气候变化等外部因素的影响作用，城市特别是超大特大城市发展需要增强道路、供排水、污水垃圾处理、电力、通信、燃气、民防等基础设施建设质量，基本满足民众生产生活和经济社会发展需要并适度超前，从而提升城市灾害抵御能力。调查研究发现，江苏 13 个城市基础设施安全韧性指数波动的背景主要涉及 3 个方面。

表 5 – 4　　江苏各城市基础设施安全韧性评价（2014—2020 年）

城市	2014 年（名次）	2015 年（名次）	2016 年（名次）	2017 年（名次）	2018 年（名次）	2019 年（名次）	2020 年（名次）	均值（名次）
南京	0.0868 (2)	0.0917 (2)	0.0972 (2)	0.099 (2)	0.1005 (2)	0.1012 (2)	0.1058 (2)	0.0975 (2)
苏州	0.1008 (1)	0.1071 (1)	0.1197 (1)	0.1200 (1)	0.1260 (1)	0.1216 (1)	0.1147 (1)	0.1157 (1)
无锡	0.0576 (4)	0.0745 (3)	0.0763 (4)	0.0737 (4)	0.0779 (3)	0.0722 (3)	0.0737 (4)	0.0723 (4)
常州	0.0852 (3)	0.0733 (4)	0.0770 (3)	0.0741 (3)	0.0659 (4)	0.0677 (4)	0.0786 (3)	0.0745 (3)
镇江	0.0431 (6)	0.0381 (7)	0.0419 (7)	0.0392 (7)	0.0477 (6)	0.0537 (6)	0.0558 (6)	0.0456 (6)
南通	0.0474 (5)	0.0529 (5)	0.0575 (5)	0.0624 (5)	0.0571 (5)	0.0655 (5)	0.0600 (5)	0.0575 (5)
扬州	0.0426 (7)	0.0446 (6)	0.0453 (6)	0.0437 (6)	0.0445 (7)	0.0495 (7)	0.0489 (7)	0.0456 (6)
泰州	0.0250 (10)	0.0245 (10)	0.0293 (10)	0.0327 (10)	0.0374 (8)	0.0437 (8)	0.0511 (7)	0.0348 (8)
徐州	0.0360 (8)	0.0303 (9)	0.0321 (9)	0.0338 (9)	0.0270 (12)	0.0354 (9)	0.0371 (9)	0.0331 (9)
淮安	0.0248 (11)	0.0146 (13)	0.0198 (13)	0.0226 (13)	0.0325 (9)	0.0338 (10)	0.0335 (11)	0.0259 (12)
宿迁	0.0293 (9)	0.0339 (8)	0.0366 (8)	0.0333 (9)	0.0273 (10)	0.0260 (13)	0.0283 (12)	0.0307 (10)
盐城	0.0165 (13)	0.018 (12)	0.0270 (11)	0.0243 (12)	0.0248 (13)	0.0267 (12)	0.0268 (13)	0.0234 (13)
连云港	0.0198 (12)	0.0209 (11)	0.026 (12)	0.0317 (11)	0.0273 (10)	0.0315 (11)	0.0342 (10)	0.0274 (11)
均值	0.0473	0.0480	0.0527	0.0531	0.0535	0.0560	0.0576	0.0526
苏南	0.0747	0.0769	0.0824	0.0812	0.0836	0.0833	0.0857	0.0811
苏中	0.0383	0.0407	0.0440	0.0463	0.0463	0.0529	0.0533	0.0460
苏北	0.0253	0.0235	0.0283	0.0291	0.0278	0.0307	0.0320	0.0281

一是多种形式的城市公交系统快速发展。江苏各地因地制宜发展常规公共汽车系统、快速公共汽车系统（BRT）、无轨电车、出租汽车等公共交通，加快智能调度中心、停车场、保养场、首末站、中心站、公交专用道及港湾式停靠站建设，人均道路面积和每万人拥有公共交

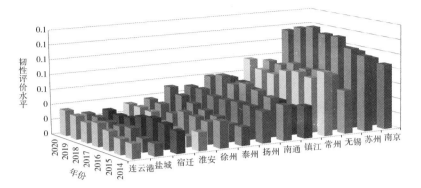

图 5 - 4　江苏 13 个城市基础设施安全韧性评价示意（2014—2020 年）

通车辆指标有较大幅度增长。据权威统计，2020 年全省城市居民公共交通出行分担率达 24%。此外，南京已经实现中心城区城市轨道交通网络化运营；苏州、无锡、常州、徐州、南通等也正在加快规划建设城市轨道交通骨干线网。

　　二是苏北城乡统筹供水工程全覆盖。近年来，江苏省内大力推进苏北城乡统筹供水，全面对接并同步实施农村饮水安全工程和城乡统筹区域供水工程，加快供水管网进村入户建设。因此，苏北人均每日生活用水量呈现快速增长态势，由此也带动了水利基础设施及抗灾型公共服务项目的发展。

　　三是城市电网基础设施的快速建设。2015 年以来，江苏各城市电网智能化和微电网建设进入快速发展时期，全省城市电网基本形成了以 500 千伏变电站为支撑的 220 千伏城市网架并不断向城市负荷中心延伸 220（110）千伏变电站布点。2015—2020 年，江苏城乡用电量不断增加，"最高用电负荷"和"年度用电总量"两项观测值双双实现突破，这也是江苏经济逆势增长的重要体现，间接影响区域防灾减灾能源设施的作用发挥。实际上，电力设施状况对城市应急抗灾行动影响甚大。比如，2021 年 1 月美国得克萨斯州冬季风暴引发大规模停电事件，不仅严重损坏其电网系统，更影响城市饮用水供应。电力设施的相对滞后与运维不当造成了城市公共安全进一步失序并干扰阻碍救灾应急行动的实施。由此可见，城市防灾减灾规划中尤其要强化电网设施系统的作用。

（四）社会安全韧性

社会安全发展是减灾视域下城市安全韧性水平的重要体现之一，韧性城市建设要以合作、共享社会建设成果为重点，全面提升医疗卫生、文化教育、就业、社会治安和公共服务水平，不断完善城乡居民社会保障体系，实现民众共享发展成果。

从社会安全韧性评价指数的时间演变来看，江苏13个设区城市均呈现出缓慢上涨的趋势（见表5-5），城市高频率、大幅度的人才引进政策吸引了大量高校毕业生和高层次人才落户，各城市常住人口数量增速较快，部分社会安全韧性指标值伴随人口增长也发生一定变化。2019年以来，长三角地区城市间的人才争夺战进一步加剧，江苏多数城市和地区增加直接落户条款，放宽落户政策，将人口吸纳推向高峰，根据发展经济学理论，长三角地区大城市存在显著的发展集聚效应，经济产出效率高，江苏省内城市具有较强的人口吸纳能力，常住人口流动比较突出，由此也对城市社会安全领域形成潜在影响。

从江苏省域社会安全韧性评价总体表现来看，其离不开高等教育综合实力的强大支撑。事实上，高等学校在校学生人数是衡量一个地区教育水平和安全建设的重要指标，在校生人口比重越高，灾害治理相关信息与科学理念的传播越容易扩展，越能带动社会面防灾抗灾意识的提升，从而有利于社会安全韧性水平的增强。根据教育部公开数据显示，截至2022年，江苏共有普通高校167所，总量居全国各省（区/直辖市）首位。从办学层次看，本科高校78所，专科高校89所；从办学性质看，公办高校118所，民办高校46所，军校4所。同时江苏13个设区城市均有本科层次甚至211层次的重点高校。丰富的高等学校教育资源与在校学生储备，为各个城市社会安全建设与发展提供了强大的人才支持与文化基础。随着江苏经济社会进入高质量发展阶段，也带来城市教育领域的转型升级，各类教育改革与创新活动层出不穷，对公共安全产品、服务层面的供给形成有力带动，进一步促进江苏各城市社会安全韧性建设水平提升。

表 5 – 5　　　江苏各城市社会安全韧性评价（2014—2020 年）

城市	2014 年（名次）	2015 年（名次）	2016 年（名次）	2017 年（名次）	2018 年（名次）	2019 年（名次）	2020 年（名次）	均值（名次）
南京	0.2065（1）	0.2123（1）	0.2229（1）	0.2149（1）	0.2447（1）	0.2605（1）	0.2748（1）	0.2338（1）
苏州	0.1091（2）	0.1154（2）	0.1216（2）	0.1327（2）	0.1432（2）	0.1531（2）	0.1933（2）	0.1384（2）
无锡	0.0685（4）	0.0728（4）	0.0775（4）	0.0836（4）	0.0902（4）	0.0975（4）	0.1208（4）	0.0873（4）
常州	0.0526（6）	0.0590（5）	0.0615（5）	0.0638（6）	0.0659（6）	0.0704（6）	0.0792（7）	0.0646（6）
镇江	0.0310（11）	0.0326（11）	0.0336（12）	0.0336（13）	0.0350（13）	0.0381（11）	0.0445（13）	0.0355（13）
南通	0.053（5）	0.0568（6）	0.0521（7）	0.0645（5）	0.0687（5）	0.0734（5）	0.1075（5）	0.0680（5）
扬州	0.0384（9）	0.0388（9）	0.0378（9）	0.0454（9）	0.0444（9）	0.0337（13）	0.0614（11）	0.0429（9）
泰州	0.0316（10）	0.0339（10）	0.0350（11）	0.0394（10）	0.0436（10）	0.0464（9）	0.0655（8）	0.0422（10）
徐州	0.0794（3）	0.0838（3）	0.0902（3）	0.0923（3）	0.1020（3）	0.1053（3）	0.1358（3）	0.0984（3）
淮安	0.0436（8）	0.0447（8）	0.0492（8）	0.0509（8）	0.0532（8）	0.0566（8）	0.0634（9）	0.0517（8）
宿迁	0.0239（13）	0.0283（13）	0.0313（13）	0.0338（12）	0.03540（12）	0.038（12）	0.0632（10）	0.0363（12）
盐城	0.0446（7）	0.0525（7）	0.0531（6）	0.0541（7）	0.0559（7）	0.0582（7）	0.0913（6）	0.0585（7）
连云港	0.0299（12）	0.0313（12）	0.0362（10）	0.0381（11）	0.0403（11）	0.0429（10）	0.0598（12）	0.0398（11）
均值	0.0625	0.0663	0.0694	0.0729	0.0787	0.0826	0.1046	0.0767
苏南	0.0935	0.0984	0.1034	0.1057	0.1158	0.1239	0.1425	0.1119
苏中	0.0410	0.0432	0.0417	0.0498	0.0523	0.0512	0.0781	0.0510
苏北	0.0443	0.0481	0.0520	0.0538	0.0574	0.0602	0.0827	0.0569

另外，从公共卫生专业力量来看，江苏整体医疗实力表现强劲，全省拥有 56 万名医护人员，66 万名医疗卫生技术人员，为抗灾救灾等公共卫生专业应急提供了强大的医护支撑，也是社会安全韧性的重要体现。比如，2022 年江苏南京、徐州、苏州、南通等地发生新冠疫情，江苏仍然派出 1.4 万名精锐医护力量支援上海并取得优异成绩，展现出强大的综合医疗实力。此外，江苏各个城市还定期组织开展灾害演练与实战演练、综合演练与专业演练相结合等活动，在城市街道、

社区、学校、港口、码头等地开展体验式、参与式的防灾减灾应急演练，对树立全社会层面的防灾减灾意识与风险危机理念起到有益帮助，也极大地增强了城市区域社会安全韧性建设。当然，江苏城市内部也存在人口高度密集和公共卫生服务资源配置不充分、不均衡的矛盾，这在苏北一些基层地区尤为突出。为此，既要加快推进基本公共卫生服务设施均等化，不断提升公共服务质量，实现包括城乡之间、区域之间以及不同群体之间的均等化；也要提升医疗机构应急服务能力，防范应对各种潜在的、严重危害民众健康的公共卫生风险给社会系统带来的扰动损害。

特别需要提及的是，与总体韧性评价结果和其他分类安全韧性评价结果不同，苏北的徐州社会安全韧性指数处于较高水平，居于全省第三名（见图 5 - 5），而且呈现出快速增长的态势，这与全省经济占位并不完全一致。究其原因可能包括以下几点：一是徐州卫生资源总量和医疗技术水平稳居全省第一方阵，共有各类医疗卫生机构超过 4500 家，其中三甲医院 12 家，年度诊疗量达 6500 万人次，长期超过周边省会城市济南和合肥，为区域公共医疗服务提供了强有力的保障与公共卫生安全支持。二是徐州拥有丰富的高等教育资源，其中包括 6 所本科院校、6 所专科高职院校及军校，总体实力仅次于省内南京和

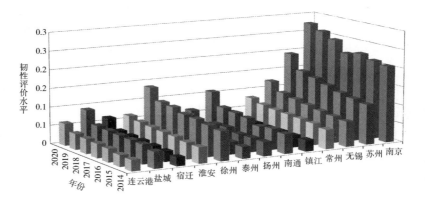

图 5 - 5　江苏 13 个城市社会安全韧性评价示意（2014—2020 年）

苏州，这间接地影响城市公共安全教育与文化环境。三是徐州市政府持续完善立体、综合的社会治安防控网络建设，在社会矛盾纠纷查处、流动人口服务管理、预防青少年违法犯罪、基层平安创建等方面走在全省前列并连续多年入选"中国最安全城市"排行榜，这在江苏省内具有示范意义，反映出该市社会安全韧性建设的突出成效。

（五）信息安全韧性

城市工业化进程加快、新技术广泛应用也带来一系列新的风险，不可测性和不确定性明显增强，当代信息化、智能化趋势加速，万物互联的社会导致城市发展过程中的系统性风险极易形成并快速传导。信息安全韧性要求在城市信息运行的各阶段必须采取适当的应对措施，比如，灾情信息发布需要确保公共安全，即使遭遇严重的自然灾害或公共事件，也能够保障城市信息系统正常运作。根据《2020 年政务指数·微博影响力报告》和《2020 年政务指数·微信影响力报告》，自新冠疫情暴发以来，我国各地各部门的政务微博、微信平台借助开放、动态、全媒体优势，深入宣传党中央、国务院的重大决策部署，及时发布有关新冠疫情的权威信息，深入报道各地区防控措施，解决受困群众诉求，推送抗疫正能量故事，为全国层面最终打赢疫情防控阻击战提供了强有力的支持，也给江苏的城市信息安全韧性持续提升提供了诸多启示。由表 5-6、图 5-6 可知，从韧性指数时间演变来看，江苏所有城市均呈现出不断上涨的趋势，其中南京、苏州、常州增速明显，信息安全韧性水平表现较高，苏北的城市信息安全韧性也在中等水平之上，但镇江和南通的信息安全韧性评估值相对较低，究其原因可能主要是城市政务平台运营相对缺乏，导致公共评分不够理想。

表 5-6　　江苏各城市信息安全韧性评价结果（2014—2020 年）

城市	2014 年（名次）	2015 年（名次）	2016 年（名次）	2017 年（名次）	2018 年（名次）	2019 年（名次）	2020 年（名次）	均值（名次）
南京	0.0453（1）	0.0531（1）	0.0558（1）	0.0573（1）	0.0641（2）	0.0742（2）	0.0889（2）	0.0627（2）

续表

城市	2014 年（名次）	2015 年（名次）	2016 年（名次）	2017 年（名次）	2018 年（名次）	2019 年（名次）	2020 年（名次）	均值（名次）
苏州	0.0388 (2)	0.0506 (2)	0.0519 (2)	0.0548 (2)	0.0648 (1)	0.0821 (1)	0.1389 (1)	0.0688 (1)
无锡	0.0298 (3)	0.0367 (3)	0.0376 (3)	0.0384 (3)	0.0425 (3)	0.0505 (3)	0.0615 (4)	0.0424 (3)
常州	0.0104 (11)	0.0195 (11)	0.0181 (5)	0.0200 (9)	0.0225 (5)	0.0268 (5)	0.0383 (9)	0.0222 (7)
镇江	0.0049 (13)	0.0119 (13)	0.0080 (13)	0.0101 (13)	0.0094 (13)	0.0110 (13)	0.0252 (13)	0.0115 (13)
南通	0.0123 (9)	0.0208 (6)	0.0137 (11)	0.0203 (7)	0.0193 (7)	0.0221 (9)	0.0645 (3)	0.0247 (5)
扬州	0.0140 (7)	0.0206 (9)	0.0158 (9)	0.0206 (5)	0.0185 (9)	0.0218 (10)	0.0393 (7)	0.0215 (9)
泰州	0.0083 (12)	0.0142 (12)	0.0126 (12)	0.0144 (12)	0.0148 (12)	0.017 (12)	0.0276 (12)	0.0156 (12)
徐州	0.0155 (5)	0.0231 (5)	0.0222 (4)	0.0246 (4)	0.0263 (4)	0.0319 (4)	0.0500 (5)	0.0277 (4)
淮安	0.0156 (4)	0.0238 (4)	0.0177 (6)	0.0205 (4)	0.0165 (10)	0.0231 (7)	0.0391 (8)	0.0223 (6)
宿迁	0.0142 (6)	0.0208 (6)	0.0176 (7)	0.0202 (6)	0.0201 (6)	0.0222 (8)	0.0371 (10)	0.0218 (8)
盐城	0.0118 (10)	0.0207 (8)	0.0155 (10)	0.0191 (10)	0.0149 (11)	0.0240 (6)	0.0404 (6)	0.0209 (10)
连云港	0.0127 (8)	0.0196 (10)	0.0161 (8)	0.0191 (10)	0.0188 (8)	0.0197 (11)	0.0369 (11)	0.0204 (11)
均值	0.0180	0.0258	0.0233	0.0261	0.0271	0.0328	0.0529	0.0294
苏南	0.0258	0.0343	0.0343	0.0361	0.0406	0.0489	0.0705	0.0415
苏中	0.0115	0.0185	0.0140	0.0184	0.0176	0.0203	0.0438	0.0206
苏北	0.0140	0.0216	0.0178	0.0207	0.0193	0.0242	0.0407	0.0226

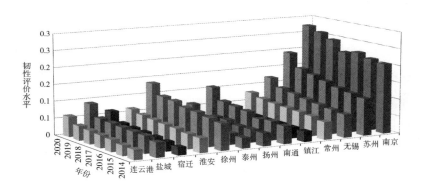

图 5-6　江苏 13 个城市信息安全韧性评价示意（2014—2020 年）

"互联网宽带接入用户"和"邮电业务总量"两项指标能够反映社会民众获取信息的基础渠道和能力。从邮电业务总量来看，江苏各城市都经历了高速增长的过程，苏州 2014—2020 年经历了从 337 亿元到 2420 亿元的超高速增长，累计增长 6 倍之多。《2021 年江苏省国民经济和社会发展统计公报》显示，江苏2021年全年邮电业完成业务总量2270.1亿元，比上年增长25.9%，互联网宽带接入用户4071.6万户，比上年增长8.4%，净增314.8万户；移动互联网传输流量达146.1万亿GB，增长33.9%，即便在新冠疫情期间也依旧保持高速增长。

官方政务微博及公众号的影响力和权威性是全媒体时代各级政府社会治理的重要信息平台载体。在遇到重大灾害及公共突发事件时，政府有关职能部门能够第一时间发布准确信息，这是信息安全韧性的重要体现。通过江苏省网信办发布的"年度政务发布微博运营评分"与"年度政务发布微信运营评分"指标分析结果发现，江苏各城市指数每年都存在上下波动的情况，而非净增长型表现。以政务微博为例，该平台已成为当前灾害应对、政府权威发声的首选窗口，既体现公众知情权和诉求表达通道，也是政府部门形象宣传、危机管理不可替代的平台。在"2020年度政务发布微博运营评分"中，"@南京发布""@苏州发布""@无锡发布"占据了江苏政务发布微博排行榜前三甲，"@宿迁之声""@淮安发布"进入前五名。其中，"@宿迁之声"的关注粉丝数高达243万，远高于苏北和苏中其他城市政务微博，展现出苏北城市政府信息媒体运营的突出成果。

基于公共卫生疫情防控视角，信息技术韧性直接增强了城市防控和社会经济运行的安全发展水平。灾害及突发事件发生时，政务微博及时发布信息并滚动报道，政务微信发挥与民众深度互动功能，显著增强了城市卫生防疫韧性和社会经济运行韧性。2020年，江苏各城市政府头部账号较好地与广大网友进行有效互动，比如"@宿迁之声"发布的一则信息："#进电影院必须全程佩戴口罩#你会因此而选择不去电影院观影吗?"，信息转评赞超过10万人次，以网络语言倡导戴口罩看电影，形成了政务媒体良好的示范效应。

第三节　江苏省安全韧性城市建设展望

一　研究基本结论

本书从经济安全韧性、社会安全韧性、生态安全韧性、基础设施韧性、信息安全韧性共 5 个维度出发，以江苏为例对 13 个城市进行实证研究，主要得到以下结论。

第一，基于防灾减灾研究视角，江苏各城市整体上呈现出较高的安全韧性发展状态，其中南京的综合韧性水平最高，连云港综合韧性水平最低。南京与苏州均处于快速城镇化发展的高阶层次，城市相关安全保障制度与基础设施建设居于全省前列，具有较高的韧性发展水平。其中，南京作为江苏省会城市拥有更为丰富的医疗卫生、公共服务与应急保障资源，弥补了与苏州在经济总量层面的差距，从防灾减灾综合评价结果来看是江苏安全韧性指数最高的城市。连云港和宿迁经济社会发展水平相对薄弱，在城市基础设施建设、公共服务保障、教育医疗等领域存在一定短板，很大程度上拉低了两地安全韧性发展水平，但是宿迁近年来一直强力推进城市重点建设和防灾减灾投入，处于较快的后发增长态势。

第二，2014—2020 年江苏 13 个城市总体安全韧性水平呈稳步上升趋势，部分城市基础设施韧性和社会安全韧性出现波动。其可能的影响因素包括：一是江苏各地纷纷出台人才引进及系列公共服务创新政策，使省内各城市常住人口规模和分布出现明显变化。二是党的十八大以来，国家加大了生态环境保护治理，包括应急领域的城市基础设施建设速度受到一定影响，城市经济加快转型，高能耗企业不断淘汰，相应建筑、电力等基建产业及配套设施建设放缓。此外，在社会安全韧性层面，江苏各城市的应急救援基础相对较强，社会治安综合治理与基层创新处于全国前列，教育医疗资源丰富，社会面安全文化氛围较强，也间接影响了社会安全韧性的现实表现。

第三，江苏城市安全韧性发展空间分布具有"核心—边缘"特征，苏南、苏北之间存在相对差异。经济实力差距关联城市安全韧性水平，这背后既有地理区位、历史发展等自然因素影响，也存在耕地红线、交通设施、财政税收等政策因素影响。

第四，江苏各城市总体上经济安全韧性和信息安全韧性增长幅度保持同步。经济的快速发展会引发信息管理层面的问题和需求并带来信息安全治理的压力，从而催生并推动政务平台发展，即经济安全韧性间接影响信息安全韧性。[①] 本书评价框架中信息安全韧性权重相对较低，但是城市间的分析结果显示依然存在明显差异。

二　宏观政策建议

（一）整体性建议

1. 统筹城市安全韧性建设顶层设计

目前，江苏省安全韧性城市建设客观上存在一定碎片化、盲目扩张项目、各自为战等现实问题，政府职能部门多从各自角度开发建设，系统性的城市协同治理程度不高。以城市应急管理合作为例，各主体之间的协作主要停留在地级市政府层面的内部联系，尚未形成稳固的跨区域、跨部门、政社企之间的全方位合作体系和信息共享网络，"信息孤岛"现象依然存在。

安全韧性城市建设是一项长期、持续的工程，需要强有力的工作机制创新和政策支持，从组织机构、管理制度、信息网络等层面保证韧性建设战略与其他城市管理工作的联通融合。对此，可借鉴黄石、德阳等先行城市经验，由省级主管领导与地市政府领导挂帅，成立省

---

① 孙宗锋、郑跃平：《我国城市政务微博发展及影响因素探究——基于 228 个城市的"大数据＋小数据"分析（2011—2017）》，《公共管理学报》2021 年第 1 期。

辖市安全韧性城市建设领导小组，全面统筹各地韧性建设与跨市协调工作；设立各个专项韧性项目推进的议事协调机构，强化行动的有效衔接。在区县级层面，组建安全韧性城市建设办公室（韧性办公室），将宏观规划机构（如发改委）、应急管理、防灾减灾等部门确定为牵头部门，负责统一政策规划与组织协调等具体事务。

2. 强化防灾减灾和韧性理念普及

调查发现，江苏部分城市在安全生产、防灾减灾等方面的科普宣传、应急演练等工作尚不深入，存在诸多短板和形式化表现。虽然2018 年出版了《江苏省公众应急知识手册》，但是公众知晓度不高。同时，应急救援基础知识和实操技能尚未在社会面普及，综合性公共安全避险与应急救护教育基地偏少，民众的灾害防范意识和自救互救能力不足。

对此，应当积极拓展全社会层面的防灾减灾知识传播和安全韧性城市发展理念，通过教育系统、专项宣传、全媒体平台等多元渠道推动防灾减灾文化的培育，尤其在党政机关、企事业单位、基层社区中强化人员专项培训，转变重救灾、轻减灾的思想，将防灾、减灾、抗灾、救灾作为城市公共安全体系建设的重要内容。特别地，夯实领导干部韧性发展理念有助于干部队伍安全素养和应急能力的提高，用"接地气""接人气""接智气"的方式引导广大民众增强安全意识，改变不理性的灾害风险认知态度与行为。

3. 强化重点领域隐患治理

城市安全韧性是一个涵盖多学科的发展系统，在城市规划和设计阶段应将韧性理念纳入城市系统建设各个方面。要在利益相关者韧性认知评估和政府部门政策梳理的基础上，科学制定安全韧性城市建设规划，重点工作领域既强调区域规划的统一性，也支持城市有特色的创新实践。研究发现，江苏各城市在路网建设、燃气管网改造、高层楼宇消防通道保障、老旧小区排水排涝等方面多有"欠账"。沿江、沿湖城市，水质安全是重点；化工产业集聚的城市，防范化工事故是重中之重。此外，江苏在安全生产隐患排查与社会风险治理方面依然存在不少短板，在危化品等特殊领域安全监管有缺失，曾经造成了严重的人员伤亡和经济损失。新型安全风险突出等问题也不容忽视，亟待制定强有力的措施予以应对。国际危机与应急管理学会发布的《2020中国应急报告》评价结果显示，江苏部分领域应急管理态势处于较低的 IV 级，值得引起高度关注。

为此，要紧密结合江苏灾情态势与各城市实际，将安全韧性建设与城市远景规划有机结合，在城市建设、城市更新和项目管理工程中动态监控、干预和调整；明确安全韧性城市建设重点领域和路线图、时间表。面向燃气、桥梁、供水、排水、热力、电力、通信、轨道交通、综合管廊、输油管线等重点基础设施的建设与维护保障进行全面、深入调查和评估，形成专项治理方案及工作步骤。根据城市特点、防灾需求和灾害风险分层级、分领域建立动态监测，定期进行专项评价并使之成为推进城市高质量发展与高水平安全的重要导向。

4. 建立健全绿色低碳发展体系

要探索与江苏省情相适应的生态安全韧性建设体系，重点加快城市生态环境修复，如土壤污染治理、大气污染治理、水体污染治理等。同时，要对高风险地区进行重点干预，分门别类确定重点安全区域和治理项目。一方面，要严格限制省域层面高能耗产业，切实发挥落后产能有序退出机制，对高能耗产业的"三废"排放量和工业排放达标情况进行严格监管，从地方污染源头出发严格控制。另一方面，积极引进低碳技术，倡导社会低碳生活，鼓励城市居民使用低碳产品及有关服务，大力发展清洁能源产业和节能环保产业，推动城市循环经济发展模式在产业转型与数字化、智能化改造中的应用，引导资源型城市绿色转型，实现安全、健康、智慧、可持续发展。

（二）分区域建议

城市安全韧性发展与城市的经济社会发展水平密切相关，江苏各城市自然要素禀赋、交通区位条件等因素各异，加剧了城市安全韧性发展水平的空间不均衡。从本书研究结果可以看出，经济实力较强的城市在各项韧性评分中也得到了较好的等级，经济系统强化了其他各个子系统的安全韧性水平，进一步凸显出安全发展优势。因此，要围绕经济高质量发展目标，在产业升级、环境治理和公共服务供给方面完善协同合作机制、增强经济政策的联动性、强化分类分城施策，以破解区域发展不平衡不充分难题。

苏南城市的韧性发展水平整体较高，但人口和产业过度集聚带来的环境负荷压力和城市安全运行压力较大，应通过绿色技术降低能源消耗水平，推动政府治理数字化转型，发挥科技促进安全治理的支撑作用。此外，苏南河网密布，洪涝灾害威胁极大。近年来，每当夏季汛期沿苏南的河湖持续保持高水位，南京秦淮河及水阳江流域固城湖、石臼湖水位屡屡超历史纪录，苏州太湖、苏南运河、长江干流河段超警戒运行，镇江句容、无锡宜兴、南京溧水和高淳等地几乎年年发生内涝灾害。因此，要着力加强水利及防涝基础设施建设，增强城市系统保障和联合调度响应能力，重视城市更新中的地下管网建设维护，确保防灾救灾的系列举措落地实施。

苏中城市工业基础较好、文化资源丰富，应将激发市场活力、转变经济结构、提升经济发展质量作为城市安全韧性建设的基础。此外，江苏沿海城市要特别加强灾害性天气预报和应急预警工作，重视台风等灾害预警，强化平急两用公共基础设施建设，进一步提高民众的防灾减灾自救互助意识，最大限度地减轻各类灾害风险造成的损失。

除徐州外，苏北城市相对缺乏优质的医疗、教育资源，在争取省级支持的同时要着力强化城市吸引力，积极引进医疗卫生、安全应急领域的人才和技术，推动地区经济与安全保障服务能力的良性循环。此外，苏北城市多处于国土空间规划的生态保护区域，存在生态文明建设和经济转型升级的双重压力，要推动生态安全与经济结构调整的动态衔接，建立健全全省生态补偿、转移支付机制，强化文化、旅游等新业态培育，真正实现"绿水青山就是金山银山"的图景。在防灾应急领域，苏北同样面临不少短板和弱项，有不少深刻教训。2016年盐城阜宁遭遇强对流天气，暴雨、冰雹和龙卷风联合袭击，伤亡巨大，损失惨重。对此，盐城、连云港、宿迁等城市急需针对极端气候灾害加强科学监测与预警，构建广覆盖、高协同、"陆、水、空、地"综合配套的全方位应急系统。

与此同时，江苏各城市要健全完善区域协同治理机制。一方面，打破行政区划壁垒，推动教育、文化、医疗卫生等优质公共服务在都市圈、城市群等更广泛地域空间优化配置；另一方面，引导城市立足资源禀赋条件增强经济发展活力和效益，促进民生持续改善，逐步缩小不同地理区域、不同发展能级城市之间的公共服务差距，推进全域安全韧性发展综合能力提升。

第六章　安全韧性城市应用前沿与技术平台

　　现代社会科技发展日新月异，卫星遥感、大数据、人工智能、物联网、云计算、5G 等新技术手段深度融入经济社会系统，新技术、新材料、新装备、新产品、新业态、新基建大量涌现，为城市防灾减灾跨越式发展提供了强大的科技支撑。数字城市、智慧城市、海绵城市等领域的广泛探索，无不体现现代信息科技的巨大价值，此类概念的城市建设在国内一些地区已经有多种创新实践。一般认为，安全韧性城市一定程度上是智慧城市的拓展，也是智慧和韧性理念的有机结合。智慧城市的感知设备、智能设施和平台建设注重城市日常运行的精细化管理，搭建的软硬件平台也为安全韧性城市建设所应用，其间产生的海量信息可以作为安全预警决策的数据来源，以提升地区防灾减灾应急能力。

第一节　城市安全韧性综合集成技术

　　我国《"十四五"国家应急体系规划》提出实施智慧应急大数据工程，升级应急管理云计算平台，强化应急管理应用系统开发和智能化改造，构建"智慧应急大脑"，为城市防灾减灾信息化建设提供新的发展机遇。在提升城市安全韧性方面，本节对增强城市智慧减灾及安全治理的综合集成技术、实现路径和应用前沿进行概述，主要涉及集成数据收集与共享、城市尺度灾变模型构建、高性能计算能力和应急减灾卫星系统等内容。

一　数据收集与共享

安全韧性城市建设是一个庞大的系统工程，数据驱动是关键。从提高政府治理水平到发展医疗安全韧性、交通安全韧性、电力系统安全韧性等，都离不开对城市各种数据的采集、整理、分析和应用，尤其是获取相应的城市基础数据。现实城市数据涉及多个方面，税务、医保、市政、公共卫生、基础设施、民生、金融、交通等领域由不同的职能部门管理。例如，某市仅市直部门就有 200 多个政务系统，机房和网络重复建设、数据不互通、运维能力不足、安全隐患大，这些都成为推动安全韧性城市建设的障碍。

搭建包含城市海量数据的数据湖并进行有效分析、挖掘、计算和应用，首先在数据共享和互通上便会遇到很大阻力。当前城市系统数据收集与共享主要有以下挑战：一是城市数据量庞大且不断动态变化，建立详细、全面且实时更新的城市基础数据平台本身的工作量和技术难度就很大。其主要原因在于政府部门工作的专业性和相对独立性，诸如民政、预警监测、人口分布、基础通信、应急救援力量等灾害应急信息分散在不同的机构部门，使城市决策者与基层管理者较难做出全面、及时的判断；同时，各政府部门职责存在客观的交叉性特征，一定程度上造成各类安全治理及应急处置资源的分散和重复建设。二是既有城市平台数据无法完全满足特定区域安全韧性城市的要求，需要额外获取一些专业数据。然而，安全韧性城市所需的海量数据来源多样、尺度多维，不同来源、不同尺度的数据具有不同的格式规范、侧重角度、详细程度等。在上述复杂数据的获取、融合和校验中，可能面临部分所需数据无法获取或精细度不足乃至数据冲突等现实难题。

（一）相关政策支持

近年来，广义数据采集和共享领域的相关城市实践活动不断推进。早在 2018 年，《国务院关于加快推进全国一体化在线政务服务平台建设的指导意见》明确提出要推进公共服务支撑一体化，促进政务服务跨地区、跨部门、跨层级数据共享和业务协同。其主要内容包括：一是人口、法人、信用、地理信息等基础资源库和全国投资项目在线审批监管平台、公共资源交易平台等专项领域重点信息系统与国家政务服务平台实现对接。二是实现国务院部门垂直业务办理系统依托国家政务服务平台向各级政务服务平台共享数据。三是国家政务服务平台统一受理各省（自治区、直辖市）以及国务院有关部门提出的政务服务数据共享需求。发挥国家数据共享交换平台作为政务服务平台的基础设施和数据交换通道作用，满足全国一体化在线政务服务平台数据共享需求。四是建设国家政务服务平台数据资源中心，汇聚各地区和国务院有关部门政务服务数据，开展全国政务服务态势分析，提供政务大数据服务。在此政策背景下，各地陆续出台了相关具体实施政策。以 2019 年发布的《石家庄市政务数据归集和应用工作推进方案》为例，该方案首先提出了建设政务数据资源支撑体系，构建全市统一、多级互联的数据共享交换平台，形成数据存储、共享、交换使用的核心枢纽[①]；其次，要从数据资源目录平台建设、数据交换平台建设、数据治理平台建设，建设完善全市五大基础信息（人口、法人、证照、办事材料、信用信息）资源库、数据共享平台和数据开放平台，为后续打通防灾减灾政务数据"壁垒"提供了重要参考。

（二）相关案例实践

在数据收集的基础上，2018 年中国城市规划设计研究院研发"全国主要城市路网密度平台"，为交通行业提供客观准确的路网密度发展水平监测数据，该平台通过城市交通基础设施的大数据跟踪监测与

---

① 吴培源：《打造"数据超市"提升政务效能》，《河北日报》2019 年 11 月 5 日。

历史分析，客观呈现全国主要城市道路网密度与道路运行状态的变化特征，以支撑城市交通基础设施的规划、建设与管理工作的开展。自2018年起，住房和城乡建设部"城市交通基础设施监测与治理实验室"开始每年发布《中国主要城市道路网密度与运行状态监测报告》，以全国36个主要城市为研究对象，持续跟踪监测城市主干道路网密度发展情况，以支撑城市体检工作（包括安全韧性建设）的开展。

"全国主要城市路网密度平台"是单一性数据的全国收集与共享，而在2021年住房和城乡建设部上线"国家城市体检评估信息平台"，汇聚各省、市自体检数据、第三方体检数据及其他综合数据，在大数据基础上进行分析诊断、预警跟踪和综合评价的业务应用，实现对各层级城市体检工作的全面掌握。城市体检工作主要从生态宜居、健康舒适、安全韧性、交通便捷、风貌特色、整洁有序、多元包容、创新活力八个方面的评估指标来开展，其原本主要依靠人工的方式进行数据采集、分析并产生咨询报告。在这之后国家城市体检评估信息平台的构建实现了数据采集标准化、数据分析模块化、问题识别精准化、决策调整动态化，有助于精准快速查找、挖掘城市中存在的"城市病"、安全隐患等问题。

二　高性能云计算能力

安全韧性城市总的建设方向是精细化发展，在收集和共享各类数据的基础上，精细化要求带来的一个必然挑战就是数据计算量的极大增加，尤其是城市各类灾情数据处理涉及海量数据和庞大的计算能力，普通的单服务器计算模式不能满足需求。而现代云计算能够提供统一和强大的计算环境和硬件资源，是推进减灾研究，建立灾害监测、预警、评估模型的重要手段。例如，在我国建立的防汛抗旱指挥系统中，涉及的关联数据广泛且类型多样，一般包括气象数据、雨情数据、水文数据、山洪泥石流等灾害类数据以及地理基础资料、历史测量记录等；既有常见的结构化数据，也有文档、图片、视频、音频等非结构化数据，计算处理量十分庞大，实时性要求非常高，要在三维地图平台上对各类数据信息进行集成展示和联动查询，需要具备较高的响应速度和图形化展示界面。① 面对这样的情形，传统的信息化处理手段面临诸多技术瓶颈，有必要引入大数据、云技术、区块链等技术应对该类问题，充分发掘数据中蕴含的价值，使指挥系统能够为防灾减灾救灾决策提供更有力的科学依据。

（一）相关政策支持

2018 年 10 月，国家应急管理部发布《应急管理信息化发展战略规划框架（2018—2022 年）》，明确提出要建设国家"应急管理云"并对技术的应用层面做出多方面要求。按照该文件，我国将打造性能强大、弹性扩展、先进开放、逻辑一体的云计算平台，实现资源统一调度和整合管理以及提供统一的云资源服务和公共基础运行支撑。

《应急管理信息化发展战略规划框架（2018—2022 年）》进一步提出要遵循"分层解耦、异构兼容"的建设设计思路。平台采用 SDN 技术对庞大云资源进行分区并划分成网络逻辑隔离的业务区域，实现不同网络业务的统一承载。"应急管理云"则主要包括基础设施服务、平台服务、云安全以及云管理。其中云安全体系包含云计算平台物理环境、网络通信、区域边界和计算环境安全，提供云数据安全、云密码等云安全服务。"应急管理云"主要部署于我国部级层次的数据中心，受权机构及用户通过特定网络环境连接，实现通过云管平台对各类资源进行管理和维护。

（二）相关案例实践

目前，我国中央政府和地方政府部门在积极探索云计算中心建设的相关政策方案，以更好地服务于社会治理、信用体系、数字城管、

---

① 彭震：《利用大数据云计算提升贵州省防汛抗旱指挥决策支援系统》，《中国防汛抗旱》2016 年第 3 期。

交通管理、环保、应急救援、气象等领域。比如，成都建立了城市云计算中心，目前已在 1920 个节点（15 个机柜）上部署了麒麟云平台，其中 64 个节点（2 个机框）作为云平台控制节点，其余节点为运行虚拟机的计算节点和分布式存储节点。成都云已经接入承载了成都及其下辖区县政府上百个部门的 300 余项政务应用系统，广泛满足市、区两级政府政务信息化及其创新应用的需求，为成都数字政务服务、社会民生服务、应急管理服务提供了有力支撑，同时为成都推动数字治理、增强应对各类灾害和突发事件的系统能力提供了强大动力。

此外，日本先进计算科学研究所（AICS）采用超级计算机"京"来开展相关研究工作，但是其高昂的使用成本短期内难以推广应用。"云计算"概念正成为国内城市可持续发展与安全韧性建设的重要技术支撑，然而由于其虚拟机性能的局限，难以满足安全韧性城市的专门计算需求。一个可供考虑的手段是引入分布异构计算手段，它可以利用高速网络将计算机连接成集群，动态调用计算资源以适应不同的计算规模。充分利用 CPU 并行、GPU 并行、GPU/CPU 协同计算等多种平台优势，根据不同计算问题的需求，灵活采用最为合适的计算平台和平台规模，取得最佳的成本效益比。

三　城市尺度灾变模型构建

本节所指的灾变模型既是一个学术概念，也是对城市实践观测的一种工具方式，可以理解成借助计算机技术以及人口、地理、建筑设施等信息，评估某种自然灾害或人为灾害对特定区域的冲击影响。灾变模型不是用来预测具体灾变事件的发生，而是致力于计算灾变概率和估计特定区域受损程度。举例来说，某类灾变模型的设置可以预知某一地区发生里氏八级地震的概率有多大，地震一旦发生可能造成的平均损失是多少，但却无法预知地震可能发生的具体时间范围。如果将城市各个组成系统看成一个完整的巨系统，那么城市系统所承受的灾害荷载将是综合性的冲击输入，也是探索城市灾变规律的认知基础。在城市尺度上，建立科学合理的城市尺度灾变模型是一个关键的科学问题，为灾前应急准备和减灾方案制定提供参考。

（一）常规灾变模型

地震及次生灾害的仿真模型研究相对较多，尤其关注城市建筑物在不同级别地震下遭遇的破坏。我国城市建筑物有着显著的自身特点：其一，高层建筑数量特别多，已经成为目前城市建筑物最主要的组成部分；其二，有大量的大跨（体育场、剧院、商场）、异形建筑。在结构体系上，除了常见的砌体结构、混凝土结构和钢结构，组合结构等新型高性能结构体系也在城市建筑中大量出现。对于这些高层、大跨、异形、组合结构，现阶段既缺乏足够的自然灾害应对经验，也缺乏适当的可用于城市尺度的灾变模型。当前主流地震灾害模型中无法准确反映高层建筑振型参与数量多、整体弯曲变形成分显著的特征，严重制约了城市高层建筑震害预测精度的提高。对于复杂的城市建筑，如何针对不同的灾害特点开发适合城市尺度、高精细度、准确的灾变分析模型，是安全韧性城市的一类科学问题，也是城市防灾减灾研究的核心目标。

滨海城市气候性灾害预测模型研究也被广泛关注。常见的城市洪水模型是基于风险的安全韧性规划和基于物理的灾害建模技术，用于提供可直接支撑城市和区域尺度的基础设施系统韧性评价、复杂灾场特征描述。浙江大学建筑工程学院安全韧性城市研究中心发展了一个可捕捉雨洪需求参数（水深、流速、洪水持续时间等）时空变异性及参数之间相关性的水文模型。这些参数信息可用于描述复杂灾场荷载的空间分布和时程变化，是针对台风灾害的城市基础设施安全韧性评价的重要输入。

例如，加拿大政府发布《韧性温哥华：衔接·准备·成长》城市规划文本中，将建筑和基础设施的建设放在首要位置。原因在于温哥华位于美洲板块与太平洋板块交界地带，板块碰撞挤压，地壳比较活跃，多火山、地震灾害。根据该规划文本中的地震灾变模型得出预测结论：如果乔治亚海峡发生 7.3 级地震，温哥华将遭受重大破坏，包括温哥华 90000 座建筑物中的 10000 多座将长期无法使用，其中 4000 多座可能需要拆除；市中心、西区和东区的大部分地区将受到严重破坏而封锁，数月甚至更长时间无法进入；可能有超过 11500 人受伤，其中超过 1100 人可能受重伤或死亡；仅温哥华的建筑物损坏造成的经济损失估计至少为 80 亿美元。

(二) 巨灾模型

构建巨灾风险模型是国内外灾害研究关注的一个领域，其核心理念就是通过生成大量的随机虚拟灾害事件来满足"大数定律"的使用条件，突破巨灾历史纪录数量有限所带来的深入研究困难，同时也为商业领域的保险定价提供某种科学依据。现实中，巨灾一旦发生，可能对特定区域的人类生命财产造成特别巨大的破坏，比如一次正常的台风登陆就有可能在几个小时内造成上百亿元的经济损失。巨灾的高损特性是刺激研究巨灾风险定价的动力，低频特性则是该类研究所面临的挑战。

总体上，巨灾模型可以分为三个模块，即灾害模块、易损性模块和金融模块。灾害模块，也称为自然科学模块，是地质、地理、气象、水文等领域的科学家针对自然灾害本身的科学研究，关注自然环境中的灾变机理与灾害演化，此模块的输出成果一般被称为灾害事件集，即给定区域可能发生的所有巨灾事件的集合。易损性模块，也称为工程模块，是融合工程、建筑、材料、消防等领域专业知识，探索给定区域灾害事件发生对于特定风险标的（如建筑物）的破坏情况，更关注工程系统中的衍生损失。金融模块，通常集中于精算师等保险领域专家的研究视角，是以前两个模块的研究结果为基础而转化为经济层面的保险损失并应用于不同保险条款。[①] 简单来说，前两个模块是巨

---

① Sampson, C. C., et al., "The impact of uncertain precipitation data on insurance estimates using a flood catastrophe model", *Hydrology and Earth System Sciences*, 2014, 11 (1): 31–81.

灾事件对于个体标的造成各类损失的基础研究，再由金融模块转化为若干风险标的集合，形成面对某种巨灾所产生损失的若干统计量。

在实践领域，一些商业机构和社会部门进行了不少有益的探索并取得了显著成效。譬如，2018 年，位于重庆的中再巨灾风险管理公司（以下简称"中再巨险"）成功研发出我国首个拥有自主知识产权且可商业化应用的地震巨灾模型并通过技术研发不断迭代升级，2019 年、2020 年和 2021 年陆续推出了模型 2.0 版、3.0 版和 3.5 版，为我国地震巨灾保险实践应用与管理机制改革提供了技术支撑。2021 年 9 月，"中再巨险"又发布了拥有自主知识产权的中国台风巨灾模型 2.0，填补了国内在该领域的空白。① 该巨灾模型能够模拟中国大陆及其周边地区 500 万年共计 3 亿多个地震随机事件，精准、极快地测算经济损失和保险损失。这一系统模型开发取得了较大的社会影响，为保险公司面向巨灾事件的商业化应用制定精细化的巨灾风险区划和限额管理、快速评估承保业务保险损失、优化设计再保方案等提供了科学依循；同时也能够为政府部门等提供有益服务，快速评估地震灾害造成的经济损失，辅助公共部门监测预警和制定防灾减灾综合规划方案。

四　应急减灾卫星系统

一旦重大灾害发生，基于地面的报告往往无法满足灾害快速评估中数据收集及时性、准确性、全面性的要求，而基于卫星的报告无疑要更加先进与快速。应急响应者如果无法在关键的 72 小时"黄金"窗口期之前获取灾情（如建筑物、道路和物理环境的破坏程度）相关的关键地理信息，就很难营救那些本来有更大生存机会的生命个体。自 2008 年汶川地震发生以来，中国已建立了较为全面的天基卫星技术

---

① 于永：《加快构建巨灾保险体系》，《经济日报》2022 年 5 月 18 日。

自然灾害应急监测系统。

2008 年，我国发射了环境减灾一号 A、B 卫星。这是首次发射的综合减灾救灾业务民用卫星系统，实际在轨运行长达 12 年。该卫星系统通过星座组网方式搭载可见光、红外、高光谱等多类传感器，具备 48 小时重访观测能力，可对多种自然灾害进行监测与评估。在应对 2008 年汶川大地震、2010 年青海玉树地震和甘肃舟曲特大山洪泥石流等自然灾害中，减灾一号 A、B 卫星提供了大量宝贵视频影像和关键数据资料，为政府减灾决策和灾情评估提供了重要依据。此外，2013 年以来我国成功发射了 7 颗高分系列卫星，初步形成全天候、时空协调的对地观测能力，为灾害风险监测和应急救援做出重要贡献。其中，由应急管理部作为牵头用户部门的高分四号卫星采用高轨道面阵凝视方式成像，具备小时级监测能力，在森林草原火灾、洪涝干旱等灾害事故监测中发挥重要作用。①

2018 年 10 月，习近平总书记主持召开中央财经委员会第三次会议，专题研究提高自然灾害防治能力的问题，要求针对关键领域和薄弱环节推动建设九项重点工程，建立高效科学的自然灾害防治体系，明确提出构建"空天地"一体化全域覆盖的灾害事故监测系统并作为灾害监测预警信息化工程的重点内容，以提高多灾种和灾害链综合监测、风险早期识别和预报预警能力。卫星作为"天眼"，在自然灾害监测预警、预报方面的作用巨大。我国减灾卫星技术和应用已经有较长年份，取得了丰富的实践经验，极大地提高了对自然灾害的应急响应与处置能力。

如今，风云气象卫星在我国防灾减灾、应对气候变化和空间环境监测预报等方面都得到了广泛应用，可以对全球和区域范围内的极端天气、气候状况和环境事件等进行高效观测。同时，陆续发射的海洋

① 张楠：《着力构建"空天地"一体化全域覆盖的灾害事故监测系统》，《中国应急管理报》2020 年 9 月 28 日。

系列卫星有力强化了对海洋环境系统的科学监测，可有效获取我国周边海域的台风、风暴潮等灾害信息，为各地汛期灾害监测、气象预报以及国家重大突发事件应对发挥重要支撑。按照 2022 年国务院发布的《"十四五"国家应急体系规划》，推动卫星遥感事业发展、加强灾害监测预警成为我国政府防灾减灾和应急能力提升的重要目标和抓手。围绕应急管理事业发展的需求，近年来应急管理部（MEM）正在着力构建"空天地"一体化全域覆盖的灾害事故监测体系，初步形成了资源配置合理、空天地协同、部门联通和运转高效的国家综合减灾业务运行系统。

第二节　城市灾害监测与管理平台

2020 年，应急管理部发布《自然灾害监测预警信息化工程实施方案》，明确提出要建设自然灾害综合风险监测预警系统，接入气象、水文、地震、地质、海洋、森林草原、地理信息等相关监测资源和基础数据，构建协同联动、全域覆盖的监测预警网络，提升我国多灾种和灾害链综合风险监测、风险早期识别和预报预警能力。汇聚相关致灾因子、承灾体、减灾能力等灾害风险要素调查成果以及主要风险隐患评估成果信息，建设自然灾害综合风险和减灾能力数据库。同时要求以城市社区、乡镇为监测预警网格单元，探索气象灾害等全时段预警预报。

在大数据时代，各种灾害监测平台收集的自然系统信息、导控信息和传感器信息是以巨量数据形式存在并交织关联的，如何完善省、市、县一体化强灾害预警业务体系，推进无缝隙智能网格以处理巨量数据，是当代城市安全韧性建设的重要基础内容。如今，国内外均在积极探索构建不同类型的灾害预警系统与管理平台，如 2021 年 5 月上线的"全球灾害数据平台"（中文版），也有科技公司研发的数字孪生应急管理大屏可视化决策系统。

一　全球灾害数据平台

2021 年 5 月 12 日，由国家应急管理部下设的减灾与应急管理研究院、中国灾害防御协会、国家减灾中心联合建设的 "全球灾害数据平台"（中文版）正式上线发布。该平台通过收集、整理与集成应急管理部国家减灾中心、中国地震台网中心、中国气象局国家气候中心、中国地震应急搜救中心、全球灾害警报和协调系统（GDACS）、比利时鲁汶大学（EM-DAT）、世界银行（WB）及知名媒体等权威网站的数据形成全球灾害数据库。[①] 该平台主要涵盖了全球灾害实况、重大灾害、灾害评估报告、灾害特征分析、中国灾害数据库五大板块，以实现全球灾害实时数据采集与发布、全球灾害分析评估产品共享，为减轻灾害风险相关研究提供数据和分析资料以及为全球灾害风险管理提供决策支持。

（一）平台数据来源

该平台收录的灾害类型囊括所有的自然灾害，包括地震、地质灾害（滑坡、泥石流、崩塌、地裂缝、其他地质灾害）、火山、风暴（热带风暴、冬季风暴）、其他气象灾害（高温、低温、大雾、暴雨、冰雹、龙卷风、雷电、冰雪、大风、沙尘暴）、洪涝（洪水、山洪、风暴引起的洪水、内涝）、海洋灾害（海浪、海啸、海冰）、干旱/旱灾、野火（森林火灾、草原火灾）。

按照标准规则，收录进入数据库的灾害事件至少满足以下 3 个条件之一：一是人口损失，因灾有 5 人或 5 人以上人员死亡，受影响人口不计；二是经济损失，因灾损失达到当地 GDP 的 0.1%（相对值）及以上；三是政府针对灾害事件宣布过国家处于紧急状态或请求过国际援助。该类型数据库的建立，为防灾减灾系统中风险识别和演化分

---

① 参见网址：https：//www.gddat.cn/new Global Web/#/Disas Browse。

析提供了大量数据支撑和数据学习来源，数据库的建立对今后发生类似灾害时的预警预报很有帮助（见表 6 – 1）。

表 6 – 1　　　　　　全球灾害数据平台数据来源

类型	数据	数据来源
全球灾害风险基础地理信息数据	全球人口密度	英国 WorldPop project
	全球 GDP 密度	日本国立环境研究所
	全球海拔（GTOPO30）	美国航空航天局（NASA）
	全球地形（坡度）	联合国粮食及农业组织（FAO）
	全球土地利用类型	联合国粮食及农业组织（FAO）
	全球土壤类型	联合国粮食及农业组织（FAO）
	全球气候区	联合国粮食及农业组织（FAO）
	全球年均气温	美国加利福尼亚大学
	全球年均降水量	美国加利福尼亚大学
特征分析数据	灾害事件数据	比利时鲁汶大学（EM-DAT）
		联合国减灾办公室（Desinventar）
		红十字与红新月国际委员会（IFRC）
		瑞士再保险（SwissRe）
	国家年度人口	慕尼黑再保险（Natcat）
	国家 GDP	世界银行
		世界银行
中国灾害数据库	灾害事件	国家减灾中心
	国家年度人口	国家统计局
	国家 GDP	国家统计局
实时监测数据	灾害事件数据	应急管理部信息研究院
		中国地震台网中心
		中国气象局国家气候中心
		中国地震应急搜救中心
		比利时鲁汶大学（EM-DAT）
		全球灾害警报和协调系统（GDACS）

（二）灾害评估报告

基于灾害数据的统计，应急管理部、国家减灾中心、教育部减灾与应急管理研究院等联合编制的《2020年全球自然灾害评估报告（中文版摘要）》（以下简称《报告》）正式发布并且每年更新。《报告》信息显示，与过去30年（1990—2019年）均值相比，2020年全球较大自然灾害发生频次减少，死亡人口和受灾人口均有较大幅度下降。当年，中国因自然灾害死亡人口在全球处于较低位置，但直接经济损失占比处于全球中等偏上位置，基本匹配总体国家经济发展水平。中国洪涝灾害损失的排名高于其他灾害形式，并且在全球洪灾损失中占据较高比重。①

《报告》指出，洪水灾害是2020年度影响全球的主要自然灾害之一。历史灾害损失分析结果表明，在洪水风险管理研究及实践中，除单次损失以外，还应重视累积损失；未来在加强防治中等强度及以上洪水事件的同时，还应高度关注小而频发的洪水事件以减小洪水导致的死亡人口数。

二　数字孪生大屏可视化应急决策系统

数据可视化是利用视觉的方式将海量、复杂、潜逻辑的数据展现出来，改变了传统业务系统数据呈现复杂枯燥、难以直观理解的困境，把数据表达的信息变得更易得、更清晰，数据间的联系和意义更鲜明。数据分析通常是对过去的数据进行总结分析并发现问题，也可以对未来的数据进行预测，但是在可视化之后，数据实时的更新都可以从可视化图表中关注到，更利于决策者实时调整策略。2020年以来，国内无论是台风还是洪涝灾害都越发频繁，在5G技术和物联网发展成熟的大环境下，解决方案主要是数字化和监控可视化手段相结合。譬如，

---

① 宫玉涛：《居安思危：我们党成功的重要经验和保证》，《人民论坛》2021年第16期。

2021 年 9 月底刚刚建成的海南省应急大数据可视化系统，可以直观监测到全省水库、地质灾害易患点、渔船、塔吊、渔港等详细信息。该系统将海南省的 24 个单位、近 1.3 亿条信息进行汇总，为海南省防御台风的风险研判发挥了重要作用。

伴随数字时代的到来，国内信息化建设快速推进，气象减灾领域积累了大量数据，其中蕴含着的潜在价值亟待深度开发，系统能否充分挖掘数据价值、提供可靠的决策支持是社会十分关注的问题。例如，中国气象局拥有全国气象防灾减灾可视化监控管理平台，该平台基于数字冰雹可视化分析技术，结合实际业务决策需求，整合了气象领域海量的业务数据，提供气象数据分析研判、态势预测、历史回溯等功能，结合丰富的可视化分析图表，对气象数据进行全周期分析研判和多维可视分析，辅助用户全面掌握气象事件的事前、事中、事后不同阶段的数据变化规律，助力用户精确掌握气象动态，为气象灾害预警、预防、处置提供全周期可靠的决策支持。

数字孪生大屏可视化应急决策系统以大数据和系统融合为基础，覆盖应急管理各业务领域，支持整合多个应急职能部门现有信息系统的数据资源，支持与底层业务平台、云平台、大数据平台对接并可融合 5G、IoT、人工智能、融合通信等技术应用，凭借先进的人机交互技术，实现数据融合、数据显示、数据分析、数据监测等多种功能，广泛应用于态势感知、监测预警、分析研判、展示汇报等场景。以下对该系统的应用功能做简要说明。[①]

（一）城市安全监测

1. 城市大型建筑监测

基于地理信息系统，支持对桥梁、体育场馆、综合体等各类大型建筑的数量、空间位置分布、实时状态等信息进行监测和可视化管理；同时，可以集成各传感器监测数据，对大型建筑沉降、变形、位移、

---

① 部分参考王庆《数字孪生城市建设理论与实践》，东南大学出版社 2020 年版。

火灾报警、消防设施水位、水压、流量、温度等运维数据进行实时监测，支持异常状态实时告警，有效提升对城市建筑的安全监管效力。

2. 城市大型公用设施监测

基于地理信息系统，可对交通枢纽、学校、人员密集场所等重点区域以及特种设备（电梯等）、引水渠、供水厂、变电站、燃气站、中高压调压站、能源站、储气输气调配站等公用设施的位置、分布、类型进行实时可视化监测，支持集成视频监控、设备运行监测以及其他传感器实时上传的监测数据，对大型公用设施的运行状态、特种设备运行状态、水源地水质、输气管网压力等信息进行监控，支持故障实时告警，辅助管理者直观掌握城市大型公用设施运行状态，及时发现安全隐患，提升基础设施运维管理效能。

3. 地下管网及综合管廊监测

基于地理信息系统，可对城市地下管网（水、电、气、热等）及综合管廊的位置、分布进行可视化监测，支持集成地下管网前端感知系统，对燃气管网及地下相邻空间燃气浓度、供水管网泄漏、排水（污水）管网气体等信息进行监测预警，全面感知地下管网运行状态，提升风险防控、预测预警、监测监控力度，辅助管理者防范重特大事故发生。

4. 城市公共空间监测

基于地理信息系统，可对公园、广场、街道等公共空间的分布、人员密度、空间环境等要素进行可视化监测，支持接入公共安全视频监控终端，建设视频一张图，对人员过密、环境指标等公共安全态势进行全方面监控，实现对公共空间和重点场所的全方位、无死角监控，辅助管理者进行立体化社会治安防控体系建设，提升公共安全保障效能。

5. 城市轨道交通监测

支持接入城市轨道交通数据，对预埋槽道、车体钢梁、空调机组以及路线规划、列车组织、车站工作等轨道交通建设运营各方面进行全方位监测；同时，结合专业的模型算法，对辖区轨道交通耦合风险、运营安全压力、社会安全覆盖范围等综合态势进行科学评估，实现对轨道交通建设与运营全生命周期的安全监测。

6. 消防重点单位监测

基于地理信息系统，对商场/市场、宾馆（饭店）、体育场（馆）、医院、国家机关、文物保护单位等消防重点单位的地理位置、运行态势等信息进行可视化监测。支持通过三维建模，对重点消防单位以及各类消防设施的外观、内部结构等进行三维仿真显示；支持集成视频监控、设备运行监测以及其他传感器实时上传监测数据，对重点消防单位温度、人员密集度、消防设施水位水压等要素进行监控并对火灾、设备故障等异常情况及时告警；辅助管理者精确掌控消防重点单位安全态势，提升消防安全监管力度。

7. 重大活动保障

支持对重大活动的警力、车辆、物资、联动资源的部署情况以及车流量、人流量等态势进行实时监测，支持交通拥堵、危险品携带、设备故障等异常情况预警告警，支持保障范围、保障路线、保障流程可视化，有效提升重大活动安全保障效能，增强应急指挥人员处置突发事件的能力和水平。

（二）生产安全监测

1. 煤矿企业监测

基于地理信息系统，可对从事煤矿开采、运输、经营、存储企业的数量、地理空间分布等信息进行可视化监测。支持集成应急信息系统、煤矿企业工业安全视频监控系统、井下作业人员管理系统、重大设备监控系统等各类前端感知设备采集的实时数据，对企业安全生产管理流程、煤矿开采现场、工作面安全员信息、采煤工作面、技术设备、空气质量等进行综合监测，对煤矿坍塌、倾覆、爆炸、透水事故等进行可视化自动告警，提升应急部门对煤矿企业安全生产监测力度和事故应急处置效率。

2. 非煤矿山企业监测

基于地理信息系统，可对从事非煤矿山资源开采、经营、存储企业的地理空间分布、品类、规模进行可视化监测。支持集成视频监控系统，对排尾管道、坝体下游坡、排洪设施进出口、库水位尺等重点区域进行实时监控，对垮坝、顶板岩体冒落、物料掩埋等事故进行可视化自动告警，提升应急部门对非煤矿山企业的监管力度和事故应急处置效率。

3. 危化品企业监测

基于地理信息系统，围绕危化品生产、存储、使用、经营、运输和废弃全流程，可对危化品企业的地理空间分布、品类、规模进行可视化监测，支持接入危化品安全监管政务信息系统、企业视频监控系统、重大危险源管理系统等，对重大危险源、危化品存储安全情况、危化品运输情况等信息进行实时可视化监测，对中毒、爆炸、泄漏等事故进行可视化自动告警，提高应急部门对危化品企业安全生产、运输、存储的管理监测力度，形成从企业、园区、地方应急管理部门到应急管理部的分级管控与动态监测预警体系以及全链条基础信息共享和监管业务协同的危化品全生命周期安全监管。

4. 烟花爆竹企业监测

基于地理信息系统，可对辖区内从事烟花爆竹生产、经营、存储企业的数量、空间分布、规模等信息进行可视化监测。支持接入安全生产监督管理部门、质量监督检验部门以及企业管理系统等数据，对烟花爆竹生产流程、运输路线、存储环境、人员工作状态、设备运行状况等进行可视化监测，对侵入行为、爆炸事故等隐患进行可视化自动告警，提升应急部门对烟花爆竹企业安全生产管理监测力度和事故应急处置效率。

5. 工商贸企业监测

基于地理信息系统，可对工商贸企业的空间分布、品类、规模等信息进行可视化监测。支持接入工商行政管理部门数据以及各类前端感知设备采集的实时数据，对工商贸企业特种设备数量、危险源种类、消防设施分布以及危险物品的安全使用、保管、储存情况等进行实时可视化监测，对机械伤害、突发火情、爆炸、中毒等各类突发事件进行可视化自动告警，提升应急部门对工商贸企业安全管理监测和事故应急处置效率。

（三）自然灾害监测

1. 气象灾害监测

支持集成气象监测系统数据，对降雨量、风速风向、温度、湿度、雷电、台风路径等气象参数进行实时可视化监测，对暴雨、高温热浪等极端天气进行可视化告警，辅助管理者掌握典型灾变气象环境态势，提高应急响应效率。

2. 森林草原火险监测

支持"端边云"全网智能构建"空天地"一体化森林防火网络，基于 GIS 系统对森林、草场、山区等消防重点区域位置、分布进行可视化展现，通过集成卫星遥感火情感知、无人机巡航、双光谱热成像摄像机等数据，对森林草原火险情况、大气温湿度、降水量、风向、风速等气象参数进行实时监测并进行火险智能化预警告警，辅助管理者提升森林草原火险响应处置效率。

3. 地震灾害监测

支持集成测震、强震动观测、地磁观测、遥感影像等数据，对受灾区域的地震参数，如震中经纬度、震源深度、发震时刻、地震震级、影响范围等进行可视化呈现；同时，结合专业的模型算法，对地震数据进行可视化串并分析，为灾后救援、地震损失评估以及灾害防范等提供有力支持。

4. 地质灾害监测

支持集成遥感影像、滑坡、泥石流、崩塌等各地质灾害监测系统数据，对位移、裂缝、含水率、水位、地温、应力应变、地下水动态、地表水动态、地声、放射元素等多维度数据进行实时监测并对异常变化情况进行预警告警，为地质灾害防范和应急救援提供决策支持。

5. 水旱灾害监测

支持对接防汛抗旱气象数据、水利工程数据、城市内涝数据、水位数据，并且对天气、降水量以及江河湖泊、水库的水位、蓄水量、总库容、入库流量、出库流量等要素进行实时监测和可视化分析；同时，支持对大坝、河堤进行三维显示，对坝体、河堤位移变形等异常情况进行告警，为防汛抗旱、洪灾风险评估等工作提供支持。

（四）应急指挥调度

1. 数据监测告警

支持针对节假日、重大活动、自然灾害、人为事故等各类重要节点、焦点事件，基于时间、空间、指标等多个维度建立数据阈值告警触发规则并支持集成巡检、流量监测、电子围栏等系统数据，自动监控事件发展状态和可视化告警。

2. 应急事故监测

支持集成各类前端感知设备采集的实时数据，对煤矿事故、非煤矿山事故、危化品事故、烟花爆竹事故、工商贸事故、道路/铁路/航空等交通事故、建筑施工事故等各类突发事故的发生地实时态势、处置情况等信息进行可视化监测，支持智能化筛选查看事故周边监控视频、警力资源，方便指挥人员进行判定和分析，为突发事件处置提供决策支持。

3. 突发事件监测

支持集成各类前端感知设备采集的实时数据，对事故、火灾等各类突发事件的发生地、实时态势、处置情况等信息进行可视化监测，支持智能化查看事件发生地周边监控视频、警力资源配置，方便做出判定；同时，可结合指挥系统对报警时间进行渠道和内容智能分析，自动对接专业接警席并根据紧急程度进行自动分级，保障紧急事件优先处理，为突发事件处置提供决策支持。

4. 重点区域监测

支持基于 GIS 系统对重点防火单位、大型公共场所、城市轨道交通等重点区域进行实时可视化监测并对位置、状态、关键指标等信息进行联动分析和标注显示，辅助管理者精确掌控重点区域状态，提升监测指挥力度。

5. 应急资源监测

支持整合交通、公安、医疗等多部门数据以及应急指挥所需各类资源，实时监测应急队伍、车辆、物资、设备等应急资源的部署情况，支持跨通信系统一键调度单位资源，为突发事件情况下指挥人员进行大规模应急资源调配和管理提供支持。

6. 可视化预案部署

支持将应急预案的相关要素及实践场景进行可视化呈现，对应急资源部署、空间分布、行动路线、重点目标等进行虚拟展现和动态推演，提高应急指挥效率以及关键人员对预案的熟悉程度，增强处置突发事件的科学水平。

7. 可视化融合指挥

支持集成各类应急资源，有效整合接处警平台、地理信息系统、视频监控、视频会商等技术平台，实现各业务应用的互联互通，实现调度资源可视、警员状态可视、现场态势可视等功能，通过一键直呼、协同调度多方资源，强化应急管理部门扁平化指挥调度的综合能力，提升突发事件处置效率。

第三节　典型城市应用规划及方案简介

按照国家发改委的建设目标，要推动从传统的人防为主转向人防技防相结合，以"城市大脑"这一信息基础设施和物联网、大数据、云计算、移动互联等内容来支撑城市安全韧性提升。目前，智慧城市已经成为各地推动安全韧性城市建设的重点方向或升级版，相关技术平台得到快速发展和应用。基于此，本节将简要介绍阿里云"城市大脑"数字方案、鹏城智能体城市安全发展方案以及北京副中心数字城市建设的有关内容。

一　阿里云"城市大脑"数字方案

阿里云"城市大脑"是基于云计算、大数据、人工智能、物联网新一代信息技术而构建的创新运营平台。作为支撑未来城市可持续发展的全新基础设施，"城市大脑"有利于推动城市治理、安全保障、公共服务等各领域的数字化转型升级，提高城市治理水平，提升安全防控能力，实现治理能力的科学化、精细化和智能化。[①]"城市大脑"利用丰富的城市数据资源，对城市进行全方位的实时分析，即时修正城市运行缺陷，推动城市可持续发展，实现城市治理模式、服务模式和产业发展的"三突破"。

（一）"城市大脑"整体框架

"城市大脑"是支撑城市可持续发展的全新基础设施和智能中枢，对整个城市进行全局实时分析，利用城市数据优化调配公共资源并进化成为治理城市的超级智能。目前阿里云"城市大脑"已打通融合交警、交通、城管、医疗、应急、环保、消防等多部门数据，在交通治理、环境保护、城市精细化管理、区域经济管理等领域进行了诸多有效探索（见图 6-1），我国北京、上海、苏州、杭州、重庆等多个城市已经落地实施。

阿里云"城市大脑"总体架构可分为三层：底层由基础的城市物联网感知平台和云计算平台组成，提供数据采集、存储、计算的基础能力。中层由数据资源平台、智能服务平台和行业引擎组成，形成完整的城市数据智能操作系统。底层数据进行汇聚和处理，经过一系列智能算法和模型计算，形成可支撑不同行业、部门的智能引擎，在这个过程中城市大脑以数据和智能为核心，形成对上层应用的智慧化赋能

---

① 华先胜等：《城市大规模视觉智能综述》，《人工智能》2021 年第 5 期。

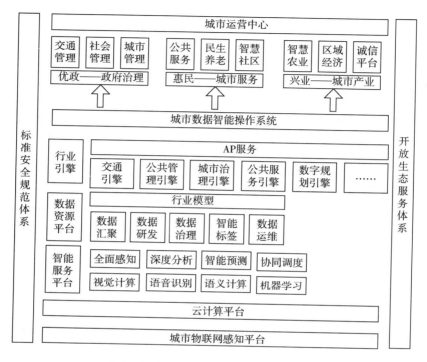

图 6 - 1　阿里云"城市大脑"基本架构

资料来源：阿里云计算有限公司：《城市大脑平台应用与运维》，清华大学出版社 2021 年版。

支撑。上层由面向各行业和领域的智能应用组成城市运营中心，围绕优政、惠民、兴业三大领域，全面促进数字化转型升级。

（二）智慧应急综合解决方案

在应急管理领域，阿里云基于云计算、全域数据融合和应急业务实际，在监督管理、监测预警、指挥救援、决策分析等领域提供智慧应急产品解决方案。智慧应急解决方案是一套端到端、完整的信息化解决方案，方案集应急领域业务数据的归集、模型化和主体化加工治理以及基于智能引擎提供的突发事件对接、预案、决策、指挥、调度的智慧指挥平台；构建"看得见、调得动、即时反应、即时处置"的应急数字化管理的产品方案（见图 6 - 2）。

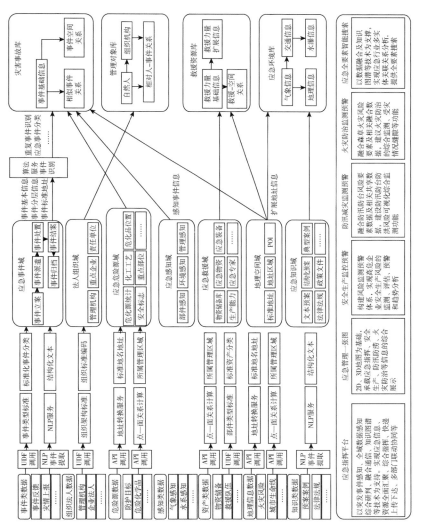

图6-2 阿里云"城市大脑"—应急管理系统

1. 应急管理一张图

根据阿里云"城市大脑"应急管理系统的总体设计,其整合了自然资源规划、住房与城乡建设、城管、水务、生态环境等部门的业务系统,全面梳理了建筑物、路网、管网、感知设备等城市基础设施数据和人、事、物、组织等衍生数据,构建城市基础数据资源目录体系。基于 E-GIS 地理信息系统的可视化展示效果,实现对应急业务领域中各项资源的图层化标识展示,并且根据业务应用方向提供不同类别的"一张图"服务,包括应急资源一张图、监测分析一张图、辅助决策一张图等应急管理支撑(见图 6-3)。

2. 数据融合引擎

Gdata 数据融合引擎是阿里云数据中台在应急管理领域的行业实践,它为应急管理的模型化展现融合数据支持,为上层应急监督管理、监测预警、指挥救援、决策支持等具体应用场景提供数据支撑服务。该引擎既能满足"平"时应急管理工作需求,重点实现事发前各项应急管理需求;也能满足"战"时需要,即重点事件、突发事件事发、事中各项工作需求。

以上方案价值可归纳为"1357"整合目标:"1"是立足建设 1 个全局协同的应急管理体系;"3"是聚焦应急管理数字化,增强政府、企业等部门风险防控能力,提升公众的防灾避险意识三大使命;"5"是实现五个转变,即事后被动反应向事前主动预防转变、静态孤立监管向动态联合防控转变、部门分散作战向全局联动指挥转变、业务零散分割向管理规范全面转变、依赖人工经验向借力智能技术转变;"7"是强化会商通信一体化、监测预警全域化、应急救援协同化、辅助决策智能化、指挥调度可视化、政务管理便捷化、监督管理规范化的"七化"建设。总之,阿里云"城市大脑"建设方案立足"强化应急管理装备技术支撑,优化整合各类科技资源"的要求,打造具备全时感知、全局可视、全盘掌控的面向"全灾种,大应急"能力的应急管理体系。

监测分析	包括图像资源可视化、监测数据可视化等功能，为突发时间处置、人员疏散、灾后恢复提供信息支撑，快速掌握事发地周边各监控数据的变化情况，掌握现场事件发展态势
洪涝灾害	包括风险专题、水流量变化、降水量变化、潜在洪涝灾害分析，为系统提供最新、全面的应急专家团队及专业技术支持，给出自动应用级别、救援力量调度及灾情后续发展的相关建议
地质灾害	包括潜在坡灾专题、泥石流专题，潜在地质灾害分析、派工作组、救援力量调度、灾害后续发展，灾情后续应用级别、条件诱发地质灾害后，给出自动启动应用级别的相关建议。
应急资源	可视化实现对人力、物力、医疗卫生、防护目标、防护目标、避护场所等各类应急资源的管理并以不同图层方式展示资源及定位信息，以辅助应急资源优化配置方案的制定，为突发事件所需应急资源的分析、配置提供数据基础，满足应急救援工作的需要

安全生产	包括危化品统计、石油天然气统计、危化品危险源专题、石油管道运输风险热力分布、重点工矿企业分布、对综合保障数据及数据运营复保障数据进行有效查重，实现有力支撑救援保障和力量
林草火灾	包括草火灾事件统计、监测数据实时感知、时空分布规律特征分析、季节分布专题、地域分布专题、火灾救援资源配置方案、强关联分析、辅助森林草原防火工作的日常管理、并且在第一时间为火灾救援提供参考资料
地震灾害	包括震级级值空间分布、地震数量密度分布、历史震级空间分布、历史地震综合统计、地震影响范围、受灾人口分布、为高效科学的受灾人员安置数据助提供信息化支撑、重点设施分布、进而提升地震救援效率、最大限度降低地震灾害造成的人员伤亡与财产损失震救援效率、保障恢复重建工作的顺利进行

图6-3　阿里云"城市大脑"一应急管理一张图

资料来源：消防产业智库：《智慧应急解决方案（阿里）》，https://developer.aliyun.com/article/782295。

（三）方案实践应用

2019 年，杭州余杭区以推进"城市大脑"为契机，整合汇集政府、企业和社会数据资源，在国内首创建立"城市大脑 + 智慧安监"综合平台，通过对重大风险实时监测和智能化分析，及时做出预测预警，准确聚焦一批共性风险和城市发展面上问题，有效提升执法整治的实效性和公正性，全区事故防控形势明显趋好。

2020 年，温州"防汛减灾大脑"通过当地大数据局的政务云平台，整合接入相关单位防汛数据资源，改变之前防汛数据孤立零散的状况。通过阿里大数据平台和人工智能技术对关联数据进行充分发掘分析，实现对灾害事件的多部门协同响应和有序应对，更好地满足全市应急管理工作的需要。"防汛减灾大脑"包含防汛物资智能调度、区域智能信息推送、城市积水内涝分析、预案一键启动等系列应用模块功能，实现智能实时操控目标。例如，特定危险区域实施人员转移时，能够借助减灾大脑平台的移动信号分布或电力应用感知等功能，对危险区域进行监测。

目前，"城市大脑"方案已经引起全国各省、市、区的广泛关注。比如，2022 年以来山东提出加快推动"城市大脑"建设提升，在年底前设区的市全面建成感知设施统筹、数据统管、平台统一、系统集成和应用多样的市级"城市大脑"。随后，济南市政府办公厅发布《济南市加快推进城市大脑建设行动方案（2022 年）》，提出"一脑统管、一键体检、一网通办、一网统管、一体监管、一站服务、一体推进"的政策支持目标及相关措施。

二　鹏城智能体城市安全发展方案[①]

鹏城安全发展智能体是一个依托深圳市背景促进智慧使能的城市

---

① 参考深圳市公共安全研究院《鹏城智能体城市安全发展白皮书》，2020 年。

安全综合解决方案，借助特定开发的技术架构，打造"一库三中枢 N 系统"全场景业务应用体系，支撑深圳"双区驱动"重大历史机遇下的全周期安全治理，创建城市安全发展范例。

（一）鹏城安全发展智能体技术架构

鹏城安全发展智能体技术架构提供了韧性城市建设的一种技术方案，包含了智能交互、智能连接、智能中枢、智慧应用四个层次（见图 6-4）。

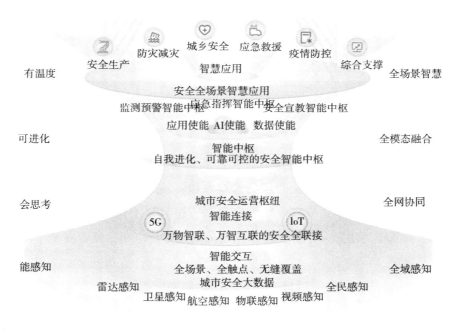

图 6-4 鹏城安全发展智能体技术架构

资料来源：深圳市公共安全研究院：《鹏城智能体城市安全发展白皮书》，2020 年。

智能交互是物理空间、社会空间和信息空间的连接点，旨在实现全面感知城市安全体征，使人、事、物从过去的"建立连接"转向"持续交互"，对人的行为的交互能力体现在移动终端、融合视频的数字化体验等方面；对事的管理的交互能力体现为全息感知和智能协作；对物的安全状态交互能力体现为智能视觉等。通过人、事、物的全景智能交互完成从单一空间到三度空间的融合演化，实现城市安全发展的"星—空—地"一体化全域感知，推动城市安全发展数据的自由流动。

智能连接是鹏城安全发展智能体的"躯干"，旨在实现连接智能中枢和智能交互。城市安全需要泛在的应急通信保障、数据交互、物联感知。为满足城市安全发展个性化、多应用和全场景的不同时延和可靠性需求，智能连接通过无线通信、有线通信、卫星通信等物理连接，提供城市全方位、全过程、全天候的万物智联保障。

智能中枢是鹏城安全发展智能体的关键内核。通过高度智能、自我进化、安全可控的数据使能、AI使能和应用使能，对汇聚的各类城市安全数据（物联、视频、遥感、消息、图片等）进行综合检索、分析、研判，着力建设城市安全监测预警智能中枢、应急指挥智能中枢和安全宣教智能中枢，有力支撑城市安全发展全场景智慧的快速构建。

智慧应用是鹏城安全发展智能体的价值呈现，探索可落地场景，快速对接城市发展中不断涌现的痛难点和新挑战，将所有安全发展相关场景聚合，逐步完成整个城市全场景、智慧化宏伟蓝图。通过自主研发与创新，建立多学科、跨领域的全场景智慧应用，涵盖安全生产、防灾减灾、应急救援、公共卫生疫情防控、综合支撑模块，在城市"规划—设计—建设—运营—更新"生命周期中保障城市安全。

（二）鹏城安全发展应急救援体系

鹏城安全发展智能体城市的应急救援体系主要由应急指挥、应急物资保障和院前救治构成。

第一，应急指挥。应急指挥是城市安全与应急管理工作的核心业务，涉及值班值守、预案管理、应急资源管理、指挥调度、信息发布、通信保障等各项应急指挥能力建设。坚持"一切为了实战、一切围绕实战、一切服务实战"的原则，采用分层建设、上下支撑、多级管理的建设方式，构建全域覆盖的感知网络和天地一体的应急通信网络，依托鹏城安全发展智能体技术架构，打造统一指挥、专常兼备、反应灵敏、上下联动的应急指挥体系，为应急救援智慧应用提供技术支撑。

第二，应急物资保障。按照"物资管理动态化、辅助决策智能化、指挥调拨精准化、储备需求自动化"的全周期管理理念，构建统一的应急物资保障平台。针对应急物资数据动态更新、精准调拨和科学储备管理存在的短板和不足，基于 PC 端和移动端，通过有线网络、无线网络和移动通信网络，利用 AI、NLP、5G 等新一代信息技术，为应急物资储备管理精细化、突发事件应急物资保障决策智能化和指挥调拨精准化提供支撑。

第三，院前急救。院前急救是指在院外对急危重症病人的急救。受限于交通状况，120 救护车到达事故现场时间为 12—20 分钟，而突发疾病的救助时间非常有限。运用应急科技助力公共社会治理提质增效的思路，通过人流热力追踪数据精准规划自动体外心脏除颤仪（AED）配置和急救学习常态化、线上教育普及化，从急救人员、急救设备、科技管理三个方面发力构建院前急救体系。

（三）方案实践应用

依托鹏城智能体城市安全发展方案的相关架构，深圳开展危险化学品（加油站、重大危险源及生产企业）安全生产监测预警系统试点工作，已完成基础信息管理、统计分析、智能化统计与分析、油站安全态势排名、精益分析报告、实时视频播放等功能开发，形成了"1+3+8+8"的基础框架："1"即一套系统，符合国家、省市对危化品监测预警系统功能要求，上接省厅危化品监测预警系统，下联各区危化品监管相应系统，体现安全监管"一盘棋"的设计理念；"3"即用于数据采集的 3 类设备（4G 无线路由器、视频智能分析设备、物联监测设备），将视频智能分析数据与物联网监测监控数据对接到系统后台；"8+8"即 8 种视频智能分析功能和 8 种物联智能监测功能。截至 2020 年 11 月 1 日，深圳已完成 92 家加油站网络视频接入，实现重大危险源模块、生产企业模块与城市加油站系统深度融合，与部、省所建的危化品监测预警系统实现业务与数据对接。在智能化建设方面，深圳进一步推动实现全市重大危险源和生产企业的视频智能分析与物联监测功能。

2020 年，深圳智慧"三防"应用系统覆盖了全域感知、动态模拟、精准预警、协调指挥和灾后评估的全流程。通过多手段无间隙汇聚全市相关部门 2100 万条数据信息，一键发送给全市 5.3 万"三防"（即防台风、暴雨、干旱三大自然灾害）责任人，使其实时了解"三防"态势；利用风险预测模型精细化动态模拟，秒级合成应急响应指令，支撑各级防灾减灾精准指挥调度。2020 年全市防汛防台应急响应同比减少 60%，引发的社会动员和"三防"投入更加精准集约。

三　北京副中心数字标杆城市规划

2021 年初，北京市"十四五"规划明确提出要大力发展数字经济、建设全球数字经济标杆城市，率先在城市副中心建设数字经济应用场景。当年 9 月 26 日，《关于推进北京城市副中心高质量发展的实施方案》印发，再次提出创新发展数字经济、集成 5G、人工智能、云计算、大数据、IPv6 等新一代信息技术，建设一批数字技术与经济融合创新平台。2022 年 1 月 28 日，《北京市关于加快建设全球数字经济标杆城市的实施方案》发布，从五大领域提出 26 条具体任务（见表 6 - 1）。

北京城市副中心的数字化建设与安全韧性建设是相辅相成的，其基础源自技术与社会的紧密融合以及人与物共处统一的生态系统之中。数字技术的生产、流通和使用嵌入城市韧性发展体系的各个环节，形成一个"社会—技术"联动的城市运行系统，共同促进城市核心功能的实现，提高城市抵御风险的水平，并且为公众参与城市安全治理提供了高效便捷的渠道。[①]

---

① 谭日辉、陈思懿、王涛：《数字平台优化韧性城市建设研究——以北京城市副中心为例》，《城市问题》2022 年第 1 期。

表 6 – 1　　　　　北京城市副中心数字标杆城市建设重点任务

领域	任务
推进数字产业培育， 壮大数字经济新兴产业集群	着力培育网络安全产业
	重点发展城市科技产业
	加快发展数字设计产业
	积极发展数字内容产业
	主动布局区块链产业
	积极探索元宇宙产业
	全面推进产业生态建设
深化产业数字转型， 构筑数字化赋能创新发展格局	数字文旅
	数字金融
	数字消费
	数字贸易
	数字政务
	智能建筑
	智能制造
	数字农业
加强数据要素供给， 完善数字经济技术产业生态	完善网络通信设施
	搭建政务大数据平台
	引进产业互联网平台
	建设政务服务数据专区
	建设文化旅游数据专区
加快标杆工程建设， 打造数字经济示范引领高地	推进跨体系数字医疗示范中心建设工程
	推进数字化社区建设工程
	推进智慧城市标杆示范项目
完善数字赋能服务，助力 中小企业高质量发展	搭建中小企业公共服务平台体系
	培育专精特新优质中小企业群体
	促进中小企业广泛上云用云

　　北京城市副中心建设围绕数字赋能实体经济、扶持标杆企业发展、基础设施精准覆盖、挖掘数据富矿资源、构建数字政府体系五个方面，反映了实现民生福祉的数字社会未来愿景。当前，北京西城区、海淀

区、朝阳区、大兴区、通州区等按照《北京市关于加快建设全球数字经济标杆城市的实施方案》，制定了本区数字经济行动方案相关文件并付出实践行动。《北京市数字经济全产业链开放发展行动方案》也于 2021 年 5 月 30 日正式发布，明确提出推动交通、医疗、建筑维护、城市管理、政务服务等全域型智慧应用场景开放，启动副中心智慧城市标杆示范区建设，加快建设智慧生活实验室，为新技术、新产品开发应用提供场景和测试验证。针对近年来频发的各类灾害事件，数字科技手段的引入与数字经济发展对于识别城市复杂风险、防御应对各类灾害必将起到重要支撑作用。未来，城市尤其是超大特大城市的发展将面对越来越多的公共安全风险和不确定性，除了充分依托数字科技手段予以回应，城市安全韧性建设还需政府治理机制层面进一步的改革创新与实践探索，北京数字标杆城市规划提供了一套前瞻性的发展方案。

第七章 安全韧性城市治理与政府 能力建设新视域

第一节 复合型风险与韧性治理

近年来，我国城市面临日益复杂的风险挑战，自然灾害、生产事故、社会安全和公共卫生等领域的风险因子在城市空间不断聚集，引发了多种类型的城市公共安全事件。新冠疫情蔓延与各地频发的极端天气灾害给人类社会发展提出了诸多深思的时代命题，亟待构建有效应对复合型灾害风险的公共治理体系。当前，安全韧性城市成为我国新型城镇化建设的重要政策目标，贯彻韧性治理理念有助于回应当代复合型灾害的治理难题。

一 复合型风险及其演进

对于复合型灾害，国内外研究存在较大差异，还没有形成统一的认知定义。一些学者把复合型灾害理解为区域内多种风险的简单叠加，有的则考虑是多种致灾因子在一定时空上同时存在或发生的情况，有的强调致灾因子之间的因果关系并将其归纳为灾害链问题。① 例如，周利敏认为复合型灾害是一个灾害发生后同时引发其他类型灾害，包

---

① 明晓东、徐伟等：《多灾种风险评估研究进展》，《灾害学》2013 年第 1 期。

含同时间发生或接二连三发生。[①] 朱正威、刘莹莹认为复合型灾害是比单个灾害更严重的多重连续灾害事件，现代城市的复合型灾害跨越了传统科技与人文边界，超越了自然与社会的分野，甚至改变了风险原因与灾难后果的简单线性关系，在多重时空逻辑与复杂行政关系中给城市治理体系形成新的管控需求与治理困境。[②]

综合已有研究，复合型灾害不能被简单地视为自然灾害、事故灾难、公共卫生事件等风险在同一时空领域的发生形式，而通常表现为自然灾害系统与社会风险系统中的致灾因子共同演化导致的一系列持续性灾害。由此，可以归纳出三种不同形态的复合型灾害，即自然灾害的复合、自然灾害与社会风险的复合、社会风险的复合。

（一）自然灾害的复合

在自然科学研究者看来，致灾因子主要来自自然领域，灾害被认为是一种客观损失，而危险源与这种结果之间的关系是自然、非人为因素的作用过程。灾害学理论中的灾害链可以被视为复合型风险，即多种灾害叠加形成的群发性或链条状发生的灾害，产生的自然—社会系统衍生影响和破坏更大。

目前我国学界普遍认同三种常见的复合型自然灾害，一是地震灾害链，大地震发生后会导致滑坡、崩塌、泥石流、地裂缝、地面沉陷等地质灾害；诱发火灾、水灾、有毒有害化学物品泄漏等其他灾害，往往会形成次生灾害。二是台风灾害链，热带气旋的高强度风速可以造成狂风巨浪、风暴潮和大范围暴雨。我国濒临太平洋区域，是世界上受热带气旋危害最严重的国家之一。台风发生时强风巨浪特大暴雨、风暴潮、滑坡、泥石流等次生灾害频繁发生，其严重后果在沿海地区更加突出。三是干旱灾害链，我国干旱存在广泛性特征，影响范围广、领域宽。干旱灾害链一般表现出干旱—火灾、干旱—虫灾、干旱—沙

---

① 周利敏：《从自然脆弱性到社会脆弱性：灾害研究的范式转型》，《思想战线》2012 年第 2 期。

② 朱正威、刘莹莹：《韧性治理：风险与应急管理的新路径》，《行政论坛》2020 年第 5 期。

尘暴—土地沙化等，造成严重的灾害效应。此外，还有农作物生物灾害链、冰冻灾害链、森林火灾链等。

现实中，复合型灾害往往是多条灾害链同时出现或者陆续发生，形成众灾齐发的现象，如地震灾害链加上台风灾害链、森林火灾链加上干旱灾害链，给人类社会造成极大的破坏。例如，2021年美国加利福尼亚州受气候变化影响，大面积土地严重干旱，由于水库水位低，加州供应的水量有限，州政府一度出台了限水举措。6月24日，锡斯基尤县燃起的"熔岩"山火过火面积达到9800公顷，同时，加州"卡多尔"山火过火面积扩大到462平方公里，烧毁了600多座建筑。还有一处山火"迪克西"过火面积超过2926平方公里。10月份，"炸弹气旋"袭击美国加州，在迪克西和卡尔多火灾肆虐过的地方引发洪水和泥石流灾害。目前，中国的极端天气呈现明显增加趋势，高温、低温冷冻、雨雪、洪涝和干旱风险进一步加剧且中西部地区地质构造、地形地貌复杂，发生山体崩塌、滑坡、泥石流等地质灾害的风险很大。

（二）自然灾害与社会风险的复合

当某类灾害发生时，灾害链效应不断驱使破坏因素从自然环境向社会环境延伸，加大了人为性灾难的影响范围与损失程度，而自然灾害诱发社会风险的复合型风险破坏力极大。洪水灾害是一个人与自然相互作用的复杂灾害系统，往往与其他的灾害形成灾害链，同时大水之时也可能会伴随着"人祸"的负面效应。2020年以来新冠疫情的冲击诱发衍生性社会风险加剧，相关风险的突发性和不确定性易造成连锁效应，其复合作用还会冲击到特定的生命个体，引起个人乃至家庭成员的生理、心理以及行为的异常反应，社会层面防范化解重大自然灾害和安全生产风险的压力进一步加大。因此，受灾害链冲力的累积和叠加过程影响，复合型灾害远比单一灾害有着更为复杂的发生机理和更严重的经济社会后果。

（三）社会风险的复合

社会系统内部演化的矛盾冲突，如果管控不力可能导致不同层面的公共危机，例如经济危机（2008 年国际金融危机）、公共卫生危机（2020 年以来新冠疫情）、社会安全事件（2003 年"9·11"恐怖袭击事件）、安全生产事故（危险化学品、矿山、建筑施工、交通、消防）等。

　　当代社会系统正经历深刻调整变革和全球化、信息化的发展进程，传统意义上风险危机不再单一表现为某种形式或单独出现，而是几种甚至多种同时爆发并产生交互影响。因救援处置不当、舆情应对不当，多种风险耦合叠加可能引发更大范围的社会风险，稍有不慎极易扩展至全域性风险，导致"黑天鹅事件"和"灰犀牛事件"。2020 年 3 月 30 日，四川凉山州西昌市皮家山发生森林火灾，这本是一起受特定风力风向作用导致电力故障引发的森林火灾，火势向泸山景区方向迅速蔓延，大量浓烟顺风飘入西昌城区，因地方政府准备不足、应对乏力，致使参与火灾扑救的 19 人牺牲、3 人受伤，导致后续网络舆论沸腾，当地社会生活节奏被打乱，公众心理受到巨大冲击，降低整体社会安全感。2022 年，俄乌冲突不仅给两国及欧洲国家带来深刻的经济社会影响，也使万里之外的国家区域遭受危害，能源、粮食、生态环境等社会系统造成严重损害，甚至间接引发了一系列社会危机。如处于南亚地区的斯里兰卡受俄乌冲突影响，发生粮食严重短缺和能源危机并由此触发了该国的社会骚乱与政治动荡，国家濒临破产边缘。

二　韧性治理：复合型灾害应对新要求

　　单一灾害风险极易与城市系统耦合，诱发复合型灾害风险，单一的减灾方式无法有效应对复合型灾害风险，城市防灾减灾正向"综合型减灾""立体减灾"转变。① 在复合型灾害应对思路下，应急资源（人力、物资、资金、设施、信息和技术等）的储备、联动、调度、

---

　　① 周利敏：《复合型减灾：结构式与非结构式困境的破解》，《思想战线》2013 年第 6 期。

运送成为关键，需要在一定制度保障下，最大限度发挥政府主导与社会力量之间的聚合治理。通过构建"平战结合"的灾害治理体系，加大城市内外多层次应急联动，强化应急资源储备、技术赋能、数据驱动等途径，以实现"灾害损失最小化"和提升风险治理能力的战略目标。

（一）构建"平战结合"的灾害治理体系

以新冠疫情为例，决策者需要转换思路，妥善处理灾害风险防控与经济社会发展之间的关系，构建常态与应急态结合的治理体系。

一是强化基础设施"平战结合"功能，预留交通、电力、燃气、通信、医疗、防洪等重要区域性基础设施和廊道用地以备不时之需。以武汉早期新冠疫情为例，武汉在国际会展中心、洪山体育馆、东西湖区、科技会展中心、体育中心、国际博览中心等地共建设 13 处方舱医院，有效调用基础设施资源，让大量患者得到妥善的治疗和照顾。面对疫情零星散发，各大城市以"固定采样点 + 便民采样点 + 流动采样点"相结合的方式，加快布局常态化核酸采样点，对争取疫情防控主动权、有序恢复正常生产生活秩序起到十分重要的作用。① 部分城市吸收武汉等地经验，创新采用"永临结合"的建造模式，即基础地坪、道路可永久使用，备用病房等临时占用，进行公共卫生医疗中心应急工程建造，取得有益的发展经验。

二是强化应急物资储备供应"平战结合"功能。2020 年，国家发改委会同有关部门联合出台《关于健全公共卫生应急物资保障体系的实施方案》，其中提出"集中管理、统一调拨、平时服务、灾时应急、采储结合、节约高效"的明确要求。现实中，大规模应急救援物资储备会产生较大成本，也会因过期而造成浪费和环境损害。如何依托政府采购平台，降低采购成本，协调"平""战"的储备矛盾，是当前

---

① 《为尽早恢复正常秩序提供有力支撑　李强检查疫情防控和常态化核酸采样点布局工作》，《解放日报》2022 年 4 月 28 日。

应急救援物资体系建设的重要议题。

三是强化应急预案与应急演练"平战结合"的功能。对此,政府相关部门应当适时开展常态化的重大灾害事故应急演练和"双盲"演练,采取随机抽取模拟、"无剧本"演练、"无预演"演练等方式,对预案中的责任落实、行动到位、人员调度、物资分配、信息传达等环节进行全方位剖析,及时发现问题并整改。

(二)加强城市内外多层次应急联动

城市安全韧性建设不是任何单一部门可以承担的,离不开多层次、多部门的协同联动。特别地,针对公共安全事件应急处理,要优化跨区域城市间的联动运行机制,以缓解应急资源紧张的状况。比如 2020 年年初新冠疫情突发时,通过强化全国性应急物流系统,有效保障了防护服、口罩等急需医疗物资的供应,有力支撑了武汉方舱医院建设等。但是,疫情防控中面临物资供应不畅时,一些地方也屡屡出现"层层加码",违规设卡断路、关闭高速服务区等方式使重要运输通道堵塞阻断,严重影响区域供应链、产业链正常运转。加强多层次应急联动,需要着力在以下层面开展工作。

一方面,要强化联合指挥协调,完善区域内信息沟通机制。应急指挥机构应当定期组织多部门进行联合会商研判,及时掌握风险信息,提前在重点地区、重点部位、重点工程基础设施场所预先设置救援力量和必要的物资装备,确保一旦灾情发生能第一时间展开应急救援,最大限度地减少灾害损失。根据公共突发事件分类分级,明确政社企相关各方职责和具体任务,强化上下级、同级别、军队与地方、政府与企业、毗邻地区等协同工作机制有效落地。

另一方面,要动态完善跨区域应急预案,在一定原则下简化应急资源调度手续。2013 年国务院办公厅印发《突发事件应急预案管理办法》,其第 7 条明确规定,"鼓励相邻、相近的地方人民政府及其有关部门联合制定应对区域性、流域性突发事件的联合应急预案"。基于此,要破除当前地方预案体系相对碎片化的状态,面向复合型灾害及跨域型突发事件，健全动态调适的预案运行机制，使应急资源在调运、存储、配置时能够高效发挥其功能。现实中，不管是洪涝、地震、森林火灾等自然灾害，还是重大公共卫生事件应对，都亟待整合利用分散在各个行业系统的应急装备、物资、技术等大量资源。确立跨域型导向应急预案，对于突破行政壁垒、确保各类应急资源及时快速调动具有重要意义。

（三）增强应急资源储备利用的冗余度

2021年8月，中央全面深化改革委员会审议通过《关于改革完善体制机制加强战略和应急物资储备安全管理的若干意见》，强调在紧急情况下，储备物资起到应急保障、维护国家安全与社会稳定的作用；平常状态则可调剂物资余缺、平抑物价剧烈波动，发挥稳定市场功能。注重应急基础设施建设，增强资源的冗余性，是完善城市韧性治理体制的物质基础。对此，要特别注重强化资源储备系统中政府与社会之间的协同配合，应对紧急状态下应急资源短缺问题。

一方面，优化多层次应急物资储备结构。明确省、市、县三级政府针对生活保障类、医疗卫生类、抢险救援类和特殊稀缺类物资的储备标准、品种、规格、数量、时间等，逐步形成品类齐全、规模适度、布局完善、信息共享、调拨高效的应急物资储备体系。同时，倡导民众储备部分应急物资，使应急资源储备结构更加齐备合理。

另一方面，强化应急队伍能力建设。应急队伍是资源合理高效应用的保障力量，要不断推动综合性消防救援队伍、专业救援队伍、航空应急救援体系发展壮大，定期开展应急培训与演练，提升应急队伍快速机动、现场处置、自我保障等专业能力，满足灾情状态下应急资源的紧急调度需求，确保短时间内能够快速调度应急物资及运输车辆。同时，要优化资源配给机制，在灾害频发地区周边设立常态化的应急物资中转调运站，开设应急物资运输绿色通道等。

（四）技术赋能提升应急管理能力

习近平总书记指出："要鼓励运用大数据、人工智能、云计算等数字技术，在疫情监测分析、病毒溯源、防控救治、资源调配等方面更好发挥支撑作用。"① 科技赋能是我国推动灾害及应急管理体系现代化的必然之路。

首先，全面提升应急资源保障的网络化、数字化、智能化水平。通过数据互联互通及共享机制，实现各部门应急物资、资源储备库、应急队伍、重要装备等信息的动态更新、统一汇聚和立体展示，对应急物资的调配应用情况实施全周期实时监测，实现应急物资全过程数字化管理。充分把握城市应急资源保障能力冗余程度，既有利于政府有关部门全面、准确掌握情况，也有利于资源保障体系中各个参与方的协同合作。

其次，推动应急管理流程优化再造。借助云计算、大数据、物联网、人工智能、区块链等先进技术，根据重大突发事件物资需求，整合信息并深度挖掘，形成应急物资调配的全景视图，实现应急物资需求、调拨、运输、紧急生产、分发配送、征用、捐赠等全流程的整合管理。

最后，发挥科技信息平台监控预警作用。在智慧城市总体构架下建设公共突发事件综合管理平台，推动各项业务信息与智慧应急基础数据库互联互通。提升灾害风险应对的信息化水平，探索精细化管理模式，提高各类灾害事件的预测预警能力。

第二节　安全韧性城市建设的三维系统

数字技术为灾前预警防控、灾中应急管理、灾后恢复决策提供了大量的解决方案，而完备的组织层级架构有助于充分发挥技术优势和优化调配各类城市资源。未来，可以探索从技术维度、时间维度、层

---

① 中共中央党史和文献研究院编：《习近平关于统筹疫情防控和经济社会发展重要论述选编》，中央文献出版社 2020 年版，第 53 页。

级维度持续打造具有本土特色的安全韧性城市，提升城市系统防灾减灾救灾能力。

一　技术维度："平台搭建—信息共享—多体联合"支撑

在气候变化背景下，各类灾害多发频发且日趋常态化，对自然环境与人类社会产生巨大冲击，数字技术的蓬勃发展为应对复合型灾害，实现城市监测预警、快速响应、应急资源协同调度提供了有力的科技支撑，大力加强云计算、区块链等先进技术手段和创新成果在防灾减灾救灾领域的应用已经达成共识。

（一）重视系统平台搭建

数字技术的应用绝不是购买了多少硬件设备、投入了多少财力、设置了怎样的机构、安排了多少专业人员，而是广泛涉及专业人员能动性、网络技术、业务模式、信息安全、数据权责等诸多问题，需要进一步推进技术应用的顶层设计和组织机构完善。在地方层面，近年来不少省份由新成立的大数据局或网信办牵头承办相关工作，不同机构内部也陆续成立数据处理及信息保障部门，但是信息化项目管理、政务云网建设和运维、城市服务 APP 运营、综合指挥平台建设、公共数据开放、数字化应用场景搭建等重点工作依然存在较多问题，共建共享的发展格局面临不少现实阻碍。如何统筹规划数字化建设，解决信息资源共享和协同合作的问题，避免"各唱各的调，各吹各的号"值得高度关注。为此，要在城乡基础设施集约化的信息建设方面持续用力，加快推动地方大数据管理服务中心建设，增强共建共用共享的数据资源基础，强化数据综合利用的能力。在此基础上，建设省、市级防灾减灾公共服务智能云平台、地质灾害防治信息一体化平台、水涝灾害防御指挥平台、应急物资储备管理平台、地理信息应急保障综合服务平台等涉灾涉险信息系统。开发具备灾害风险量化模拟、灾害场景可视化推演、灾害演变全过程仿真等功能的辅助决策系统。①

（二）加强信息共享协同能力

当前，国内许多省、市、县政府通过市场渠道招标科技公司开发不同的城市应用平台（如 APP），但存在标准不统一、市域冲突等典型问题，既容易造成重复投资、盲目投资带来的后遗症，也无法形成安全韧性城市信息化建设合力。譬如，2020 年新冠疫情初期，"苏康码"研发和推广之际，江苏 13 个城市自行开发建设各市健康码（如南京"宁归来"、南通"易来通"、无锡"锡康码"、苏州"苏城码"、连云港"连易通"、泰州"祥泰码"、淮安"淮上通"、徐州"彭城码"），甚至部分县区也推出了健康码（连云港灌云县"云易通"、淮安洪泽区"洪宜行"），彼此之间互不相认，多个地方政府主体重复收集数据，增加数字防疫社会成本，造成社会资源浪费。该问题出现的根本原因是城市之间、区县之间、企业与政府之间以及部门之间的数据共享不足，"数据孤岛"现象比较突出。② 对此，要持续构建城市间协同开放的数字信息采集、处理、存储标准，推动形成互联互通、信息共享、业务协同、统一高效的城市数字平台，在此基础上健全各类灾情的统计制度，建立反应灵敏、运转高效的灾情报送、统计与信息发布体系，完善应急救援"一个口子"统筹机制，推进涉灾部门实时共享受灾人口、气象状况、基础设施运转、经济损失等动态灾情数据。此外，要建立良好的信息传播网络，优化各类信息传播渠道，提高预报、预警、预演、预案等关联的应急信息传播速度，增强公众自身安全保障能力，有效防范化解各类灾害风险。

（三）推动多主体联合参与建设

城市防灾减灾需要各类企业、社会组织和民众等主体参与，政府

---

① 《江苏省人民政府办公厅关于印发江苏省"十四五"综合防灾减灾规划的通知》，《江苏省人民政府公报》2021 年 11 月 11 日。

② 高萍、徐明婧：《杭州市"数字战疫"启示：以数据赋能深化协同治理》，《社会治理》2020 年第 8 期。

部门难以胜任单独的数字平台研发和运行，技术平台应用运维同样需要专业企业和社会组织机构参与。以全国气象防灾减灾可视化监控管理平台为例，该平台是由中国气象局公共气象服务中心进行顶层框架、功能及产品设计，数字冰雹公司（Digital Hail）配合开发实施并共同合作完成的国家级公共气象服务平台。其系统集成了各省自动气象站数据、气象卫星数据和数值预报等数据，能够对全国的气象防灾减灾监控信息、重点涉灾单位、预警发布设施状态、灾害责任人等要素进行全面监测。数字冰雹公司长期致力于提供大屏可视化决策系统，为政府提供了智慧城市、公安、交管、监所、电力、应急管理等多个领域的数字系统。需要指出的是，市场不是万能的，社会系统也有可能失灵，必须重视城市灾害治理各环节的宏观监管，以保障信息安全。各地政府可以探索"政府主导＋市场化运作＋社会参与"的机制，使各个主体能够在科学专业化道路上为安全韧性城市建设做出各自贡献。

二　时间维度："灾前预警—灾中应急—灾后恢复"机制

优化城市系统灾害风险的防控流程，完善"灾前预警—灾中应急—灾后恢复"的应急管理机制，这是安全韧性城市建设的重要内容之一。

（一）优化城市灾害预警触发机制

超大特大城市发展过程中面临更突出的复杂性和不确定性，复合型灾害往往产生"多米诺式"效应，完善灾前预警系统是不可或缺的关键环节。

一是强化整体性工作协同。建立应急管理、自然资源、生态环境、住房和城乡建设、工业和信息化、公安、水利、气象、交通运输、农业农村、粮食储备等单位的灾害信息互联互通机制，构建统一的灾害综合信息服务平台，破除行政壁垒，实现致灾因子、承灾体、救援救灾资源的合作共享。

二是监测系统端口前移，不留"盲点"。加强城市发展风险因子研判，实现全覆盖、全流程管理和全面监控，着力从气象、电力、水务、燃气、安保、交通、公共卫生、网络安全等领域发现城市治理中的薄弱环节，促进多灾种和灾害链综合监测与早期识别能力全面提升。健全完善城市空间高危行业领域重大危险源、危化品安全监控，进一步对化学品中毒事件、放射突发事件、食品安全事件、环境卫生事件等事故灾害的风险因素进行监测，推动分级风险触发响应。

三是建立数据驱动型预警预报机制以及灾害和突发事件的预警触发标准和办事规则。城市灾害风险应对有赖于科学化、精准化、高效化决策，要加强数据驱动、智慧预警系统建设，依靠数字化手段增强应急响应有效度。

四是保持应急预案体系的敏捷性。修订完善各类城市应急预案、专项预案和部门预案，加强应急预案可行性评估，强化各层级应急预案衔接融通和数字化应用，进一步增强应急预案的实战性、可操作性。面对各类城市灾害风险，要依据实际情况及时调整应急预案，注重预案编制与应急物资系统的紧密衔接，强化预测监管能力。

（二）建立高效的城市应急指挥体系

首先，按照常态应急与非常态应急相结合，进一步修订完善城市空间灾害防治、应急救援、安全生产等领域的法规条例，明晰应急职责任务体系，细化党政领导责任、职能部门监管责任、企业机构主体责任、基层组织防控责任，构建横向到边、纵向到底的防灾减灾救灾责任体系。

其次，明确灾害事故指挥关系，分类健全救援指挥处置指南。针对城市灾害风险类型，按照专项应急预案成立专项指挥机构，明确关键时段的具体岗位和职责，党政负责人坐镇指挥、靠前指挥，现场指挥部要听取应急响应专业意见，保持信息畅通，确保高效运转、科学决策、有效救援。

最后，完善城市应急指挥联动机制，建设统一领导、综合协调、权责一致的应急指挥处置流程，横向联动各部门，纵向贯通上级指挥部、区域指挥中心，推动实现应急指挥救援智能化、扁平化、一体化。全面落实关键部门 24 小时应急值守，构建省、市、县、乡镇（街道）一体化监控体系。

（三）完善城市灾害恢复处理机制

一是健全受灾人员救助制度。通过应急救助体系，逐步建立与受灾城市经济社会发展水平相适应的社会安全恢复力与灾害救助标准调整机制。坚持灾后救助与其他专项救助相结合，加强救灾资源调配，推广政府与社会资本、社会组织、企业合作模式，支持红十字会、慈善组织等依法参与城市灾害救援救助工作。加强临时住所、水、电、道路等基础设施建设，保障受灾民众基本生活。加强对老人、儿童、孕产妇和受灾害影响造成监护缺失的未成年人救助保护，关注灾害心理援助体系建设，发生重大灾害后及时开展受灾人群的心理安抚救助工作。①

二是严格善后救助资金管理。根据城市各类灾害特征规范救治补助标准，科学评估并依据灾害受损程度予以补偿，保证救助资金有法可依、公正合理。完善灾后恢复重建财税、金融、土地、社会保障、产业扶持等配套政策。引导各类贷款、对口支援资金、社会捐赠资金等参与城市灾后恢复重建，加强灾后恢复资金管理及监督评估，确保各项恢复性公共政策落实到位。

三是尽快建立城市巨灾保险制度。从"主要由政府承担损失"向"社会共同分担风险"模式转变，更好地发挥市场机制在城市重大灾害及突发事件救助和资源配置中的作用。健全完善安全生产责任保险制度，鼓励燃爆、危化品等高危行业领域企业投保安全生产责任险，丰富关键从业人员、应急救援人员的人身安全保险品种。

---

① 《国务院关于印发"十四五"国家应急体系规划的通知》，《中华人民共和国国务院公报》2022 年 2 月 28 日。

三　层级维度："宏观设计—中观评估—微观示范"架构

（一）宏观：着力规划政策顶层设计

现代安全韧性城市强调在逆变和突发外部冲击环境中展现承受、适应和快速恢复能力，是城市安全发展的新路径、新方向。对此，健全面向安全韧性城市的顶层设计是首要之举。

首先，要把安全韧性城市的发展理念深度融入城市规划建设之中，借鉴国内外先进城市经验，根据自然地理环境及其自身特征制定韧性城市建设总体规划，推进发展策略的制度化、规范化、标准化，全方位提升城市综合能力，是建设城市安全保障体系的前提基础。

其次，加强全局谋划和整体统筹，多措并举，一体推进安全韧性城市建设。在城市总体规划阶段，结合国家政策将生态安全韧性与基础设施韧性等要素作为一个重点内容，既要确立不同调控区域的空间发展坐标、各类基础设施和生态环境开发控制等强制性要素，也要根据城市特点明确整体建设骨架、建设风貌等引导性要素，为各类专项城市韧性建设项目提供政策支持。

最后，要始终坚持政府主导、社会参与原则，强化韧性战略思维。结合现有城市发展规划，协调引导社会力量和优势资源共同推动安全韧性城市建设。

（二）中观：建立动态靶向评价机制

对安全韧性城市建设水平进行综合评价或评估，是把握建设现状、趋势及其改进方向的关键环节。安全韧性城市建设本身是一个动态过程，对其建设水平的评价也应当是动态持续的。

一方面，加强评估指标的动态监测和分析研判，为安全韧性城市建设决策提供依据。城市安全韧性发展与自然禀赋、人口结构态势和城镇化发展水平、产业和能源结构等因素密切相关。评价指标体系的作用不仅在于描述现状，更体现基于标准的纵向、横向比较以及城市自身的动态监测分析，从而发现其中的差距和薄弱环节。

另一方面，建立靶向的评价机制，保证对建设效果的精准掌握。这种靶向评价包括对城市韧性建设实际效果的分类诊断或体检、公开评价结果并吸收借鉴有关专业建议。城市诊断报告应该涵盖韧性建设中采取的具体措施、实施进度、实施效果、措施未落实原因或效果不力的原因以及进一步完善工作方案等。这一评价机制要特别强化政府职能部门，其他专项建设部门配合跟进。此外，靶向评价的应用应当重视量化分析与定性分析相结合，采用包括综合指标、模拟仿真在内的一系列科学工具来评价城市建设效果，确保有据可循。

（三）微观：强化韧性社区基层治理

首先，要加强面向城市基层社区的安全韧性理念和防灾减灾思想宣传教育，从物质环境改善、公众参与拓展、保险制度设计和个体心理干预等方面进行细化，编制科学合理的协同行动实施方案，健全基层应急信息发布平台和综合防灾示范性社区建设。

其次，作为社会安全"第一防线"，城市社区居委会等群众性自治组织要持续发挥好自身的支撑作用，建设基层社区应急救援示范队伍，积极建设和完善社区各类应急设施，为基层配备常用的应急救援资源和个体防护装备，如基层应急管理站（所）、社区微型消防站。

再次，积极发挥社会组织的协同参与。社会组织不仅是现代城市治理的重要组成部分，也是城市减灾防灾不可或缺的第三部门，具有运行管理机制灵活、覆盖范围广泛、掌握专业应急资源的优势，实践中能够为城市韧性建设提供包括安全评估、专业咨询、技术维护、保险服务和辅助宣传教育等一系列支持，应当充分激活该类组织的优势。[1]

最后，依托科研实体及专门机构，开展各类有特色的灾害应急和城市空间治理科普活动，推动制定家庭防灾减灾救灾与应急物资储备

---

[1]　翟国方：《我国韧性国土空间建设的战略重点》，《城市规划》2021年第2期。

指南和规范标准，鼓励以家庭为单元合理储备各类灾害应急物品，提升基层民众的风险防范、灾害避险意识和自救互救能力。

第三节　安全韧性城市高质量发展与愿景

一　安全韧性城市建设的多元融合

当前，城市安全治理进入协同合作、共享共生的新阶段，高质量发展与高水平安全是我国城市治理的总体政策依循，能够更好地应对前进道路上突出的复杂风险。诸如新冠疫情等重大公共卫生事件具有明显的跨域复合型灾害特征，单独一个省份或地区无法独立应对，需要动用更广泛的力量实现全域响应，共同应对危机事件。

（一）统筹省市韧性发展规划，打造协同治理体系

一是省级层面将安全韧性城市规划纳入国土空间规划体系，传播安全韧性城市理念，坚持防灾减灾与应急救灾相结合，建立适合省情市情的安全韧性城市系列规划、建设指标体系和实施策略。

二是打破行政边界，主动对接城市毗邻地区，构建更大范围的重大风险防范与协作应对体系。要在省市之间健全自然灾害高风险地区、重点城市群区域协调联动机制，协同开展区域风险隐患排查，建立联合指挥、灾情速报、资源共享机制。以江苏为例，可与上海、浙江、安徽、河南、山东等毗邻省份城市加强应急管理区域协作机制，开展多灾种综合性应急协作，形成跨区域灾害应对合力。定期组织开展区域综合应急演练，强化互助调配衔接，实现区域内重大风险联防联控，共同推进全域安全韧性城市建设。

三是都市圈中心城市牵头制定区域应急管理协同方案，深化在社会重大风险联防联控、预案互补、应急演练与应急处置等方面的合作。通过发挥灾害响应部门的综合优势和相关职能部门的专业优势，建立更加科学的多主体联动、城市灾害协同治理机制。

四是健全军地协同机制，加强应急预案衔接和军地联合演练，完善军队、武警、民兵和预备役部队参与城市抢险救灾程序。建立健全军地应急指挥协同、常态业务协调、灾情动态通报和部门联合勘测、应急资源协同保障的系统机制，实现军地救援力量联合决策、快速反应、协同行动。按照军民兼容、"平战结合"思路，探索市、县两级国防动员训练基地与管理培训军地共享共用。

（二）强化多元主体共治，提升综合治理能力

强大的社会凝聚力和广泛公共参与是我国灾害治理的重要基础，也是中国特色社会主义制度优势的关键体现。现代城市发展面临多种复合型灾害风险的可能冲击，其应对涉及医疗卫生系统、交通运输系统、公共服务系统以及应急保障系统，对此要加快建设"政府—市场—社会"合作联动的多主体、多系统协同体系。尤其面对突发自然灾害和重大公共卫生事件，需要省级部门、各地政府、社会组织、企业以及居民采取共同行动。

一是大力培育应急志愿者队伍。由志愿服务联合会、各县（市、区）相关部门负责，建设基层应急志愿者队伍，配备必要的通信联络、预警信息发布、医疗急救、宣教培训等设施设备，统筹纳入城市应急管理体系。引导诸如高校学生主动参与城市安全治理相关的社会实践和志愿者活动，积极发挥各类志愿者防灾减灾、应急宣教作用。

二是培育应急救援力量建设。积极推进城市灾害治理领域的政府购买服务，挖掘整合各类资源投入城市安全韧性建设。特别地，培育市场化、专业化的应急救援组织，鼓励和支持专业组织、社会力量参与城市安全及应急救援工作。例如，中国第一个非营利性质的坊间人道紧急救援组织——蓝天救援队，本身是非官方的民间志愿组织，以广泛的志愿活动向社会提供免费的紧急救助服务项目，取得了很好的社会效应。

三是健全城市应急救援力量管理和调配机制。对此，要推动实行统一组织、统一指挥，有效协调各类应急队伍依法有序参与城市重大灾害事故救援救助工作。此外，进一步争取国际组织和权威机构在资金、人员、技术、教育和培训上的支持，加强与国际组织信息沟通，通过有效合作机制的建立，搭建国内外城市之间的安全韧性建设平台，实现互利互惠共同发展。

（三）推动城市建设方案互动衔接，发挥聚合融合效果

21 世纪以来，各类城市建设理念与发展规划方案大量涌现，如宜居城市、低碳城市、海绵城市、智慧城市、公园城市、气候适应性城市、无废城市等，为我国新时期城市建设带来新的思维。其中，宜居城市提倡城市居住区的人性化、健康化发展目标。低碳城市提倡低碳思维和低碳技术导向，最大限度地减少温室气体的排放。公园城市理念提倡降低城市生产、生活所造成的物质和能量消耗，提升城市生态环境的修复、再生和转化能力。气候适应性城市强调适应全球气候变化的形势，加强城市综合风险管理意识。无废城市理念则是实现整个城市空间固体废物产生量最小、资源利用充分、处置安全的目标。

以上这些城市建设理念各有各的侧重点，但与安全韧性城市发展目标之间也存在诸多共性特征。2022 年，国务院印发《"十四五"节能减排综合工作方案》，提出全面推进城镇绿色规划、绿色建设、绿色运行管理，推动低碳城市、韧性城市、海绵城市、无废城市建设。这在本质上也意味着安全韧性城市建设思路、路径方案与上述城市建设理念是相辅相成的。当前，国内不同能级的城市在韧性建设过程中关注的重点各不相同，不同类型城市理念与实际发展水平也具有明显差异。为避免政策标准的可能冲突带来的不利影响，在未来城市更新与城市综合治理制定规划过程中应当聚合彰显各种战略思维的共性之处，引导发挥融合融通的治理目标，立足风险灾害治理、安全生产、生态环境保护、可持续发展等方向，因地制宜从城市规划、建设、管理全过程谋划安全韧性建设方案的交互融合。

二　安全韧性城市建设的前瞻性规划

统筹安全与发展，合理布局城乡生产、生活和生态空间，构建安全、健康、和谐、可持续的城市空间格局是当代韧性城市治理理念的重要目标，也是新时期城市空间规划与前瞻性建设的必然路径。

（一）确立安全发展导向，挖掘城市典型示范

面对现实环境下复合性灾害风险，要持续健全以安全发展为导向的城市治理体系，将韧性理念要素融入不同空间尺度的城市规划与设计中，由点带面，发挥典型城市的示范作用。事实上，我国海绵城市、气候适应性城市和无废城市等地区实践，都是在综合考虑经济体量、市场成熟度、改革基础条件等情况下，选择特定城市为试点进行小范围推动，建成一批好项目、形成一系列好经验，而后为全国其他地区提供有益借鉴和参照。由此，未来以典型城市为带动，发挥其辐射与带动作用是推进国内安全韧性城市建设的适宜方式。从我国发展现状来看，目前已有浙江义乌、四川德阳、浙江海盐、湖北黄石四座城市入选"全球100韧性城市"项目，北京等城市也出台了详细的安全韧性建设规划，有助于不断积累地方探索经验，为国内其他城市的发展提供示范价值。

一方面，应拓展国际对话与合作平台，吸收国外的有益做法，分层次分类别加强韧性城市建设，不断提炼典型城市的建设发展经验，塑造良好形象。为此，政府应在城市治理过程中发挥政策引导作用，推动社会资源的合理配置，为韧性城市建设提供必要的资金保障和资源支持。另一方面，我国各地韧性城市建设仍处于初期探索阶段，没有固定模式可循，一些制度建设及公共政策领域还不完善，也存在不少未知和不确定因素，挖掘并吸收典型城市的探索经验乃至教训，可以使后续城市少走弯路，摆正韧性城市建设发展方向，避免盲目投入导致的人力、物力、财力损失和浪费。

（二）重视城市土地战略留白，增强应急空间复合利用

面对城市快速发展过程中的不确定性和可能的灾害风险冲击，需要为城市安全运行预留战略空间，统筹安全与发展战略目标。应以"平战结合""应急相济"的理念在城市不同区域预留多种形式、不同规模和用途的战略留白空间资源并明确对多类应急空间资源的科学规划与配置。

一是制订城市战略留白规划。战略留白是提升城市韧性的重要手段，战略留白用地为紧急灾害环境下城市功能正常运行提供后备保障，也为有效利用城市基础设施、公共服务设施和应对重大公共安全问题预留储备空间。因此，政府部门在城市土地利用规划、空间形态塑造、服务设施布局、交通网络构建、公共空间优化等层面需要强化统筹，对城市应急空间、绿色生命通道、城市通风廊道等进行超前和长远谋划，强化重大自然灾害、突发社会安全事件、安全事故的空间预警和应对防控布局。

二是改建既有体育场馆、广场、公园等城市空间，实现应急避难场所市域全覆盖。要将应急避难场所和紧急疏散通道纳入城市总体建设规划，出台具体应用的实施细则，进一步拓展公共场所的应急避险功能，保障灾害应急响应中居民基本的供水、供电等生活所需，完善应急避难生活服务设施。在新城开发或旧城改造中，要加强广场、体育馆、学校等城市公共空间和空旷场地预留，形成就地、就近、就时避难等分级分类疏散通道和避灾场所。

三是加强城市应急空间资源一体化建设。当面对突发灾害情况时，即时可利用的空间资源成为攻克难关的重要保障。比如，2020年武汉面对新冠疫情严重冲击时紧急建设雷神山、火神山医院，赢得宝贵时间，为区域疫情防控做出了重大贡献。此外，水利、电力、城市管理、通信和卫生健康等部门要密切对接应急空间资源建设规划，每年有计划、有侧重地开展城市应急空间项目建设，完善供水、供电、排水、广播、消防、卫生防疫等生活服务和应急设施。

（三）夯实生态发展基座，完善交通运输网络

在全球气候变暖大背景下，暴雨、热浪、干旱、泥石流、风暴潮、海平面上升等异常天气或自然现象，对城市运行和公共安全造成的危害日益凸显。当前，极端气候灾害是国内城市面临的严峻挑战，安全韧性城市建设的一个重点是如何有效应对气候灾害。

一是推进城市生态绿化功能和海绵城市建设。城市生态建设有利于居民情绪的平复和灾情减缓，增强城市应对气候灾害的能力。通过加强绿道、绿廊、绿楔等形式拓展城市绿地、河湖水系、山体丘陵、农田林网等各自然生态要素的衔接联通，充分发挥自然系统在调节气温和保持水土等各个方面的生态功能。严格城市河湖水域空间管控，强化对城市沟渠、坑塘、湿地等水体原始形态的保护和恢复，加强河湖水系自然联通，构建城市良性水循环系统。

二是增强交通运输网络联通性。一方面，科学监测气候变化背景下城市降水强度及分布状况，修订城市道路设计中的排水设计标准，将极端天气事件监测预警纳入城市交通设施规划与建设中。健全主干道路照明、标识、警示等指示系统，增强交通车辆、公交站台、停车场和机场等应对高温、严寒、强降水和台风的防护能力。另一方面，完善气候恶劣条件下应急物资的运输保障体系，建立多方参与、协同配合的应急物资综合交通协调机制，发挥铁路、公路、水运、航空、管道等各种运输力量，确保各类应急物资运输享有优先通道和快速通行、通关，提高城市空间应急物流配送效率。

三　安全韧性城市建设的制度保障

目前，安全韧性城市建设已经陆续出现在中国各级政府城市规划文件中，但是尚未充分体现在相关法律法规中，未来亟待弥补该领域法治建设短板，提升城市治理的法治化水平。

（一）加强应急防护普及，完善防御法律制度

一方面，要完善符合城市实际情况的应急管理、安全生产法规规章。推动地方应急管理领域各类规范性文件的制定体现与时俱进要求，全面覆盖城市安全管理的重点领域和关键环节，围绕国家政策要求开展集中清理和专项审查，邀请专家学者、法律顾问等参与修订工作，畅通公众参与渠道。例如，深圳陆续出台了《深圳市台风暴雨灾害公众防御指引（试行）》和《深圳市台风暴雨灾害防御规定（试行）》等政策文件，以地方性法规的形式，明确城市因灾需要停工、停产、停学等具体条件，适度赋予社会主体应急响应行动自主权。

另一方面，大力推动城市防灾救灾和应急防护知识的宣传普及，组织开展各类志愿者及红十字救护员专项培训，将应急自救知识技能纳入各级学校课程，增强公众灾害认知力与判断力，适时开展灾害及公共突发事件的应急演练，提高社会公众防灾避险意识和自救互救的应对水平。同时，深化全媒体导向的战略合作和互动融合，面向社会公众广泛传播风险隐患识别、安全事故预防、突发事件紧急避险、自救互救等应急安全知识，引导民众参与应急响应、防灾救助等公共事务，了解身边和社区的灾害风险状态。

（二）完善社区管理机制，建构多元参与网络

街道社区是城市防灾减灾救灾工作的前沿阵地，完善基层社区灾害风险网格化管理、构建多元参与的风险防控网络是当代城市特别是超大特大城市安全韧性建设的必经之路。一是以城市社区公共空间为基层单元进行统一规划和全局设计，积极推进全国综合减灾示范社区的创建工作，将应急避难场所管理、灾害风险监测预警、灾害应急预案编制演练、社区和家庭应急救灾物资储备、应急科普宣传、居民应急避险和自救互救能力提升等工作融入基层治理创新体系中。

二是广泛动员具有专业知识背景的城镇社区居民加入社区志愿者队伍。要整合优化现行社区灾害志愿者队伍，每个城市社区至少

配备 1 名灾害志愿者，明确社区灾害志愿者队伍管理、业务培训、经费保障等方面的权责。面向社区独居、空巢、留守老人及"五保户"、留守妇女儿童、残障人士等特殊群体，宣传普及交通、用火、用电、用气、防溺水等安全常识，提高特殊群体安全风险辨识和应急避险能力。

三是加大对社区灾害应急管理的经费、技术、设备等全方面的支持力度。充分调动企业和社会组织等资源力量建立完备的应急物资配置机制，配备与工作需要相适应的工作人员，保证社区应急物资采购和调运的高效及时。

（三）构建风险排查机制，筑牢生命安全防线

构建城市体检与综合风险排查机制是加强交通物流、通信基建、能源供水等各类城市生命线安全防护和保障能力的重要举措。根据《住房和城乡建设部关于开展 2022 年城市体检工作的通知》，我国有 31 个省份共 58 个城市被抽检，从生态宜居、健康舒适、安全韧性、交通便捷、风貌特色、整洁有序、多元包容、创新活力 8 个方面建立城市体检指标评价，重点关注自建房安全专项整治、老旧管网改造和地下综合管廊建设等专项工作进展情况。这为城市安全韧性评估提供了新的探索思路。

筑牢生命安全防线是城市稳健发展的基础。一方面，要建立常态化的城市定期"体检"和绩效评估工作机制。全面调查水旱内涝灾害、气象灾害、地质灾害、森林火灾、地震等风险要素，突出洪涝、山体滑坡、森林火险等自然灾害对城市的影响，开展重点隐患调查，摸清城市灾害风险隐患底数，把握区域抗灾能力状况，客观认识城市自然灾害、事故灾害等风险水平，建立分类型、分区域的灾害风险与减灾能力数据库。

另一方面，定期对城市防火、抗洪、交通安全等保障能力进行评估，加强城市桥梁、管廊、老旧电梯、建筑物结构和附属设施等市政公用设施信息化运维和监测预警，特别是城市隧道和管网等地下设施的评估、摸排和改造，排除运行风险隐患。其中，城市公共空间燃气管网老化、违章占压、第三方施工破坏、用气环境不符合标准等问题在不少地区较为突出，由此引发的爆炸事故造成诸多惨痛教训，亟待全覆盖、无死角的专项排查与综合整治。

第八章　总结与展望

第一节　研究总结

一　基本结论

近年来，韧性理念已经引起公共决策部门及科研人员的高度关注，城市规划、公共管理、应急管理、土木工程等领域学者对韧性理念在城市领域的应用进行了广泛研究，产生了多样化的成果。本书基于防灾减灾的视角，对国内外安全韧性城市建设实践、评价体系和前沿应用进行了梳理与探索研究，为我国安全韧性城市的建设发展提供了更多的应用参考。具体研究结论体现在三个方面。

其一，从理念上讲，安全韧性城市不是"没有灾害"的城市，而是在应对各类灾害风险过程中，不断强化城市的可持续发展能力，凸显其"适应性"。正如"无废城市"的理念并不是强调没有废物的城市，而是尽可能减少生产生活源头产生的废物量，实现废物处理可循环利用，从而最大限度地降低城市废物量增长带来的不利影响。需要明确的是，安全韧性城市建设的关键目标是实现城市治理系统与高度复杂、不确定性的外部环境之间的共存互动，推动自然—社会系统之间的良性循环并发挥科技手段嵌入与人的积极作用。与此同时，随着数字时代的到来和城市创新步伐的加快，新兴科技已经渗透到经济社会生活的各个领域，促进城市的快速发展进步，也隐含着一系列不可预见的影响，极大地增加了城市发展的不确定性。因此，要意识到目前国内不少地区应用大数据技术、智慧大脑等方式并不是安全韧性城市建设的核心目标，技术嵌入只是研判风险的一种手段，其自身具有"两面性"，最终要体现为"人"服务的目标。

其二，从内容上讲，安全韧性城市建设强调通过系统反思机制让城市治理系统变得更强大、更安全。与传统应急管理相比，安全韧性城市的理论与实践更加注重城市的可持续发展和适应复杂变革、外部冲击的系统能力，不仅强调物质层面的风险防范防控，更注重城市灾害风险治理的社会建构。在这样的理念和实践发展过程中，专业人才队伍扮演着关键性角色。人才是安全韧性城市建设的核心，而这一目标的体现需要民众高度的社会责任感，从而建立起政府应急管理部门、高校科研院所、高新技术企业和民众共同参与的联创社区，积极投身于城市安全韧性建设；同时，强化数字应急技能，提高社会安全意识，积极构建人人有责、人人尽责、人人参与、人人享有的共建共治共享格局，适应新时代发展的防灾减灾工作需要。

其三，安全韧性城市建设涵盖包容性、学习性和创造性的观念，面对各类灾害风险展现出很强的学习适应性。一方面，要创造良好的体制环境，让公共管理人员有机会、有条件通过合适渠道学习反馈，增强应对灾害等突发事件的综合防控能力，提升公共部门自身的韧性和灵活度；另一方面，要鼓励广大市民参与到城市安全韧性治理过程中，使其由传统城市治理的"旁观者"变为城市治理的"行动者"和"监督者"，从而夯实城市治理的社会根基。

总之，要立足社会发展实际状况，让韧性成为当代城市治理的运行逻辑之一，将应对各种灾害风险目标纳入城市发展规划之中，既要从时间维度的"全周期管理"强化韧性，又要从结构维度的"精细化治理"促进韧性，建设长效机制的安全韧性城市，进而推进城市治理体系和治理能力的现代化。

二　研究内容小结

本书首先从多学科视野对"韧性"和"安全韧性城市"这两个核心概念的内涵进行了界定，在系统梳理国际发展态势与本土化探索历程之后，将安全韧性城市研究落脚于灾害韧性视角并总结韧性建设的构成要素及其特征。其次，结合城市灾害风险发生演化过程，本书提出复合型灾害背景下的安全韧性城市建设维度并引入信息安全韧性的概念，将传统安全韧性城市评价体系中的经济、社会（组织）、基础设施（工程）、生态（自然）4 个维度拓宽为 5 个维度。再次，通过一系列评价指标的筛选与优化，构建了包括 5 个一级指标、23 个具体子指标的多层次综合评价体系并采用层次分析法和全局熵值法实施确权，对2014—2020 年江苏 13 个设区市韧性水平进行测度评价。在此基础上，立足江苏的城市整体韧性表现和 5 个维度的韧性水平进行分类分析，以特定省域为研究对象提出具体政策建议。最后，面向安全韧性城市建设前沿技术和实际应用案例做概要介绍，结合当前国内智慧城市和海绵城市建设，对中国如何提升城市韧性治理水平提出若干思路。

目前，安全韧性建设已经成为我国城市规划、防灾减灾、可持续发展战略实施的重要思维理念，展现出前瞻性的应用场景，也是研究当代中国城市问题的重要切入点之一。在安全韧性城市建设背景下，构建体现防灾减灾能力的安全韧性城市评价指标体系，对不同区域社会治理水平进行测度分析，探索其发展规律，不仅是学界高度关注的研究内容，也是新时期创新城市治理的实践性问题。然而毋庸置疑，由于研究水平有限以及其间相关国内城市统计资料的缺失和数据质量自身缺陷，本书研究还存在一些不足之处，有待日后进一步深入探索研究与持续改进。这主要表现在以下方面。

1. 关于综合指标体系构建

本书研究过程中广泛吸收采纳了科研机构和实务部门的专家意见，

在综合评价指标设计过程中经历了多轮初选、修正、确权的环节，力争保证指标体系的合理性。但是，由于时空限制以及主观偏好等因素影响，不可避免在某些指标取舍上存在冲突和矛盾。例如，"死亡性指标"是一类政府约束性指标，评价体系中是否要采纳存在争议。在住房和城乡建设部发布的 2022 年城市体检指标体系中，安全韧性的评价体系一共有 12 个指标，吸收了包括城市道路交通事故死亡率（人/万车）和城市年自然灾害和安全事故死亡率（人/万人）这两个"死亡性指标"作为评价依据，而在 2021 年《安全韧性城市评价指南》并未出现该类型指标。本书在专家调查环节也伴随不同意见，诸如此类只能综合权衡而定。

2. 关于主观满意度等定性指标取舍

结合 2020 年以来国内新冠疫情防控背景，本书提出城市安全韧性治理的最大特征是由"管控"向"服务"转变，更加凸显以"人"为本的理念。安全韧性建设的过程和结果需要得到城市民众支持。譬如，2021 年的《安全韧性城市评价指南》中引入了市民安全意识和满意度、城市各级党委和政府的领导责任等定性指标。本书在评价框架搭建过程中，曾尝试引入该类定性指标，但由于受到样本规模、数据来源可及性、主观数据收集难度、个体特征差异等因素影响，不得不放弃主观满意度指标的考察。

3. 关于脆弱性—韧性评价框架

本书尝试通过构建脆弱性—韧性框架来研究城市安全韧性评价问题，国内少数学者提出韧性和脆弱性是同一硬币的两面：脆弱性是承灾体被破坏的可能性，它的反面是承灾体抵御和恢复能力，即恢复力；如果承灾体是脆弱的，则反映了低恢复力，反之亦然。本书认为，用互反性概括脆弱性和韧性的关系并不尽合理。譬如，某一户居民频繁受到水淹，遭受很大损失，可以认为面对水灾的脆弱性大，但灾后及时得到救济或社会援助等，增强了自我恢复能力，很快进入灾后正常的生产生活。对该户居民来说，脆弱性和恢复力之间并没有必然的反向关系。一个城市灾害发生前伴随潜在的致灾因子，民众面对致灾因子具有一定的脆弱性，脆弱性越高意味着风险越大，可能造成的灾害损失也越大，而韧性大小决定了实际灾情，韧性大的地区能够有效降低可能的灾害损失，及时从灾害中恢复；韧性小的地区则很可能相反。由此，从传统脆弱性理论中的暴露性、敏感性、恢复力，灾害脆弱性理论中的孕灾环境、致灾因子、承灾体和灾后干预出发构建城市安全韧性评价框架，也是未来可以探索的一个方向。

第二节　研究展望

不同于传统的城市防灾减灾理念，安全韧性城市不仅关注城市对灾害风险的抵御能力，更强调城市自身的恢复、再造和适应能力。2020 年以来，新冠疫情引发一系列破坏性影响，对城市决策者、城市规划建设者以及社会民众都具有重大的启示性意义，也带来诸多深刻思考。本书针对减灾视域构建城市安全"脆弱性—韧性"评价体系并围绕江苏各城市展开测度分析，进一步对韧性城市评价及城市安全发展研究提出如下展望。

（一）韧性评价视角的拓宽

1. 评估尺度的多元化

一般认为，城市安全韧性的评估尺度涉及空间和时间两个方面。根据研究对象的不同可以将评价的空间尺度分为微观（如社区）、中观（如单个城市）和宏观（如城市群、大都市区）三个尺度。微观尺度的评价倾向单个个体或系统构成子要素，中观尺度着重规模性的城市空间单元，宏观尺度则基于更高的区域范围或者行政单元。其中，宏观尺度的代表性观点来自美国伯克利大学城市研究所提出的大都市区韧性能力。此外，根据评价阶段的不同可以将评价的时间尺度分为事前评价、事中评价和事后评价，限于研究资源，本书更多侧重于指标导向的事后评价，这也给未来研究预留了拓展空间。

2. 评价对象的多样化

根据评估目的和评估维度的不同，城市安全韧性的评估对象或评估单元有所不同，如个人、组织和社区，社会圈层（人、制度和活动）和物理圈层（资源和过程），机构、企业和专项部门，物质系统和人类社会等。针对不同评估对象的不同属性，评估的内容或指标亦有所不同。例如，对人的应对评估涉及主观能动性，评估内容一般包括面对突发灾害及风险事件时的心理状况、接受并理解预警信息的程度、参与自救和互救的意识、对灾害信息传播渠道与机制的掌控程度、参与志愿救援组织的演练情况等。这些内容可以进一步补充到安全韧性城市评价体系之中。

3. 评价方法综合化

评价方法总体上可分为定性评价和定量评价两大类，目前国内研究的一个趋势是采用各类定量方法进行量化评价，但是量化评估方法主要针对基础设施或特定城市发展领域，无法覆盖全部韧性评测的要素内容，其自身也存在缺陷。在实际应用中，综合性评估认可度更高，需要结合定性定量混合方法进行评价，更完整全面地反映城市灾前、灾中和灾后的韧性状态或水平。

（二）韧性评价框架的创新

1. 拓展信息安全韧性应用

《"十四五"国家应急体系规划》提出，构建"全方位、立体式、天地一体、灵活机动"全天候的强大数字化应急通信保障能力。现实中，当灾区网络通信中断时，有能力及时开通其他保障性临时通信渠道，为政府部门抢险救灾和灾区群众提供应急联络服务，这属于信息安全韧性的重要内容。此外，城市因灾受到重大冲击后，社会公众对相关信息需求强烈，迫切期待了解现实中灾害或风险事件背后的重要信息，倘若紧急状态下信息处置不当，极易引发舆论层面的波澜甚至震荡，影响社会稳定秩序。如何强化应急信息科学有效地公开，健全灾情信息的统一发布机制，及时回应社会关切，也是当前信息安全韧性研究领域亟待思考的问题。因此，突发公共事件和灾害危机情境下的通信保障能力以及信息公开、社会宣传、政府引导能力尤为关键，该部分内容作为城市安全韧性建设的重要组成部分与评测内容，未来值得更深入的探索。

2. 引入城市公共空间指标

合理规划建设应急避难场所，强化体育场馆、学校等公共建筑和设施的应急避难功能，一直是城市防灾减灾的重要举措。新冠疫情防控期间不少地区设立建造了方舱医院，这也给城市基础设施安全韧性带来诸多启发。未来城市防灾减灾设施建设必然要充分依托现有的广场、体育馆、学校、公园绿地、地下空间等各类城市公共空间，充分调度和发挥各类公用、民用、公益性基础设施的减灾和应急响应功能，但是当前城市公共空间指标存在一定的模糊性、统计不统一和数据藩篱等问题。对此，我国政府已经注意到该领域存在的短板并制定了有关政策措施。譬如，2022 年 4 月 27 日，全国自然资源与国土空间规划标准化技术委员会发布了《城乡公共卫生应急空间规划规范》，填补了国内现行公共卫生应急空间规划标准的空白。在后续研究中，获取城市公共空间相关数据并纳入安全韧性城市评价体系将是一个有价值的探索方向。

3. 纳入城市人口特征因素

人口迁移聚集是城市化发展进程的一个突出表现，一定规模的人口基数为城市快速发展提供了关键的劳动力资本。现实中，经济发达地区人口迁移增长远大于人口自然增长速度，外来人口为城市注入活力的同时，也带来诸多社会风险。当人口红利逐渐褪去，人口老龄化不断加深；人口流动性减缓时，人口年龄结构也给城市经济发展带来更多不确定性。综观江苏 2014—2020 年的常住人口和户籍人口变化情况，省内各城市差异明显，以江苏省第七次全国人口普查结果为例，苏州常住人口达 1270 万人之多，镇江常住人口仅为 321 万人，导致部分人均指标和总量指标数据差异极大，本书研究表明这一态势间接影响到城市安全韧性的评价结果。因此，在后续城市安全韧性评价体系构建中，需要更多纳入人口特征层面的观测指标。

4. 健全城市灾害风险评估体系

科学的灾害风险评估有助于及时发现潜在的风险隐患，为安全韧性城市建设指明方向与发展重点。如何完善现有气象、水文、地震、地质、林业、水利和环境等风险监测，拓展多学科交叉应用的实践价值，是未来城市防范灾害风险、提升韧性治理能力的重要方向。后续研究中，可以针对城市洪水内涝、山洪泥石流、强台风登陆等自然灾害以及道路交通、水污染等典型事故灾难事件探索风险评估的新视域。

（三）韧性评价内容的延展

1. 关注城市应急物质保障能力

现实实践中，面对自然灾害等突发事件冲击，迅速高效的快递物流和应急物资保障是救援救助环节的关键内容，这在国内新冠疫情防控过程中显示出极为典型的社会意义。由此，后续安全韧性城市评价研究可以关注紧急事态环境下的应急物资储备保障、公共政策干预和监控标准规则等重大问题，探索城市空间如何形成科学完备的救灾物资、生活必需品、医药物资和能源储备物资供应系统。

2. 关注非结构式减灾政策工具

除了传统的减灾政策工具，非结构式减灾政策工具在城市规划建设及安全韧性评价中越来越受到重视，[①] 尽管一些政策工具的执行可能存在成本较高、效果不确定、短期效益难以显现等现实问题，但长期来看是不可或缺的防灾减灾保障内容，需要健全完善该领域的政策实施及规范。譬如，后续安全韧性城市研究可更多关注应对多灾种、

---

① 周利敏：《从结构式减灾到非结构式减灾：国际减灾政策的新动向》，《中国行政管理》2013 年第 12 期。

重大灾害风险的公共保险机制或巨灾保险政策以及利用网络新媒体、虚拟社区、移动客户端等载体，面向不同部门和社会群体开发科普读物、动漫、游戏等防灾减灾教育系列产品，增强社会层面的灾害风险认知和基层减灾能力建设。

附　录

附录一　城市安全韧性指标研究统计表（部份）

维度	具体指标（属性）	孙阳等	张鹏等	张明斗等	程皓等	白立敏等	朱金鹤等	张慧等	陈韶清等	周倩等	路兰等	杜金莹等	黄晶等	王光辉等	缪惠全等	吴嘉琪等	杨丹等	管可宁等	谢晓君等	刘晖等	吕扬等	赵庆风	王智怡	李康晨	次数
经济韧性	第三产业占比（+）	√		√	√	√	√				√		√		√	√	√	√					√		13
	城乡居民储蓄存款余额（+）	√	√	√	√	√	√			√	√					√	√	√		√		√		√	11
	人均生产总值（+）	√	√	√	√	√	√	√	√	√	√			√	√	√	√	√		√		√	√		16
	地区生产总值/增长率（+）											√				√	√		√						3
	城市居民收入水平（+）	√				√								√						√					3
	实际外商直接投资（+）	√			√						√									√	√				2

续表

维度	具体指标（属性）	孙阳等	张鹏等	张明斗等	程皓等	白立敏等	朱金鹤等	张慧等	陈韶清等	周倩等	路兰等	杜金莹等	黄晶等	王光辉等	缪惠全等	吴嘉琪等	杨丹等	管可宁等	谢晓君等	刘晖等	吕扬	赵庆凤	王智怡	李康晨	次数
经济韧性	公共财政预算支出（+）	√			√																	√			2
	财政收入（+）			√																		√			2
	实际使用外资金额（+）			√		√				√		√													4
	科学事业费用占比（+）					√																			1
	社会消费品零售总额（+）						√		√																2
	规模以上工业企业总产值（+）							√																	1
	人均/固定生产总投资（+）		√				√	√	√																4
	第二、第三产业产值占比（+）															√									1
社会韧性	城市恩格尔系数（+）													√											1
	卫生机构床位数（+）	√		√	√	√					√	√													6
	普通高等院校在校人数（+）	√	√	√		√	√		√												√				7
	普通高等院校专任教师数（+）		√																						1
	执业医师数（+）														√	√									2
	社会保障比重/覆盖率（+）												√										√	√	3
	基本医疗保险参保人数（+）																						√		1
	城镇人口数量（+）																							√	1

续表

维度	具体指标（属性）	孙阳等	张鹏等	张明斗等	程皓等	白立敏等	朱金鹤等	张慧等	陈韶清等	周倩等	路兰等	杜金莹等	黄晶等	王光辉等	缪惠全等	吴嘉琪等	杨丹等	管可宁等	谢晓君等	刘晖等	昌扬等	赵庆风等	王智怡等	李康晨	次数
社会韧性	第三产业就业人员比重（+）											√													1
	公共管理与社会组织人员占比（+）					√			√					√			√								2
	人均住房面积（+）	√																							1
	非农就业人员比重（+）			√							√		√		√										1
	失业人员数量/率（-）		√			√	√		√								√					√			4
	邮电业务收入（+）		√				√														√				2
	保险保费收入（+）		√				√									√									2
	全市公路客运/全市人口（+）		√	√							√														1
生态韧性	城市建成区绿地率（+）	√	√	√	√	√	√	√	√		√				√		√		√	√		√	√		8
	人均公园绿地面积（+）	√	√	√	√	√	√	√	√		√		√				√	√	√	√		√	√		8
	城镇生活污水排放量（-）	√			√	√							√				√		√	√			√		1
	城市污水日处理能力（+）	√				√		√					√		√		√		√	√		√			3
	城市生活垃圾清运量（+）	√			√	√			√		√			√					√	√			√		1
	工业固体废物综合利用率（+）	√	√	√			√		√		√						√		√	√			√		6
	工业废水排放量（-）	√	√	√			√						√	√			√		√	√		√	√		4

续表

维度	具体指标（属性）	孙阳等	张鹏等	张明斗等	程皓等	白立敏等	朱金鹤等	张慧等	陈韶清等	周倩等	路兰等	杜金莹等	黄晶等	王光辉等	缪惠全等	吴嘉琪等	杨丹等	笪可宁等	谢晓君等	刘晖等	吕扬	赵庆凤	王智怡	李康晨	次数
生态韧性	工业烟（粉）尘排放量（-）		√											√					√				√		2
	生活垃圾无害化处理率（+）		√		√		√		√					√					√				√		4
	二氧化硫排放量（-）					√	√				√			√					√				√		2
	城市道路长度/密度（+）	√	√			√							√			√							√		3
	建成区面积（+）	√			√	√																			2
	互联网普及率/用户数（+）	√	√	√	√	√			√									√							7
	移动电话数（+）																√	√							1
基础设施韧性	排水管道长度/密度（+）	√	√	√		√			√						√										6
	燃气普及率（+）	√			√	√																			3
	供水管道长度/密度（+）	√																		√					2
	城市道路路面积（+）		√	√			√	√	√						√	√				√					5
	城市供气总量（+）			√					√									√		√					3
	公共汽、电车量（+）					√		√	√						√					√				√	4
	人均/总用电量（-）	√				√		√																√	3
	人均/总用水量（-）	√	√			√		√												√				√	4

附录二　安全韧性城市系统评价专家咨询表

尊敬的专家，您好！

感谢您在百忙之中参与本次调查。

本调查研究来自国家社会科学基金项目课题，旨在推动我国安全韧性城市的建设发展。本研究构建了安全韧性城市的评价指标体系，以此考量城市应对灾害风险的能力。目前课题组将一级指标定为：经济安全韧性、生态安全韧性、基础设施安全韧性、社会安全韧性。[①]基于主观赋值法的要求，本课题组将进一步开发二级指标并确定权重系数，形成科学合理的评价体系。

您仅需在认为合适的选项框内打"√"即可，完成该调查大约需要5分钟。您的选择对本项研究至关重要。本次调查仅用于学术研究，请您放心填写。

衷心感谢您的大力支持！

××大学韧性城市研究课题组

2021年5月

1. 安全韧性城市评价——一级指标

	不重要	不太重要	一般	一般重要	重要	很重要
经济安全韧性						
生态安全韧性						
基础设施韧性						
社会安全韧性						

---

① 该咨询表仅供前期专家调查使用，无"信息韧性"层面指标，后期根据综合研讨增加了"信息韧性"研究维度。

2. 安全韧性城市评价——二级指标 A

	不重要	不太重要	一般	一般重要	重要	很重要
人均地区生产总值（元）						
第三产业占 GDP 比重（%）						
城乡居民储蓄存款余额（亿元）						
实际使用外资金额（万美元）						
人均可支配收入（元）						
人均固定生产投资（元）						
财政收入（亿元）						
社会消费品零售总额（亿元）						

3. 安全韧性城市评价——二级指标 B

	不重要	不太重要	一般	一般重要	重要	很重要
人均公园绿地面积（公顷/人）						
生活垃圾处理能力（万吨）						
建成区绿化覆盖率（%）						
城市污水处理率（%）						
无害化处理厂日处理能力（吨）						
工业废水排放量（万吨）—[负向]						
工业烟（粉）尘排放量（万立方米）—[负向]						
二氧化硫排放量（万立方米）—[负向]						

4. 安全韧性城市评价——二级指标 C

	不重要	不太重要	一般	不清楚	重要	很重要
建成区面积（平方公里）						
城市道路长度（公里）						
建成区排水管道密度（公里/平方公里）						

续表

	不重要	不太重要	一般	不清楚	重要	很重要
人均道路面积（平方米）						
全年供水总量（升）						
全年用电量（千瓦时）						
燃气普及率（%）						
全年供气总量（万立方米）						
每万人拥有公共交通车辆（台）						

5. 安全韧性城市评价——二级指标 D

	不重要	不太重要	一般	一般重要	重要	很重要
医疗卫生机构数量（个）						
医疗卫生机构床位数（床）						
医疗卫生技术人员数（人）						
执业（助理）医师数（人）						
注册护士人数（人）						
普通本专科在校大学生人数（人）						
公共管理与社会组织人员占比（%）						
社会保障覆盖率（%）						
互联网宽带接入用户数（%）						
城镇失业登记率（%）—［负向］						
人均住房建筑面积（平方米）						
居民恩格尔系数（%）—［负向］						

6. 您认为有关安全韧性城市建设和评价还有哪些方面可以补充？

_____

_____

再次感谢您百忙之中参与本次调查！

××大学韧性城市研究课题组

2021 年 5 月

附录三　安全韧性城市系统评价重要程度调查

尊敬的专家：

您好！

本课题组正在从事一项国家社科基金项目研究，与安全韧性城市评价与政府能力有关。本次调查仅用于学术研究，请放心填写。

下表涉及安全韧性城市系统评价指标体系。表格两端是各评价综合类别，中间部分是两端类别的相对重要性分值，表示类别 X 对于类别 Y 的相对重要性。本调查采用 5 分法，从 1 至 5 表示类别 X 对类别 Y 的重要程度逐渐增加，从 1 至 1/5 表示类别 X 对类别 Y 相对不重要程度逐渐增加。请您依据个人认知，在合适的选框内打"√"。

完成本调查大约需要 10 分钟。

X	重要性比较									Y
	1/5	1/4	1/3	1/2	1	2	3	4	5	
经济安全韧性										生态安全韧性
经济安全韧性										基础设施韧性
经济安全韧性										社会安全韧性
经济安全韧性										信息安全韧性
生态安全韧性										基础设施韧性
生态安全韧性										社会安全韧性
生态安全韧性										信息安全韧性
基础设施韧性										社会安全韧性
基础设施韧性										信息安全韧性
社会安全韧性										信息安全韧性

再次感谢您的参与！

××大学韧性城市研究课题组

2021 年 5 月

附录四　江苏省安全韧性城市指标数据及无纲化处理（2014—2020 年）

人均生产总值　　　　　　　　　　　　　　　单位：元

	2014 年	2015 年	2016 年	2017 年	2018 年	2019 年	2020 年
南京	109194	119883	129194	141103	152886	165682	159322
无锡	128756	133515	143985	160706	174270	180044	165851
徐州	58308	62246	67701	75611	76915	81138	80673
常州	106329	114308	124889	140435	149277	156390	147937
苏州	132131	139127	148146	162388	173765	179174	158466
南通	78771	85712	94304	105903	115320	128294	129900
连云港	44757	48977	53626	58577	61332	69523	71303
淮安	51213	57032	63083	67909	73204	78543	87507
盐城	53713	58993	64065	70216	75987	79149	88737
扬州	83821	90965	100644	112559	120944	128856	132784
镇江	104352	112225	122686	125962	126906	128981	131580
泰州	73825	80739	89785	102058	109988	110731	117542
宿迁	40322	44275	48797	53317	55906	62840	65503
MAX				180044			
MIN				40322			
南京	0.4980	0.5737	0.6397	0.7241	0.8076	0.8982	0.8532
无锡	0.6366	0.6703	0.7445	0.8630	0.9591	1.0000	0.8994
徐州	0.1374	0.1653	0.2040	0.2600	0.2693	0.2992	0.2959
常州	0.4777	0.5342	0.6092	0.7194	0.7820	0.8324	0.7725
苏州	0.6605	0.7101	0.7740	0.8749	0.9555	0.9938	0.8471
南通	0.2824	0.3316	0.3925	0.4747	0.5414	0.6333	0.6447
连云港	0.0414	0.0713	0.1043	0.1393	0.1589	0.2169	0.2295
淮安	0.0872	0.1284	0.1713	0.2055	0.2430	0.2808	0.3443
盐城	0.1049	0.1423	0.1782	0.2218	0.2627	0.2851	0.3530
扬州	0.3182	0.3688	0.4374	0.5218	0.5812	0.6373	0.6651
镇江	0.4637	0.5195	0.5936	0.6168	0.6235	0.6382	0.6566

	2014 年	2015 年	2016 年	2017 年	2018 年	2019 年	2020 年
泰州	0.2474	0.2964	0.3605	0.4474	0.5036	0.5089	0.5571
宿迁	0.0100	0.0380	0.0700	0.1021	0.1204	0.1696	0.1884

第三产业占比

单位：%

	2014 年	2015 年	2016 年	2017 年	2018 年	2019 年	2020 年
南京	56.5	57.3	58.4	59.7	61	62	62.8
无锡	48.4	49.1	51.3	51.5	51.1	51.5	52.5
徐州	45.2	46.2	47.4	47.2	49	50.1	50.1
常州	48	49.5	50.9	50.8	51.5	50.2	51.6
苏州	48.4	49.9	51.5	51.2	50.8	51.5	52.5
南通	44.2	45.8	47.7	48	48.4	46.4	47.9
连云港	41.4	42.5	43.1	43.4	44.7	45	46.3
淮安	44.1	45.9	47.7	47.6	48.2	48.2	49.3
盐城	40.8	42.1	43.5	44.5	45.1	47.5	48.9
扬州	42.9	43.9	45	45.9	47	47.5	48.9
镇江	46.1	46.9	47.6	47.1	47.8	48	49.3
泰州	43.4	45	47	47.3	46.9	45.1	46.4
宿迁	38.9	39.4	39.8	40.8	42.5	46.8	47.6
MAX				62.8			
MIN				38.9			
南京	0.7390	0.7722	0.8177	0.8716	0.9254	0.9669	1.0000
无锡	0.4035	0.4325	0.5236	0.5319	0.5154	0.5319	0.5733
徐州	0.2710	0.3124	0.3621	0.3538	0.4284	0.4739	0.4739
常州	0.3869	0.4491	0.5071	0.5029	0.5319	0.4781	0.5361
苏州	0.4035	0.4656	0.5319	0.5195	0.5029	0.5319	0.5733
南通	0.2295	0.2958	0.3745	0.3869	0.4035	0.3207	0.3828
连云港	0.1136	0.1591	0.1840	0.1964	0.2503	0.2627	0.3165
淮安	0.2254	0.3000	0.3745	0.3704	0.3952	0.3952	0.4408
盐城	0.0887	0.1426	0.2005	0.2420	0.2668	0.3662	0.4242
扬州	0.1757	0.2171	0.2627	0.3000	0.3455	0.3662	0.4242

续表

	2014 年	2015 年	2016 年	2017 年	2018 年	2019 年	2020 年
镇江	0.3082	0.3414	0.3704	0.3497	0.3787	0.3869	0.4408
泰州	0.1964	0.2627	0.3455	0.3579	0.3414	0.2668	0.3207
宿迁	0.0100	0.0307	0.0473	0.0887	0.1591	0.3372	0.3704

城乡居民储蓄存款余额　　　　　单位：亿元

	2014 年	2015 年	2016 年	2017 年	2018 年	2019 年	2020 年
南京	5055.77	5535.53	5894.47	6019.7	6914.84	8299.64	9499.25
无锡	4341.45	4639.66	4867.43	5055.54	5511.59	6316.12	7195.67
徐州	2377.44	2780.6	3090.21	3349.45	3604.84	4023.66	4513.38
常州	2934.19	3193.77	3366.85	3532.34	3841.9	4322.79	5027.24
苏州	6753.44	7358.04	7913.85	8166.44	9168.45	10605.31	12052.04
南通	4602.87	5115.51	5554.89	5816.35	6287.26	7135.53	8018.9
连云港	924.03	1048.27	1168.71	1297.49	1420.02	1621.93	1840
淮安	1044.52	1183.92	1360.51	1483.1	1605.25	1812.23	2082.96
盐城	2062.39	2397.52	2682.46	2892.3	3171.33	3667.28	4224.24
扬州	2117.09	2376.68	2560.98	2664.64	2860.65	3239.35	3698.46
镇江	1569.4	3969.11	1879.1	1982.67	2161.07	2439.32	2764.35
泰州	1984.8	4441.7	2474.71	2636.5	2876.63	3263.86	3722.47
宿迁	813.2	1819.81	1086.33	1209.5	1344.78	1527.53	1734.12
MAX				12052.04			
MIN				813.2			
南京	0.3837	0.4260	0.4576	0.4686	0.5475	0.6695	0.7751
无锡	0.3208	0.3471	0.3671	0.3837	0.4239	0.4947	0.5722
徐州	0.1478	0.1833	0.2106	0.2334	0.2559	0.2928	0.3359
常州	0.1968	0.2197	0.2349	0.2495	0.2768	0.3192	0.3812
苏州	0.5333	0.5865	0.6355	0.6577	0.7460	0.8726	1.0000
南通	0.3438	0.3890	0.4277	0.4507	0.4922	0.5669	0.6447
连云港	0.0198	0.0307	0.0413	0.0527	0.0635	0.0812	0.1004
淮安	0.0304	0.0427	0.0582	0.0690	0.0798	0.0980	0.1218
盐城	0.1200	0.1496	0.1747	0.1931	0.2177	0.2614	0.3105

续表

	2014 年	2015 年	2016 年	2017 年	2018 年	2019 年	2020 年
扬州	0.1249	0.1477	0.1640	0.1731	0.1904	0.2237	0.2642
镇江	0.0766	0.2880	0.1039	0.1130	0.1287	0.1532	0.1819
泰州	0.1132	0.3296	0.1564	0.1706	0.1918	0.2259	0.2663
宿迁	0.0100	0.0987	0.0341	0.0449	0.0568	0.0729	0.0911

人均可支配收入

单位：元

	2014 年	2015 年	2016 年	2017 年	2018 年	2019 年	2020 年
南京	34213	40455	44009	48104	59308	57630	60606
无锡	33503	39461	42757	46453	55113	54847	57589
徐州	17042	20425	22348	24535	37398	29736	31166
常州	29901	35379	38435	41879	54000	49840	52080
苏州	36533	42987	46595	50603	63481	60109	62582
南通	23147	27584	30084	33011	43298	40320	42608
连云港	16103	19418	21230	23302	35379	28094	29501
淮安	17364	20840	22762	24934	29341	30192	31619
盐城	18676	22419	24463	26740	40060	32096	33707
扬州	21992	26253	28633	31370	38924	37074	38843
镇江	26327	31263	34064	37169	48325	44259	46180
泰州	21734	25927	28259	30944	44384	37773	39701
宿迁	14312	17342	18957	20756	29483	24938	26421
MAX				63481			
MIN				14312			
南京	0.4107	0.5364	0.6079	0.6904	0.9160	0.8822	0.9421
无锡	0.3964	0.5164	0.5827	0.6571	0.8315	0.8262	0.8814
徐州	0.0650	0.1331	0.1718	0.2158	0.4748	0.3206	0.3493
常州	0.3239	0.4342	0.4957	0.5651	0.8091	0.7253	0.7704
苏州	0.4574	0.5874	0.6600	0.7407	1.0000	0.9321	0.9819
南通	0.1879	0.2772	0.3276	0.3865	0.5936	0.5337	0.5797
连云港	0.0461	0.1128	0.1493	0.1910	0.4342	0.2875	0.3158
淮安	0.0715	0.1414	0.1801	0.2239	0.3126	0.3297	0.3585

续表

	2014 年	2015 年	2016 年	2017 年	2018 年	2019 年	2020 年
盐城	0.0979	0.1732	0.2144	0.2602	0.5284	0.3681	0.4005
扬州	0.1646	0.2504	0.2983	0.3535	0.5056	0.4683	0.5039
镇江	0.2519	0.3513	0.4077	0.4702	0.6948	0.6130	0.6517
泰州	0.1594	0.2439	0.2908	0.3449	0.6155	0.4824	0.5212
宿迁	0.0100	0.0710	0.1035	0.1397	0.3155	0.2240	0.2538

实际使用外资金额　　　　　　　单位：亿美元

	2014 年	2015 年	2016 年	2017 年	2018 年	2019 年	2020 年
南京	32.91	33.35	34.79	36.73	38.53	41.01	45.15
无锡	29.04	32.02	34.13	36.65	23.01	36.2	36.21
徐州	16.58	14.28	15.06	16.6	16.5	20.9	22.01
常州	24.09	17.21	25	22.16	23.1	26.28	28.78
苏州	81.2	60	60.03	44.83	24.77	46.15	55.4
南通	23.05	23.16	23.87	24.23	11.29	26.65	27.12
连云港	9.54	8.01	5.5	6.78	4	6.14	6.76
淮安	11.99	12.14	11.61	11.78	10.83	10.49	10.59
盐城	10.47	7.95	7.07	7.89	5.76	9.2	10.12
扬州	13.88	9.48	12.04	10.87	9.18	13.88	14.7
镇江	12.95	13.05	13.51	14.53	4.93	6.6	7.88
泰州	9.39	10.66	13.44	16.18	9.37	14.86	16.5
宿迁	6.65	2.98	4.5	3.64	1.73	4.46	5.56
MAX				81.2			
MIN				1.73			
南京	0.3984	0.4039	0.4218	0.4460	0.4684	0.4993	0.5509
无锡	0.3502	0.3873	0.4136	0.4450	0.2751	0.4394	0.4395
徐州	0.1950	0.1663	0.1761	0.1952	0.1940	0.2488	0.2626
常州	0.2886	0.2028	0.2999	0.2645	0.2762	0.3158	0.3470
苏州	1.0000	0.7359	0.7363	0.5469	0.2970	0.5634	0.6786
南通	0.2756	0.2770	0.2858	0.2903	0.1291	0.3204	0.3263
连云港	0.1073	0.0882	0.0570	0.0729	0.0383	0.0649	0.0727

续表

	2014 年	2015 年	2016 年	2017 年	2018 年	2019 年	2020 年
淮安	0.1378	0.1397	0.1331	0.1352	0.1234	0.1191	0.1204
盐城	0.1189	0.0875	0.0765	0.0867	0.0602	0.1031	0.1145
扬州	0.1614	0.1065	0.1384	0.1239	0.1028	0.1614	0.1716
镇江	0.1498	0.1510	0.1567	0.1695	0.0499	0.0707	0.0866
泰州	0.1054	0.1212	0.1559	0.1900	0.1052	0.1736	0.1940
宿迁	0.0713	0.0256	0.0445	0.0338	0.0100	0.0440	0.0577

医疗卫生机构床位数　　　　　　　　　单位：万张

	2014 年	2015 年	2016 年	2017 年	2018 年	2019 年	2020 年
南京	4.37	4.66	4.99	5.22	5.5	5.9	6.29
无锡	2.25	2.42	2.63	2.92	3.16	3.36	5.16
徐州	2.62	2.71	2.96	3.16	3.32	3.35	5.94
常州	1.83	2.14	2.24	2.34	2.29	2.44	2.93
苏州	2.97	3.25	3.48	3.73	3.91	4.08	7.47
南通	1.51	1.56	1.68	1.8	1.91	2.08	4.95
连云港	1	1.05	1.26	1.32	1.4	1.52	2.84
淮安	1.48	1.49	1.83	1.9	1.93	2.06	3.04
盐城	0.99	1.37	1.42	1.51	1.5	1.56	4.33
扬州	1.29	1.3	1.33	1.43	1.45	1.48	2.63
镇江	0.84	0.83	0.85	0.87	0.88	0.88	1.73
泰州	0.9	0.91	0.99	1.09	1.31	1.34	3.04
宿迁	0.64	0.78	0.88	0.97	1	1.03	3.14
MAX				7.47			
MIN				0.64			
南京	0.5508	0.5928	0.6407	0.6740	0.7146	0.7726	0.8297
无锡	0.2434	0.2681	0.2985	0.3406	0.3754	0.4044	0.6648
徐州	0.2971	0.3101	0.3464	0.3754	0.3986	0.4029	0.7783
常州	0.1825	0.2275	0.2420	0.2565	0.2492	0.2710	0.3424
苏州	0.3478	0.3884	0.4218	0.4580	0.4841	0.5087	1.0000
南通	0.1361	0.1434	0.1608	0.1782	0.1941	0.2188	0.6350

续表

	2014 年	2015 年	2016 年	2017 年	2018 年	2019 年	2020 年
连云港	0.0622	0.0694	0.0999	0.1086	0.1202	0.1376	0.3296
淮安	0.1318	0.1332	0.1825	0.1927	0.1970	0.2159	0.3584
盐城	0.0607	0.1158	0.1231	0.1361	0.1347	0.1434	0.5453
扬州	0.1042	0.1057	0.1100	0.1245	0.1274	0.1318	0.2987
镇江	0.0390	0.0375	0.0404	0.0433	0.0448	0.0448	0.1680
泰州	0.0477	0.0491	0.0607	0.0752	0.1071	0.1115	0.3577
宿迁	0.0100	0.0303	0.0448	0.0578	0.0622	0.0665	0.3724

医疗卫生技术人员数　　　　　　　　单位：人

	2014 年	2015 年	2016 年	2017 年	2018 年	2019 年	2020 年
南京	62068	65139	70687	76144	84097	93856	99557
无锡	41563	44707	47549	51015	54733	59303	62967
徐州	47007	51567	55523	57536	67412	70767	73219
常州	28090	29616	31194	32498	34856	37086	38650
苏州	64281	68179	72166	79623	85188	91047	95313
南通	39481	41067	43570	45640	48041	50329	53286
连云港	21896	23056	26152	27540	28847	31117	32439
淮安	28976	30475	31524	32310	34383	35963	36756
盐城	36634	39494	39472	40857	42822	44358	49332
扬州	23338	24326	25273	28609	27508	30936	30964
镇江	18373	18985	19449	20368	21080	21691	22312
泰州	22965	24215	26094	27309	29390	31673	33071
宿迁	23862	26179	28412	30400	31687	36047	37622
MAX	99557						
MIN	18373						
南京	0.5428	0.5803	0.6479	0.7145	0.8115	0.9305	1.0000
无锡	0.2928	0.3311	0.3658	0.4081	0.4534	0.5091	0.5538
徐州	0.3592	0.4148	0.4630	0.4876	0.6080	0.6489	0.6788
常州	0.1285	0.1471	0.1663	0.1822	0.2110	0.2382	0.2573
苏州	0.5698	0.6174	0.6660	0.7569	0.8248	0.8962	0.9482

续表

	2014 年	2015 年	2016 年	2017 年	2018 年	2019 年	2020 年
南通	0.2674	0.2867	0.3173	0.3425	0.3718	0.3997	0.4357
连云港	0.0530	0.0671	0.1049	0.1218	0.1377	0.1654	0.1815
淮安	0.1393	0.1576	0.1704	0.1800	0.2052	0.2245	0.2342
盐城	0.2327	0.2676	0.2673	0.2842	0.3081	0.3269	0.3875
扬州	0.0705	0.0826	0.0941	0.1348	0.1214	0.1632	0.1635
镇江	0.0100	0.0175	0.0231	0.0343	0.0430	0.0505	0.0580
泰州	0.0660	0.0812	0.1042	0.1190	0.1443	0.1722	0.1892
宿迁	0.0769	0.1052	0.1324	0.1567	0.1724	0.2255	0.2447

高等学校在校学生人数　　　　单位：万人

	2014 年	2015 年	2016 年	2017 年	2018 年	2019 年	2020 年
南京	80.53	81.26	82.78	72.15	85.68	87.79	91.81
无锡	10.04	10.24	10.23	10.23	10.34	10.82	11.84
徐州	13.72	13.76	14.08	12.93	13.07	13.47	14.59
常州	10.86	12.39	12.34	12.29	12.47	12.96	14.47
苏州	15.35	15.71	16.12	16.47	17.45	18.37	19.13
南通	8.09	9	9.48	9.95	10.69	11.19	12.51
连云港	3.8	3.86	3.86	3.99	4.21	4.7	5.4
淮安	6.73	6.79	6.95	7.01	7.18	7.56	4.92
盐城	5.61	6.88	6.87	6.12	6.26	6.57	6.99
扬州	7.53	7.56	7.44	8.28	7.9	7.8	9.3392
镇江	7.52	8.53	8.75	8.04	8.38	10.1	9.33
泰州	4.93	5.62	5.92	6.17	6.34	6.58	6.88
宿迁	1.26	2.04	1.99	2.1	2.25	1.33	2.84
MAX	91.81						
MIN	1.26						
南京	0.8767	0.8847	0.9013	0.7851	0.9330	0.9560	1.0000
无锡	0.1060	0.1082	0.1081	0.1081	0.1093	0.1145	0.1257
徐州	0.1462	0.1467	0.1502	0.1376	0.1391	0.1435	0.1557
常州	0.1150	0.1317	0.1311	0.1306	0.1326	0.1379	0.1544

续表

	2014 年	2015 年	2016 年	2017 年	2018 年	2019 年	2020 年
苏州	0.1640	0.1680	0.1725	0.1763	0.1870	0.1971	0.2054
南通	0.0847	0.0946	0.0999	0.1050	0.1131	0.1186	0.1330
连云港	0.0378	0.0384	0.0384	0.0398	0.0423	0.0476	0.0553
淮安	0.0698	0.0705	0.0722	0.0729	0.0747	0.0789	0.0500
盐城	0.0576	0.0714	0.0713	0.0631	0.0647	0.0681	0.0726
扬州	0.0786	0.0789	0.0776	0.0868	0.0826	0.0815	0.0983
镇江	0.0784	0.0895	0.0919	0.0841	0.0878	0.1066	0.0982
泰州	0.0501	0.0577	0.0609	0.0637	0.0655	0.0682	0.0714
宿迁	0.0100	0.0185	0.0180	0.0192	0.0208	0.0108	0.0273

城镇登记失业人数　　　　　　　　　　单位：万人

	2014 年	2015 年	2016 年	2017 年	2018 年	2019 年	2020 年
南京	6.18	6.62	6.54	6.32	6.18	6.08	6.56
无锡	3.82	4.07	3.98	3.92	3.82	3.76	3.76
徐州	3.11	3.16	3.1	3.04	3.11	3.24	3.27
常州	3.17	3.36	3.29	3.24	3.17	3.12	3.12
苏州	3.77	3.98	3.96	3.88	3.77	3.96	3.8
南通	3.72	3.49	7.56	3.61	3.72	3.73	3.71
连云港	1.21	1.28	1.18	1.17	1.21	1.8	1.23
淮安	1.92	2.08	2.03	1.97	1.92	1.86	1.9
盐城	1.75	1.86	1.82	1.79	1.75	1.75	1.77
扬州	2.31	2.62	3.52	2.38	2.31	8.74	2.57
镇江	1.36	1.45	1.42	1.39	1.36	1.34	2.21
泰州	1.66	1.62	2.44	1.56	1.66	1.64	1.65
宿迁	1.12	1.14	1.07	1.13	1.12	1.11	1.09
MAX	8.74						
MIN	1.07						
南京	0.3404	0.2836	0.2940	0.3224	0.3404	0.3533	0.2914
无锡	0.6450	0.6128	0.6244	0.6321	0.6450	0.6528	0.6528
徐州	0.7367	0.7302	0.7380	0.7457	0.7367	0.7199	0.7160

续表

	2014 年	2015 年	2016 年	2017 年	2018 年	2019 年	2020 年
常州	0.7289	0.7044	0.7135	0.7199	0.7289	0.7354	0.7354
苏州	0.6515	0.6244	0.6270	0.6373	0.6515	0.6270	0.6476
南通	0.6580	0.6876	0.1623	0.6722	0.6580	0.6567	0.6592
连云港	0.9819	0.9729	0.9858	0.9871	0.9819	0.9058	0.9793
淮安	0.8903	0.8696	0.8761	0.8838	0.8903	0.8980	0.8929
盐城	0.9122	0.8980	0.9032	0.9071	0.9122	0.9122	0.9096
扬州	0.8399	0.7999	0.6838	0.8309	0.8399	0.0100	0.8064
镇江	0.9626	0.9510	0.9548	0.9587	0.9626	0.9651	0.8529
泰州	0.9238	0.9290	0.8232	0.9368	0.9238	0.9264	0.9251
宿迁	0.9935	0.9910	1.0000	0.9923	0.9935	0.9948	0.9974

社会保障覆盖①　　　　　　　　　　　　单位：万人

	2014 年	2015 年	2016 年	2017 年	2018 年	2019 年	2020 年
南京	288.49	296.33	304.16	309.29	324.745	340.2	361.75
无锡	224.6	230.73	232.91	238.1	257.865	277.63	289.71
徐州	112.59	110.25	110.32	108.78	108.655	108.53	120.84
常州	136.38	140.37	143.31	148.42	156.9	165.38	173.23
苏州	411.3	416.85	416.85	465.5	532.07	598.64	613.5
南通	128.23	132.49	135.74	143.44	152.545	161.65	171.09
连云港	52.87	53.13	53.58	53.7	55.1	56.5	58.11
淮安	62.51	62.97	58.99	60.25	61.215	62.18	64.85
盐城	90.41	92.13	93.09	93.41	93.78	94.15	97.26
扬州	87.64	90.61	92.31	98.09	100.775	103.46	114.77
镇江	65.46	63.58	64.71	66.72	69.145	71.57	75.98
泰州	83.3	86.64	88.86	92.26	98.995	105.73	109.15
宿迁	41.09	42.12	42.99	43.39	43.66	43.93	46.4

① 前期调查中使用了"社会保障覆盖率"指标，通常以城镇职工基本医疗保险参保人数/常住人口数，其计算数值过小，且波动幅度很低，加之该指标权重较小，经与专家综合讨论不采用。本书中使用的"社会保障覆盖人数"指标是官方统计报告中常用做法。本部分指标数据来自王汉春、仲柯主编《江苏统计年鉴（2021）》，中国统计出版社 2021 年版，第 11 页。

续表

	2014 年	2015 年	2016 年	2017 年	2018 年	2019 年	2020 年
MAX				613.5			
MIN				41.09			
南京	0.4379	0.4514	0.4650	0.4739	0.5006	0.5273	0.5646
无锡	0.3274	0.3380	0.3418	0.3507	0.3849	0.4191	0.4400
徐州	0.1337	0.1296	0.1297	0.1271	0.1269	0.1266	0.1479
常州	0.1748	0.1817	0.1868	0.1956	0.2103	0.2250	0.2385
苏州	0.6503	0.6599	0.6599	0.7440	0.8592	0.9743	1.0000
南通	0.1607	0.1681	0.1737	0.1870	0.2028	0.2185	0.2348
连云港	0.0304	0.0308	0.0316	0.0318	0.0342	0.0367	0.0394
淮安	0.0470	0.0478	0.0410	0.0431	0.0448	0.0465	0.0511
盐城	0.0953	0.0983	0.0999	0.1005	0.1011	0.1018	0.1071
扬州	0.0905	0.0956	0.0986	0.1086	0.1132	0.1179	0.1374
镇江	0.0521	0.0489	0.0509	0.0543	0.0585	0.0627	0.0703
泰州	0.0830	0.0888	0.0926	0.0985	0.1101	0.1218	0.1277
宿迁	0.0100	0.0118	0.0133	0.0140	0.0144	0.0149	0.0192

人均公园绿地面积 单位：平方米

	2014 年	2015 年	2016 年	2017 年	2018 年	2019 年	2020 年
南京	15	15.1	15.3	15.6	15.5	15.7	16.1
无锡	14.8	14.9	14.9	14.9	14.9	14.9	15
徐州	16.2	15.3	15.7	14.7	14.3	15.4	16.6
常州	13.2	13.9	14.5	14.9	12.2	13.4	14.3
苏州	15.2	15.1	14.7	13.9	13	13.2	12.4
南通	16.8	17	18.5	19	19	20.1	18.6
连云港	14.2	14.4	14.7	14.1	14.4	14.9	15
淮安	13.8	13.8	14	14.6	14.2	14.5	14.3
盐城	12	12.4	12.8	13.7	14.2	14.3	15.2
扬州	18	18.4	18.6	18.8	19	19.6	20
镇江	18.7	18.9	19	19	19.1	18.1	18.1
泰州	9.5	10	10.7	14.5	14.9	15.5	15.9

续表

	2014 年	2015 年	2016 年	2017 年	2018 年	2019 年	2020 年
宿迁	13.8	15.1	15.3	15.5	15.5	15.4	16.7
MAX	20.1						
MIN	9.5						
南京	0.5237	0.5330	0.5517	0.5797	0.5704	0.5891	0.6264
无锡	0.5050	0.5143	0.5143	0.5143	0.5143	0.5143	0.5237
徐州	0.6358	0.5517	0.5891	0.4957	0.4583	0.5610	0.6731
常州	0.3556	0.4209	0.4770	0.5143	0.2622	0.3742	0.4583
苏州	0.5424	0.5330	0.4957	0.4209	0.3369	0.3556	0.2808
南通	0.6918	0.7105	0.8506	0.8973	0.8973	1.0000	0.8599
连云港	0.4490	0.4676	0.4957	0.4396	0.4676	0.5143	0.5237
淮安	0.4116	0.4116	0.4303	0.4863	0.4490	0.4770	0.4583
盐城	0.2435	0.2808	0.3182	0.4023	0.4490	0.4583	0.5424
扬州	0.8039	0.8412	0.8599	0.8786	0.8973	0.9533	0.9907
镇江	0.8692	0.8879	0.8973	0.8973	0.9066	0.8132	0.8132
泰州	0.0100	0.0567	0.1221	0.4770	0.5143	0.5704	0.6077
宿迁	0.4116	0.5330	0.5517	0.5704	0.5704	0.5610	0.6825

建成区绿化覆盖率　　　　　　　　　　　　单位：%

	2014 年	2015 年	2016 年	2017 年	2018 年	2019 年	2020 年
南京	44.1	44.5	44.8	44.9	45.1	45.2	44.7
无锡	42.9	43	43	43	43	43.2	43.4
徐州	43.3	43.7	43.8	43.8	43.6	43.7	43.1
常州	43	43.1	43.1	43.1	43.1	43.2	43.3
苏州	42.2	42.4	42	41.3	41.4	42.1	43.1
南通	42.6	42.8	43.3	43.5	44	44.4	42.3
连云港	40	40.1	40.2	40.4	41	41.8	43.3
淮安	40.9	41.3	42.1	42.2	42.2	42.4	42.6
盐城	40.5	41.1	41.5	42.2	42.7	43.3	43.6
扬州	43.6	43.7	43.8	44	44	44.1	44.7
镇江	42.5	42.8	42.9	43	43.1	43.1	43.4

续表

	2014 年	2015 年	2016 年	2017 年	2018 年	2019 年	2020 年
泰州	40.7	41.4	42	42.2	42.6	42.6	42.6
宿迁	42.3	42.6	42.9	43	43.5	43.9	45
MAX				45.2			
MIN				40			
南京	0.7906	0.8667	0.9238	0.9429	0.9810	1.0000	0.9048
无锡	0.5621	0.5812	0.5812	0.5812	0.5812	0.6192	0.6573
徐州	0.6383	0.7144	0.7335	0.7335	0.6954	0.7144	0.6002
常州	0.5812	0.6002	0.6002	0.6002	0.6002	0.6192	0.6383
苏州	0.4288	0.4669	0.3908	0.2575	0.2765	0.4098	0.6002
南通	0.5050	0.5431	0.6383	0.6763	0.7715	0.8477	0.4479
连云港	0.0100	0.0290	0.0481	0.0862	0.2004	0.3527	0.6383
淮安	0.1813	0.2575	0.4098	0.4288	0.4288	0.4669	0.5050
盐城	0.1052	0.2194	0.2956	0.4288	0.5240	0.6383	0.6954
扬州	0.6954	0.7144	0.7335	0.7715	0.7715	0.7906	0.9048
镇江	0.4860	0.5431	0.5621	0.5812	0.6002	0.6002	0.6573
泰州	0.1433	0.2765	0.3908	0.4288	0.5050	0.5050	0.5050
宿迁	0.4479	0.5050	0.5621	0.5812	0.6763	0.7525	0.9619

城市污水日处理能力　　　　　　　　　　　　单位：万吨

	2014 年	2015 年	2016 年	2017 年	2018 年	2019 年	2020 年
南京	261	239	213	285	311	326	378.5
无锡	122	132	142	158	165	176	173.8
徐州	75	80	92	104	119	130	83.5
常州	62	76	84	81	111	110	121.8
苏州	214	240	246	273	248	296	262
南通	53	60	72	80	85	43	91.5
连云港	24	36	40	45	65	69	41.4
淮安	38	43	55	59	68	73	162.5
盐城	34	41	46	60	50	56	45.2
扬州	49	57	66	56	68	70	53.2

续表

	2014 年	2015 年	2016 年	2017 年	2018 年	2019 年	2020 年
镇江	32	36	41	47	45	51	46
泰州	28	29	31	37	43	51	30.2
宿迁	25	27	28	29	35	36	39
MAX				378.5			
MIN				24			
南京	0.6719	0.6104	0.5378	0.7389	0.8115	0.8534	1.0000
无锡	0.2837	0.3116	0.3395	0.3842	0.4038	0.4345	0.4283
徐州	0.1524	0.1664	0.1999	0.2334	0.2753	0.3060	0.1762
常州	0.1161	0.1552	0.1776	0.1692	0.2530	0.2502	0.2831
苏州	0.5406	0.6132	0.6300	0.7054	0.6356	0.7696	0.6747
南通	0.0910	0.1105	0.1440	0.1664	0.1804	0.0631	0.1985
连云港	0.0100	0.0435	0.0547	0.0686	0.1245	0.1357	0.0586
淮安	0.0491	0.0631	0.0966	0.1077	0.1329	0.1468	0.3968
盐城	0.0379	0.0575	0.0714	0.1105	0.0826	0.0994	0.0692
扬州	0.0798	0.1022	0.1273	0.0994	0.1329	0.1385	0.0915
镇江	0.0323	0.0435	0.0575	0.0742	0.0686	0.0854	0.0714
泰州	0.0212	0.0240	0.0295	0.0463	0.0631	0.0854	0.0273
宿迁	0.0128	0.0184	0.0212	0.0240	0.0407	0.0435	0.0519

无害化处理厂日处理能力　　　　　　　　单位：吨

	2014 年	2015 年	2016 年	2017 年	2018 年	2019 年	2020 年
南京	8750	8750	8950	10765	7500	7550	9760
无锡	2875	2950	2950	4723	5000	5000	5400
徐州	2200	2200	2700	3100	2600	3096	5346
常州	2960	3910	3910	4200	4780	5220	5190
苏州	8497	8497	10197	8939	8280	9730	10450
南通	500	500	500	200	200	200	200
连云港	1300	1300	1300	1800	2690	1740	2690
淮安	2100	2100	2400	2400	2400	3400	3200
盐城	1200	1800	1800	1200	1600	400	4100

续表

	2014 年	2015 年	2016 年	2017 年	2018 年	2019 年	2020 年
扬州	2110	2110	2110	2820	2510	3010	4690
镇江	1630	1450	1450	1450	1450	1590	4590
泰州	1000	1000	1000	1000	1000	1130	1220
宿迁	1050	1050	1050	1628	1600	1700	1700
MAX	10765						
MIN	200						
南京	0.8112	0.8112	0.8299	1.0000	0.6941	0.6987	0.9058
无锡	0.2607	0.2677	0.2677	0.4338	0.4598	0.4598	0.4973
徐州	0.1974	0.1974	0.2443	0.2817	0.2349	0.2814	0.4922
常州	0.2686	0.3576	0.3576	0.3848	0.4392	0.4804	0.4776
苏州	0.7875	0.7875	0.9468	0.8289	0.7671	0.9030	0.9705
南通	0.0381	0.0381	0.0381	0.0100	0.0100	0.0100	0.0100
连云港	0.1131	0.1131	0.1131	0.1599	0.2433	0.1543	0.2433
淮安	0.1880	0.1880	0.2162	0.2162	0.2162	0.3099	0.2911
盐城	0.1037	0.1599	0.1599	0.1037	0.1412	0.0287	0.3755
扬州	0.1890	0.1890	0.1890	0.2555	0.2265	0.2733	0.4307
镇江	0.1440	0.1271	0.1271	0.1271	0.1271	0.1403	0.4214
泰州	0.0850	0.0850	0.0850	0.0850	0.0850	0.0971	0.1056
宿迁	0.0896	0.0896	0.0896	0.1438	0.1412	0.1506	0.1506

城市排水管道密度　　　单位：千米/平方千米

	2014 年	2015 年	2016 年	2017 年	2018 年	2019 年	2020 年
南京	14.4	11	11.2	10.6	12.1	12	12.5
无锡	15.9	39.4	39.5	24.6	24.6	24.6	24.6
徐州	12.2	8.3	8.4	6.9	6.9	6.7	6.7
常州	57.4	22	22.5	14.4	17.5	17.5	22.3
苏州	18.3	19.4	18.8	15.2	16.6	13.2	19.1
南通	16.3	20.8	20.8	20.7	20.9	18.8	13.6
连云港	13.1	9.2	10.1	6.7	6.7	8.9	10.2
淮安	30	13.1	14.1	16	15.5	17.2	18

续表

	2014 年	2015 年	2016 年	2017 年	2018 年	2019 年	2020 年
盐城	20.9	14.2	14.6	6.8	4.6	5.7	5.8
扬州	23.9	17.2	17.4	16.2	16.2	16.6	18.3
镇江	18.2	14.2	14.5	10.1	10.4	10.2	10.8
泰州	23	16.6	16.4	16.4	15.2	14.3	15.2
宿迁	16.8	17.7	18.8	14.5	14	13.5	13.1
MAX				57.4			
MIN				4.6			
南京	0.1938	0.1300	0.1338	0.1225	0.1506	0.1488	0.1581
无锡	0.2219	0.6625	0.6644	0.3850	0.3850	0.3850	0.3850
徐州	0.1525	0.0794	0.0813	0.0531	0.0531	0.0494	0.0494
常州	1.0000	0.3363	0.3456	0.1938	0.2519	0.2519	0.3419
苏州	0.2669	0.2875	0.2763	0.2088	0.2350	0.1713	0.2819
南通	0.2294	0.3138	0.3138	0.3119	0.3156	0.2763	0.1788
连云港	0.1694	0.0963	0.1131	0.0494	0.0494	0.0906	0.1150
淮安	0.4863	0.1694	0.1881	0.2238	0.2144	0.2463	0.2613
盐城	0.3156	0.1900	0.1975	0.0513	0.0100	0.0306	0.0325
扬州	0.3719	0.2463	0.2500	0.2275	0.2275	0.2350	0.2669
镇江	0.2650	0.1900	0.1956	0.1131	0.1188	0.1150	0.1263
泰州	0.3550	0.2350	0.2313	0.2313	0.2088	0.1919	0.2088
宿迁	0.2388	0.2556	0.2763	0.1956	0.1863	0.1769	0.1694

人均道路面积 单位：平方米

	2014 年	2015 年	2016 年	2017 年	2018 年	2019 年	2020 年
南京	22.2	23.1	23.4	23.8	24.2	24.3	25
无锡	25.2	26.7	26.6	27.5	27.6	27.6	27.1
徐州	25.3	23.9	24.4	22.9	22.5	23	23.4
常州	25.5	24.8	26	26.3	20.9	21.9	25.7
苏州	28.1	28.5	34.2	32.8	31.5	29.7	26.9
南通	29.2	30.1	30.8	31.9	31	31.3	28.4
连云港	21.4	22.7	23.8	24.5	22.9	24.1	24.5

续表

	2014 年	2015 年	2016 年	2017 年	2018 年	2019 年	2020 年
淮安	20.9	20.3	21.7	24.2	23.4	24.1	23.4
盐城	20.1	21.3	23	23.9	25.5	25.2	24.6
扬州	21.7	22.3	21.9	21.6	22.9	23.7	24.1
镇江	24.2	24.6	26	26.6	28.1	29.4	29.7
泰州	24.3	26	26.8	28.4	28.9	30.4	31.4
宿迁	27.7	27.7	27.3	26.3	25	24.3	24.7
MAX	34.2						
MIN	20.1						
南京	0.1574	0.2206	0.2417	0.2698	0.2979	0.3049	0.3540
无锡	0.3681	0.4734	0.4664	0.5296	0.5366	0.5366	0.5015
徐州	0.3751	0.2768	0.3119	0.2066	0.1785	0.2136	0.2417
常州	0.3891	0.3400	0.4243	0.4453	0.0662	0.1364	0.4032
苏州	0.5717	0.5998	1.0000	0.9017	0.8104	0.6840	0.4874
南通	0.6489	0.7121	0.7613	0.8385	0.7753	0.7964	0.5928
连云港	0.1013	0.1926	0.2698	0.3189	0.2066	0.2909	0.3189
淮安	0.0662	0.0240	0.1223	0.2979	0.2417	0.2909	0.2417
盐城	0.0100	0.0943	0.2136	0.2768	0.3891	0.3681	0.3260
扬州	0.1223	0.1645	0.1364	0.1153	0.2066	0.2628	0.2909
镇江	0.2979	0.3260	0.4243	0.4664	0.5717	0.6630	0.6840
泰州	0.3049	0.4243	0.4804	0.5928	0.6279	0.7332	0.8034
宿迁	0.5436	0.5436	0.5155	0.4453	0.3540	0.3049	0.3330

每万人拥有公共交通车辆　　　　单位：辆

	2014 年	2015 年	2016 年	2017 年	2018 年	2019 年	2020 年
南京	20.9	23.8	23.7	23.1	23	21.9	21.5
无锡	17.9	18.4	18.4	17.9	18.5	17.5	18.3
徐州	16.2	17.1	15.8	16.2	15.7	17	18.6
常州	22.7	21.9	21.3	19.5	18.3	14.7	16.3
苏州	17	18	19.1	20.8	25.9	26.7	26.4
南通	16.8	19.6	21.7	21.8	15.2	15.8	15.5

续表

	2014 年	2015 年	2016 年	2017 年	2018 年	2019 年	2020 年
连云港	10.8	15.2	16.3	18.8	15	15.8	15.5
淮安	9.1	9.4	11.6	14.9	18.2	17.2	15.4
盐城	15	10.3	16.3	16.6	12.4	14.5	14.4
扬州	14.5	19	22.7	25.1	22.2	25.9	22.5
镇江	16.6	18.8	17.2	18	19.7	23.5	24.3
泰州	12.9	14.2	13.7	13	13.6	15.4	18.5
宿迁	14.4	17.5	16.8	17.6	16.7	16.2	16.4
MAX				26.7			
MIN				9.1			
南京	0.6738	0.8369	0.8313	0.7975	0.7919	0.7300	0.7075
无锡	0.5050	0.5331	0.5331	0.5050	0.5388	0.4825	0.5275
徐州	0.4094	0.4600	0.3869	0.4094	0.3813	0.4544	0.5444
常州	0.7750	0.7300	0.6963	0.5950	0.5275	0.3250	0.4150
苏州	0.4544	0.5106	0.5725	0.6681	0.9550	1.0000	0.9831
南通	0.4431	0.6006	0.7188	0.7244	0.3531	0.3869	0.3700
连云港	0.1056	0.3531	0.4150	0.5556	0.3419	0.3869	0.3700
淮安	0.0100	0.0269	0.1506	0.3363	0.5219	0.4656	0.3644
盐城	0.3419	0.0775	0.4150	0.4319	0.1956	0.3138	0.3081
扬州	0.3138	0.5669	0.7750	0.9100	0.7469	0.9550	0.7638
镇江	0.4319	0.5556	0.4656	0.5106	0.6063	0.8200	0.8650
泰州	0.2238	0.2969	0.2688	0.2294	0.2631	0.3644	0.5388
宿迁	0.3081	0.4825	0.4431	0.4881	0.4375	0.4094	0.4206

人均供水量

单位：升

	2014 年	2015 年	2016 年	2017 年	2018 年	2019 年	2020 年
南京	296	298.4	313.4	307.3	279.5	280.2	296.5
无锡	205.1	216.1	215.9	224	233.6	195.5	196.2
徐州	130	112.8	124.6	147.2	167.4	168.3	167.9
常州	217.2	229.8	232.2	234.5	223.4	235.2	235
苏州	288.5	302.8	297.7	284.7	285.1	284.9	261

续表

	2014 年	2015 年	2016 年	2017 年	2018 年	2019 年	2020 年
南通	181.4	174.8	180.7	195	199.7	245.1	229
连云港	152.3	151.9	165.9	165	173.9	174.3	181.1
淮安	146.1	136.4	128.5	127.6	142.4	143.1	155.6
盐城	125.9	138.6	141	135.1	141.3	140.7	138.9
扬州	230.8	234.6	211.7	193.3	198.4	199.4	199.6
镇江	219.6	181.4	194.7	181.6	208	208.5	211.6
泰州	122.7	130.3	137.7	138.5	159	177.2	191.9
宿迁	131.2	140.2	158.6	157.4	135	134.3	142.2
MAX				313.4			
MIN				112.8			
南京	0.9141	0.9260	1.0000	0.9699	0.8327	0.8362	0.9166
无锡	0.4655	0.5198	0.5188	0.5588	0.6062	0.4181	0.4216
徐州	0.0949	0.0100	0.0682	0.1798	0.2795	0.2839	0.2819
常州	0.5252	0.5874	0.5993	0.6106	0.5558	0.6141	0.6131
苏州	0.8771	0.9477	0.9225	0.8584	0.8603	0.8593	0.7414
南通	0.3486	0.3160	0.3451	0.4157	0.4389	0.6629	0.5835
连云港	0.2049	0.2030	0.2721	0.2676	0.3115	0.3135	0.3471
淮安	0.1743	0.1265	0.0875	0.0830	0.1561	0.1595	0.2212
盐城	0.0747	0.1373	0.1492	0.1201	0.1507	0.1477	0.1388
扬州	0.5924	0.6111	0.4981	0.4073	0.4325	0.4374	0.4384
镇江	0.5371	0.3486	0.4142	0.3495	0.4798	0.4823	0.4976
泰州	0.0589	0.0964	0.1329	0.1368	0.2380	0.3278	0.4004
宿迁	0.1008	0.1452	0.2360	0.2301	0.1196	0.1161	0.1551

人均供电量 单位：亿千瓦时

	2014 年	2015 年	2016 年	2017 年	2018 年	2019 年	2020 年
南京	470.5	495.18	524.79	556.96	606.4	621.53	632.94
无锡	272.02	279.7	301.5	327.75	349.91	362.66	378.78
徐州	197.92	202.64	204.08	214.72	117.66	188.53	186.53
常州	280.49	339.93	357.18	376.5	395.41	410.07	421.6

续表

	2014 年	2015 年	2016 年	2017 年	2018 年	2019 年	2020 年
苏州	545.46	567.94	607	661.84	696.19	691.69	676.94
南通	136.86	142.98	151.5	161.31	169.72	184.82	234.55
连云港	95.45	65.89	63.68	110.32	109.93	115.13	121.45
淮安	93.37	97.07	118.22	65.87	135.27	136.58	136.15
盐城	47.19	99.36	107.02	110.32	127.47	129.69	144.14
扬州	112.53	113.43	132.73	136.01	139.3	142.75	150.57
镇江	104.49	110.28	116.56	116.01	120.27	128.15	129.81
泰州	78.44	52.42	84.13	98.13	106.25	106	111.23
宿迁	71.02	72.33	78.36	77.73	84.54	90.64	95.78
MAX				696.19			
MIN				47.19			
南京	0.6557	0.6934	0.7385	0.7876	0.8630	0.8861	0.9035
无锡	0.3530	0.3647	0.3979	0.4380	0.4718	0.4912	0.5158
徐州	0.2399	0.2471	0.2493	0.2656	0.1175	0.2256	0.2226
常州	0.3659	0.4566	0.4829	0.5123	0.5412	0.5635	0.5811
苏州	0.7701	0.8044	0.8639	0.9476	1.0000	0.9931	0.9706
南通	0.1468	0.1561	0.1691	0.1841	0.1969	0.2199	0.2958
连云港	0.0836	0.0385	0.0352	0.1063	0.1057	0.1136	0.1233
淮安	0.0804	0.0861	0.1184	0.0385	0.1444	0.1464	0.1457
盐城	0.0100	0.0896	0.1013	0.1063	0.1325	0.1358	0.1579
扬州	0.1097	0.1110	0.1405	0.1455	0.1505	0.1558	0.1677
镇江	0.0974	0.1062	0.1158	0.1150	0.1215	0.1335	0.1360
泰州	0.0577	0.0180	0.0663	0.0877	0.1001	0.0997	0.1077
宿迁	0.0464	0.0483	0.0575	0.0566	0.0670	0.0763	0.0841

邮电业务总量　　　　　　　　　　　　单位：亿元

	2014 年	2015 年	2016 年	2017 年	2018 年	2019 年	2020 年
南京	237.94	360.9	525.27	451.11	847.75	1259.81	1484.64
无锡	169.57	240.55	368.86	318.1	613.43	964.73	1121.2
徐州	100.72	150.49	246.69	208.77	446.39	696.86	883.24

续表

	2014 年	2015 年	2016 年	2017 年	2018 年	2019 年	2020 年
常州	110.9	150.13	231.95	193.8	391.74	587.2	722.22
苏州	337.66	517.39	789.21	710.12	1376.56	2046.38	2420.7
南通	123.93	169.03	261.92	232.99	454.08	691.36	887.3
连云港	63.41	77.96	119.96	104.88	231.65	361.12	457.76
淮安	73.95	79.1	126.06	108.72	227.12	353.88	435.04
盐城	97.01	112.5	173.17	144.2	313.23	488.7	605.04
扬州	84.42	103.37	155.88	136.09	268.35	404.3	491.82
镇江	64.39	71.85	109.87	91.9	185.18	287.34	351.3
泰州	76.61	86.66	131.2	108.83	229.66	350.76	434.14
宿迁	84.12	99.34	130.21	120.05	259.47	421.76	543.81
MAX				2420.7			
MIN				63.41			
南京	0.0833	0.1349	0.2040	0.1728	0.3394	0.5125	0.6069
无锡	0.0546	0.0844	0.1383	0.1170	0.2410	0.3885	0.4542
徐州	0.0257	0.0466	0.0870	0.0710	0.1708	0.2760	0.3543
常州	0.0299	0.0464	0.0808	0.0648	0.1479	0.2300	0.2867
苏州	0.1252	0.2007	0.3148	0.2816	0.5615	0.8428	1.0000
南通	0.0354	0.0544	0.0934	0.0812	0.1741	0.2737	0.3560
连云港	0.0100	0.0161	0.0337	0.0274	0.0807	0.1350	0.1756
淮安	0.0144	0.0166	0.0363	0.0290	0.0788	0.1320	0.1661
盐城	0.0241	0.0306	0.0561	0.0439	0.1149	0.1886	0.2375
扬州	0.0188	0.0268	0.0488	0.0405	0.0961	0.1532	0.1899
镇江	0.0104	0.0135	0.0295	0.0220	0.0611	0.1040	0.1309
泰州	0.0155	0.0198	0.0385	0.0291	0.0798	0.1307	0.1657
宿迁	0.0187	0.0251	0.0381	0.0338	0.0923	0.1605	0.2118

互联网宽带接入用户数　　　　　　　单位：万户

	2014 年	2015 年	2016 年	2017 年	2018 年	2019 年	2020 年
南京	325.48	313.04	373.66	401.23	427.63	469.19	498.66
无锡	159.5	154.65	178.33	187.15	193.69	202.75	221.67

续表

	2014 年	2015 年	2016 年	2017 年	2018 年	2019 年	2020 年
徐州	55.61	58.36	105.26	112.54	130.07	155.3	169.62
常州	122.84	184.63	186.67	209.16	234.11	240.33	246.62
苏州	190.43	214.05	240.7	284.35	320.43	330.16	1249.35
南通	76.39	78	43.11	104.02	105.33	121.98	492.09
连云港	55.26	65.97	68.22	78.65	85.66	92.65	123
淮安	32.82	41.2	29.03	31.07	40.08	28.24	89.16
盐城	35.36	43.41	70.11	85.44	93.81	92.92	108.61
扬州	75.89	54.69	57.83	101.28	108.73	118.33	120.68
镇江	31.25	40	46.83	37.92	74.51	64.27	62.98
泰州	42.21	42.72	57.19	66.68	78.44	77.17	86.34
宿迁	28.96	34.54	42.5	47.34	49.05	53.91	53.13
MAX				1249.35			
MIN				28.24			
南京	0.2510	0.2409	0.2900	0.3124	0.3338	0.3675	0.3914
无锡	0.1164	0.1125	0.1317	0.1388	0.1441	0.1515	0.1668
徐州	0.0322	0.0344	0.0724	0.0783	0.0926	0.1130	0.1246
常州	0.0867	0.1368	0.1384	0.1567	0.1769	0.1819	0.1870
苏州	0.1415	0.1606	0.1822	0.2176	0.2469	0.2548	1.0000
南通	0.0490	0.0503	0.0221	0.0714	0.0725	0.0860	0.3861
连云港	0.0319	0.0406	0.0424	0.0509	0.0566	0.0622	0.0868
淮安	0.0137	0.0205	0.0106	0.0123	0.0196	0.0100	0.0594
盐城	0.0158	0.0223	0.0439	0.0564	0.0632	0.0624	0.0752
扬州	0.0486	0.0314	0.0340	0.0692	0.0753	0.0830	0.0849
镇江	0.0124	0.0195	0.0251	0.0178	0.0475	0.0392	0.0382
泰州	0.0213	0.0217	0.0335	0.0412	0.0507	0.0497	0.0571
宿迁	0.0106	0.0151	0.0216	0.0255	0.0269	0.0308	0.0302

年度政务发布微博运营评分

	2014 年	2015 年	2016 年	2017 年	2018 年	2019 年	2020 年
南京	83.10	86.15	86.34	86.53	87.29	85.21	87.09
无锡	77.10	80.29	80.42	80.47	80.82	79.98	80.6

续表

	2014 年	2015 年	2016 年	2017 年	2018 年	2019 年	2020 年
徐州	68.02	72.02	70.34	71.44	70.28	69.29	74.75
常州	57.30	59.89	61.23	60.67	62.23	60.78	59
苏州	76.96	81.54	79.04	80.30	77.82	79	84.07
南通	59.56	63.66	61.50	63.05	61.83	59.62	67.7
连云港	62.12	65.60	64.13	65.75	66.07	60.58	70.61
淮安	69.83	74.40	72.26	73.08	70.44	73.26	75.54
盐城	59.44	64.26	62.04	62.59	59.26	64.27	64.24
扬州	62.16	66.63	63.67	65.67	63.77	61.57	71.68
镇江	56.60	60.87	58.80	59.98	58.22	58.21	63.52
泰州	55.03	59.42	57.39	58.35	56.21	57.6	61.23
宿迁	71.79	75.27	74.65	75.21	75.08	73.67	76.87
MAX				87.29			
MIN				55.03			
南京	0.8715	0.9650	0.9709	0.9767	1.0000	0.9362	0.9939
无锡	0.6872	0.7852	0.7892	0.7906	0.8014	0.7757	0.7947
徐州	0.4086	0.5314	0.4797	0.5136	0.4780	0.4476	0.6152
常州	0.0796	0.1591	0.2001	0.1831	0.2309	0.1864	0.1318
苏州	0.6830	0.8234	0.7468	0.7854	0.7094	0.7456	0.9012
南通	0.1490	0.2748	0.2085	0.2561	0.2187	0.1508	0.3988
连云港	0.2277	0.3342	0.2894	0.3391	0.3488	0.1803	0.4881
淮安	0.4642	0.6044	0.5387	0.5639	0.4829	0.5694	0.6394
盐城	0.1454	0.2931	0.2251	0.2420	0.1398	0.2935	0.2926
扬州	0.2289	0.3658	0.2752	0.3366	0.2782	0.2107	0.5209
镇江	0.0582	0.1890	0.1258	0.1620	0.1079	0.1076	0.2705
泰州	0.0100	0.1445	0.0823	0.1117	0.0462	0.0888	0.2002
宿迁	0.5244	0.6311	0.6122	0.6292	0.6253	0.5820	0.6802

年度政务发布微信运营评分

	2014 年	2015 年	2016 年	2017 年	2018 年	2019 年	2020 年
南京	79.62	85.56	80.14	83.00	77.9	79.53	91.58
无锡	74.36	79.87	75.32	77.74	73.5	74.71	85.02

续表

	2014 年	2015 年	2016 年	2017 年	2018 年	2019 年	2020 年
徐州	70.18	76.25	70.16	73.67	68.52	68.3	84.2
常州	68.35	74.76	68.26	71.77	65.79	67.23	82.29
苏州	81.03	87.48	81.28	84.36	78.13	81.34	93.61
南通	71.67	79.26	69.36	75.35	67.52	65.21	93.31
连云港	73.14	79.23	73.63	76.49	71.01	73.39	85.07
淮安	70.85	78.29	70.08	74.18	65.95	70.11	86.47
盐城	74.59	82.67	72.91	77.99	68.65	72.08	93.25
扬州	73.10	79.59	73.07	76.48	70.27	72.47	86.71
镇江	67.89	73.81	68.07	71.37	66.49	66.35	81.26
泰州	73.87	78.34	75.44	77.36	75.42	73.53	83.14
宿迁	66.50	72.40	66.51	70.02	65.25	64.25	80.55
MAX	93.61						
MIN	64.25						
南京	0.5282	0.7284	0.5460	0.6424	0.4703	0.5252	0.9315
无锡	0.3509	0.5365	0.3832	0.4650	0.3219	0.3627	0.7104
徐州	0.2101	0.4146	0.2094	0.3277	0.1540	0.1466	0.6827
常州	0.1483	0.3644	0.1453	0.2636	0.0619	0.1105	0.6183
苏州	0.5759	0.7931	0.5841	0.6881	0.4780	0.5863	1.0000
南通	0.2601	0.5161	0.1823	0.3842	0.1203	0.0424	0.9899
连云港	0.3097	0.5151	0.3263	0.4227	0.2379	0.3182	0.7120
淮安	0.2324	0.4834	0.2065	0.3447	0.0673	0.2076	0.7592
盐城	0.3587	0.6309	0.3019	0.4734	0.1584	0.2740	0.9879
扬州	0.3084	0.5273	0.3076	0.4225	0.2130	0.2872	0.7673
镇江	0.1327	0.3322	0.1388	0.2500	0.0855	0.0808	0.5836
泰州	0.3344	0.4849	0.3872	0.4522	0.3866	0.3229	0.6470
宿迁	0.0857	0.2848	0.0861	0.2044	0.0437	0.0100	0.5596

附录五　全局熵值法确权计算汇总

地区	年份	人均生产总值	第三产业占比	城乡居民储蓄存款余额	人均可支配收入	实际使用外资金额	医疗卫生机构床位数	医疗卫生技术人员数	高等学校在校学生人数	城镇登记失业人员	社会保障覆盖率	人均公园绿地面积	建成区绿化覆盖率
南京	2014	0.4980	0.7390	0.3837	0.4107	0.3984	0.5508	0.5428	0.8767	0.3404	0.4379	0.5237	0.7906
	2015	0.5737	0.7722	0.4260	0.5364	0.4039	0.5928	0.5803	0.8847	0.2836	0.4514	0.5330	0.8667
	2016	0.6397	0.8177	0.4576	0.6079	0.4218	0.6407	0.6479	0.9013	0.2940	0.4650	0.5517	0.9238
	2017	0.7241	0.8716	0.4686	0.6904	0.4460	0.6740	0.7145	0.7851	0.3224	0.4739	0.5797	0.9429
	2018	0.8076	0.9254	0.5475	0.9160	0.4684	0.7146	0.8115	0.9330	0.3404	0.5006	0.5704	0.9810
	2019	0.8982	0.9669	0.6695	0.8822	0.4993	0.7726	0.9305	0.9560	0.3533	0.5273	0.5891	1.0000
	2020	0.8532	1.0000	0.7751	0.9421	0.5509	0.8297	1.0000	1.0000	0.2914	0.5646	0.6264	0.9048
无锡	2014	0.6366	0.4035	0.3208	0.3964	0.3502	0.2434	0.2928	0.1060	0.6450	0.3274	0.5050	0.5621
	2015	0.6703	0.4325	0.3471	0.5164	0.3873	0.2681	0.3311	0.1082	0.6128	0.3380	0.5143	0.5812
	2016	0.7445	0.5236	0.3671	0.5827	0.4136	0.2985	0.3658	0.1081	0.6244	0.3418	0.5143	0.5812
	2017	0.8630	0.5319	0.3837	0.6571	0.4450	0.3406	0.4081	0.1081	0.6321	0.3507	0.5143	0.5812
	2018	0.9591	0.5154	0.4239	0.8315	0.2751	0.3754	0.4534	0.1093	0.6450	0.3849	0.5143	0.5812
	2019	1.0000	0.5319	0.4947	0.8262	0.4394	0.4044	0.5091	0.1145	0.6528	0.4191	0.5143	0.6192
	2020	0.8994	0.5733	0.5722	0.8814	0.4395	0.6648	0.5538	0.1257	0.6528	0.4400	0.5237	0.6573

续表

地区	年份	人均生产总值	第三产业占比	城乡居民储蓄存款余额	人均可支配人配收入	实际使用外资金额	医疗卫生机构床位数	医疗卫生技术人员数	高等学校在校学生人数	城镇登记失业人员	社会保障覆盖率	人均公园绿地面积	建成区绿化覆盖率
徐州	2014	0.1374	0.2710	0.1478	0.0650	0.1950	0.2971	0.3592	0.1462	0.7367	0.1337	0.6358	0.6383
	2015	0.1653	0.3124	0.1833	0.1331	0.1663	0.3101	0.4148	0.1467	0.7302	0.1296	0.5517	0.7144
	2016	0.2040	0.3621	0.2106	0.1718	0.1761	0.3464	0.4630	0.1502	0.7380	0.1297	0.5891	0.7335
	2017	0.2600	0.3538	0.2334	0.2158	0.1952	0.3754	0.4876	0.1376	0.7457	0.1271	0.4957	0.7335
	2018	0.2693	0.4284	0.2559	0.4748	0.1940	0.3986	0.6080	0.1391	0.7367	0.1269	0.4583	0.6954
	2019	0.2992	0.4739	0.2928	0.3206	0.2488	0.4029	0.6489	0.1435	0.7199	0.1266	0.5610	0.7144
	2020	0.2959	0.4739	0.3359	0.3493	0.2626	0.7783	0.6788	0.1557	0.7160	0.1479	0.6731	0.6002
常州	2014	0.4777	0.3869	0.1968	0.3239	0.2886	0.1825	0.1285	0.1150	0.7289	0.1748	0.3556	0.5812
	2015	0.5342	0.4491	0.2197	0.4342	0.2028	0.2275	0.1471	0.1317	0.7044	0.1817	0.4209	0.6002
	2016	0.6092	0.5071	0.2349	0.4957	0.2999	0.2420	0.1663	0.1311	0.7135	0.1868	0.4770	0.6002
	2017	0.7194	0.5029	0.2495	0.5651	0.2645	0.2565	0.1822	0.1306	0.7199	0.1956	0.5143	0.6002
	2018	0.7820	0.5319	0.2768	0.8091	0.2762	0.2492	0.2110	0.1326	0.7289	0.2103	0.2622	0.6002
	2019	0.8324	0.4781	0.3192	0.7253	0.3158	0.2710	0.2382	0.1379	0.7354	0.2250	0.3742	0.6192
	2020	0.7725	0.5361	0.3812	0.7704	0.3470	0.3424	0.2573	0.1544	0.7354	0.2385	0.4583	0.6383
苏州	2014	0.6605	0.4035	0.5333	0.4574	1.0000	0.3478	0.5698	0.1640	0.6515	0.6503	0.5424	0.4288
	2015	0.7101	0.4656	0.5865	0.5874	0.7359	0.3884	0.6174	0.1680	0.6244	0.6599	0.5330	0.4669
	2016	0.7740	0.5319	0.6355	0.6600	0.7363	0.4218	0.6660	0.1725	0.6270	0.6599	0.4957	0.3908

续表

地区	年份	人均生产总值	第三产业占比	城乡居民储蓄存款余额	人均可支配收入	实际使用外资金额	医疗卫生机构床位数	医疗卫生技术人员数	高等学校在校学生人数	城镇登记失业人员	社会保障覆盖率	人均公园绿地面积	建成区绿化覆盖率
苏州	2017	0.8749	0.5195	0.6577	0.7407	0.5469	0.4580	0.7569	0.1763	0.6373	0.7440	0.4209	0.2575
	2018	0.9555	0.5029	0.7460	1.0000	0.2970	0.4841	0.8248	0.1870	0.6515	0.8592	0.3369	0.2765
	2019	0.9938	0.5319	0.8726	0.9321	0.5634	0.5087	0.8962	0.1971	0.6270	0.9743	0.3556	0.4098
	2020	0.8471	0.5733	1.0000	0.9819	0.6786	1.0000	0.9482	0.2054	0.6476	1.0000	0.2808	0.6002
南通	2014	0.2824	0.2295	0.3438	0.1879	0.2756	0.1361	0.2674	0.0847	0.6580	0.1607	0.6918	0.5050
	2015	0.3316	0.2958	0.3890	0.2772	0.2770	0.1434	0.2867	0.0946	0.6876	0.1681	0.7105	0.5431
	2016	0.3925	0.3745	0.4277	0.3276	0.2858	0.1608	0.3173	0.0999	0.1623	0.1737	0.8506	0.6383
	2017	0.4747	0.3869	0.4507	0.3865	0.2903	0.1782	0.3425	0.1050	0.6722	0.1870	0.8973	0.6763
	2018	0.5414	0.4035	0.4922	0.5936	0.1291	0.1941	0.3718	0.1131	0.6580	0.2028	0.8973	0.7715
	2019	0.6333	0.3207	0.5669	0.5337	0.3204	0.2188	0.3997	0.1186	0.6567	0.2185	1.0000	0.8477
	2020	0.6447	0.3828	0.6447	0.5797	0.3263	0.6350	0.4357	0.1330	0.6592	0.2348	0.8599	0.4479
连云港	2014	0.0414	0.1136	0.0198	0.0461	0.1073	0.0622	0.0530	0.0378	0.9819	0.0304	0.4490	0.0100
	2015	0.0713	0.1591	0.0307	0.1128	0.0882	0.0694	0.0671	0.0384	0.9729	0.0308	0.4676	0.0290
	2016	0.1043	0.1840	0.0413	0.1493	0.0570	0.0999	0.1049	0.0384	0.9858	0.0316	0.4957	0.0481
	2017	0.1393	0.1964	0.0527	0.1910	0.0729	0.1086	0.1218	0.0398	0.9871	0.0318	0.4396	0.0862
	2018	0.1589	0.2503	0.0635	0.4342	0.0383	0.1202	0.1377	0.0423	0.9819	0.0342	0.4676	0.2004
	2019	0.2169	0.2627	0.0812	0.2875	0.0649	0.1376	0.1654	0.0476	0.9058	0.0367	0.5143	0.3527

续表

地区	年份	人均生产总值	第三产业占比	城乡居民储蓄存款余额	人均可支配收入	实际使用外资金额	医疗卫生机构床位数	医疗卫生技术人员数	高等学校在校学生人数	城镇登记失业人员	社会保障覆盖率	人均公园绿地面积	建成区绿化覆盖率
连云港	2020	0.2295	0.3165	0.1004	0.3158	0.0727	0.3296	0.1815	0.0553	0.9793	0.0394	0.5237	0.6383
淮安	2014	0.0872	0.2254	0.0304	0.0715	0.1378	0.1318	0.1393	0.0698	0.8903	0.0470	0.4116	0.1813
	2015	0.1284	0.3000	0.0427	0.1414	0.1397	0.1332	0.1576	0.0705	0.8696	0.0478	0.4116	0.2575
	2016	0.1713	0.3745	0.0582	0.1801	0.1331	0.1825	0.1704	0.0722	0.8761	0.0410	0.4303	0.4098
	2017	0.2055	0.3704	0.0690	0.2239	0.1352	0.1927	0.1800	0.0729	0.8838	0.0431	0.4863	0.4288
	2018	0.2430	0.3952	0.0798	0.3126	0.1234	0.1970	0.2052	0.0747	0.8903	0.0448	0.4490	0.4288
	2019	0.2808	0.3952	0.0980	0.3297	0.1191	0.2159	0.2245	0.0789	0.8980	0.0465	0.4770	0.4669
	2020	0.3443	0.4408	0.1218	0.3585	0.1204	0.3584	0.2342	0.0500	0.8929	0.0511	0.4583	0.5050
盐城	2014	0.1049	0.0887	0.1200	0.0979	0.1189	0.0607	0.2327	0.0576	0.9122	0.0953	0.2435	0.1052
	2015	0.1423	0.1426	0.1496	0.1732	0.0875	0.1158	0.2676	0.0714	0.8980	0.0983	0.2808	0.2194
	2016	0.1782	0.2005	0.1747	0.2144	0.0765	0.1231	0.2673	0.0713	0.9032	0.0999	0.3182	0.2956
	2017	0.2218	0.2420	0.1931	0.2602	0.0867	0.1361	0.2842	0.0631	0.9071	0.1005	0.4023	0.4288
	2018	0.2627	0.2668	0.2177	0.5284	0.0602	0.1347	0.3081	0.0647	0.9122	0.1011	0.4490	0.5240
	2019	0.2851	0.3662	0.2614	0.3681	0.1031	0.1434	0.3269	0.0681	0.9122	0.1018	0.4583	0.6383
	2020	0.3530	0.4242	0.3105	0.4005	0.1145	0.5453	0.3875	0.0726	0.9096	0.1071	0.5424	0.6954
扬州	2014	0.3182	0.1757	0.1249	0.1646	0.1614	0.1042	0.0705	0.0786	0.8399	0.0905	0.8039	0.6954
	2015	0.3688	0.2171	0.1477	0.2504	0.1065	0.1057	0.0826	0.0789	0.7999	0.0956	0.8412	0.7144

续表

地区	年份	人均生产总值	第三产业占比	城乡居民储蓄存款余额	人均可支配收入	实际使用外资金额	医疗卫生机构床位数	医疗卫生技术人员数	高等学校在校学生人数	城镇登记失业人员	社会保障覆盖率	人均公园绿地面积	建成区绿化覆盖率
扬州	2016	0.4374	0.2627	0.1640	0.2983	0.1384	0.1100	0.0941	0.0776	0.6838	0.0986	0.8599	0.7335
	2017	0.5218	0.3000	0.1731	0.3535	0.1239	0.1245	0.1348	0.0868	0.8309	0.1086	0.8786	0.7715
	2018	0.5812	0.3455	0.1904	0.5056	0.1028	0.1274	0.1214	0.0826	0.8399	0.1132	0.8973	0.7715
	2019	0.6373	0.3662	0.2237	0.4683	0.1614	0.1318	0.1632	0.0815	0.0100	0.1179	0.9533	0.7906
	2020	0.6651	0.4242	0.2642	0.5039	0.1716	0.2987	0.1635	0.0983	0.8064	0.1374	0.9907	0.9048
镇江	2014	0.4637	0.3082	0.0766	0.2519	0.1498	0.0390	0.0100	0.0784	0.9626	0.0521	0.8692	0.4860
	2015	0.5195	0.3414	0.2880	0.3513	0.1510	0.0375	0.0175	0.0895	0.9510	0.0489	0.8879	0.5431
	2016	0.5936	0.3704	0.1039	0.4077	0.1567	0.0404	0.0231	0.0919	0.9548	0.0509	0.8973	0.5621
	2017	0.6168	0.3497	0.1130	0.4702	0.1695	0.0433	0.0343	0.0841	0.9587	0.0543	0.8973	0.5812
	2018	0.6235	0.3787	0.1287	0.6948	0.0499	0.0448	0.0430	0.0878	0.9626	0.0585	0.9066	0.6002
	2019	0.6382	0.3869	0.1532	0.6130	0.0707	0.0448	0.0505	0.1066	0.9651	0.0627	0.8132	0.6002
	2020	0.6566	0.4408	0.1819	0.6517	0.0866	0.1680	0.0580	0.0982	0.8529	0.0703	0.8132	0.6573
泰州	2014	0.2474	0.1964	0.1132	0.1594	0.1054	0.0477	0.0660	0.0501	0.9238	0.0830	0.0100	0.1433
	2015	0.2964	0.2627	0.3296	0.2439	0.1212	0.0491	0.0812	0.0577	0.9290	0.0888	0.0567	0.2765
	2016	0.3605	0.3455	0.1564	0.2908	0.1559	0.0607	0.1042	0.0609	0.8232	0.0926	0.1221	0.3908
	2017	0.4474	0.3579	0.1706	0.3449	0.1900	0.0752	0.1190	0.0637	0.9368	0.0985	0.4770	0.4288
	2018	0.5036	0.3414	0.1918	0.6155	0.1052	0.1071	0.1443	0.0655	0.9238	0.1101	0.5143	0.5050

续表

地区	年份	人均生产总值	第三产业占比	城乡居民储蓄存款余额	人均可支配收入	实际使用外资金额	医疗卫生机构床位数	医疗卫生技术人员数	高等学校在校学生人数	城镇登记失业人员	社会保障覆盖率	人均公园绿地面积	建成区绿化覆盖率
泰州	2019	0.5089	0.2668	0.2259	0.4824	0.1736	0.1115	0.1722	0.0682	0.9264	0.1218	0.5704	0.5050
	2020	0.5571	0.3207	0.2663	0.5212	0.1940	0.3577	0.1892	0.0714	0.9251	0.1277	0.6077	0.5050
宿迁	2014	0.0100	0.0100	0.0100	0.0100	0.0713	0.0100	0.0769	0.0100	0.9935	0.0100	0.4116	0.4479
	2015	0.0380	0.0307	0.0987	0.0710	0.0256	0.0303	0.1052	0.0185	0.9910	0.0118	0.5330	0.5050
	2016	0.0700	0.0473	0.0341	0.1035	0.0445	0.0448	0.1324	0.0180	1.0000	0.0133	0.5517	0.5621
	2017	0.1021	0.0887	0.0449	0.1397	0.0338	0.0578	0.1567	0.0192	0.9923	0.0140	0.5704	0.5812
	2018	0.1204	0.1591	0.0568	0.3155	0.0100	0.0622	0.1724	0.0208	0.9935	0.0144	0.5704	0.6763
	2019	0.1696	0.3372	0.0729	0.2240	0.0440	0.0665	0.2255	0.0108	0.9948	0.0149	0.5610	0.7525
	2020	0.1884	0.3704	0.0911	0.2538	0.0577	0.3724	0.2447	0.0273	0.9974	0.0192	0.6825	0.9619

参考文献

一 中文文献

（一）经典文献

习近平：《论把握新发展阶段、贯彻新发展理念、构建新发展格局》，中央文献出版社 2021 年版。

习近平：《习近平著作选读》第一卷，人民出版社 2023 年版。

中共中央宣传部编：《习近平新时代中国特色社会主义思想学习纲要》，学习出版社、人民出版社 2019 年版。

中共中央党史和文献研究院编：《习近平关于统筹疫情防控和经济社会发展重要论述选编》，中央文献出版社 2020 年版。

（二）著作类

白先春：《统计综合评价方法与应用》，中国统计出版社 2013 年版。

仇保兴：《兼顾理想与现实——中国低碳生态城市指标体系构建与实践示范初探》，中国建筑工业出版社 2012 年版。

郭亚军：《综合评价理论方法与拓展》，科学出版社 2012 年版。

何仲禹、顾福妹、翟国方：《韧性城市规划理论与实践》，中国建材工业出版社 2022 年版。

李琳：《韧性城市的探索之路》，武汉大学出版社 2017 年版。

刘彦平：《城市韧性与城市品牌测评：基于中国城市的实证研究

（2021）》，中国社会科学出版社 2021 年版。

刘耀龙、王军：《城市韧性评估：理论、方法和案例》，华东师范大学出版社 2022 年版。

申立银：《低碳城市建设评价指标体系研究》，科学出版社 2021 年版。

史培军：《风险灾害科学》，北京师范大学出版社 2016 年版。

陶鹏：《基于脆弱性视角的灾害管理整合研究》，社会科学文献出版社 2013 年版。

王浩、马星、胡慧建：《广东省城市评估数据蓝皮书（2020）——韧性城市视角下的城市评估》，中国建筑工业出版社 2021 年版。

王祥荣等：《气候变化与中国韧性城市发展对策研究》，科学出版社 2016 年版。

吴炎：《现代综合评价方法与案例精选》，清华大学出版社 2015 年版。

夏东海：《自然灾害应急管理》，中国经济出版社 2009 年版。

许镇：《城市综合数字防灾——地震及次生灾害情景仿真与韧性评估》，中国建筑工业出版社 2021 年版。

曾坚：《滨海城市综合防灾规划研究》，中国林业出版社 2020 年版。

张明斗：《中国韧性城市建设研究》，人民出版社 2022 年版。

张萍：《韧性城市规划的理论与实践》，中国建筑工业出版社 2020 年版。

庄贵阳：《中国低碳城市建设评价方法与实证》，中国社会科学出版社 2020 年版。

（三）期刊论文类

白立敏等：《中国城市韧性综合评估及其时空分异特征》，《世界地理研究》2019 年第 6 期。

毕熙荣等：《工程抗震韧性定量评估方法研究进展综述》，《地震研究》2020 年第 3 期。

蔡建明、郭华、汪德根：《国外弹性城市研究述评》，《地理科学进展》2012 年第 10 期。

蔡云楠、温钊鹏:《提升城市韧性的气候适应性规划技术探索》,《规划师》2017 年第 8 期。

陈长坤等:《雨洪灾害情境下城市韧性评估模型》,《中国安全科学学报》2018 年第 4 期。

陈梦远:《国际区域经济韧性研究进展——基于演化论的理论分析框架介绍》,《地理科学进展》2017 年第 11 期。

陈伟珂、闫超华、董静、尹春侠:《城市脆弱性时空动态演变及关键致脆因子分析——以河南省为例》,《城市问题》2020 年第 3 期。

陈宣先、王培茗:《韧性城市研究进展》,《世界地震工程》2018 年第 3 期。

陈一丹、翟国方:《荷兰鹿特丹市水韧性规划建设及其启示》,《上海城市管理》2022 年第 1 期。

陈轶等:《气候变化背景下国外城市韧性研究新进展——基于 Citespace 的文献计量分析》,《灾害学》2020 年第 2 期。

陈玉梅、黄颖欣:《协同治理视角下城市韧性评估理论模型及实践研究》,《风险灾害危机研究》2020 年第 2 期。

陈玉梅、李康晨:《国外公共管理视角下韧性城市研究进展与实践探析》,《中国行政管理》2017 年第 1 期。

程林、修春亮、张哲:《城市的脆弱性及其规避措施》,《城市问题》2011 年第 4 期。

仇保兴:《基于复杂适应系统理论的韧性城市设计方法及原则》,《城市发展研究》2018 年第 10 期。

仇保兴、姚永玲、刘治彦、秦尊文:《构建面向未来的韧性城市》,《区域经济评论》2020 年第 6 期。

杜金莹、唐晓春、徐建刚:《热带气旋灾害影响下的城市韧性提升紧迫度评估研究——以珠江三角洲地区的城市为例》,《自然灾害学报》2020 年第 5 期。

高恩新：《防御性、脆弱性与韧性：城市安全管理的三重变奏》，《中国行政管理》2016 年第 11 期。

高萍、徐明婧：《杭州市"数字战疫"启示：以数据赋能深化协同治理》，《社会治理》2020 年第 8 期。

何继新、荆小莹：《城市公共物品韧性治理：学理因由、进展经验及推进方略》，《理论探讨》2017 年第 5 期。

何维国等：《城市韧性配电网建设与发展路径》，《电网技术》2022 年第 2 期。

赫磊等：《全球城市综合防灾规划中灾害特点及发展趋势研究》，《国际城市规划》2019 年第 6 期。

华先胜等：《城市大规模视觉智能综述》，《人工智能》2021 年第 5 期。

黄晓军、黄馨：《弹性城市及其规划框架初探》，《城市规划》2015 年第 2 期。

贾舒：《弹性城市研究进展：概念维度与应用评价》，《湖北社会科学》2020 年第 5 期。

［美］杰克·埃亨、秦越、刘海龙：《从安全防御到安全无忧：新城市世界的可持续性和韧性》，《国际城市规划》2015 年第 2 期。

李南枢、宋宗宇：《复合空间视角下超大城市韧性建设的困境与出路》，《城市问题》2021 年第 9 期。

李倩、郭恩栋、李玉芹、刘志斌：《供水系统地震韧性评价关键问题分析》，《灾害学》2019 年第 2 期。

李彤玥：《基于"暴露—敏感—适应"的城市脆弱性空间研究——以兰州市为例》，《经济地理》2017 年第 3 期。

李彤玥：《韧性城市研究新进展》，《国际城市规划》2017 年第 5 期。

李彤玥等：《弹性城市研究框架综述》，《城市规划学刊》2014 年第 5 期。

李雪、余红霞、刘鹏：《建筑抗震韧性的概念和评价方法及工程应用》，《建筑结构》2018 年第 18 期。

李彦军、马港、宋舒雅：《长江中游城市群城市韧性的空间分异及演进》，《区域经济评论》2022 年第 2 期。

刘江艳、曾忠平：《弹性城市评价指标体系构建及其实证研究》，《电子政务》2014 年第 3 期。

刘婧等：《灾害恢复力研究进展综述》，《地球科学进展》2006 年第 2 期。

刘严萍：《城市韧性：内涵与评价体系研究》，《灾害学》2019 年第 1 期。

刘志敏、修春亮、宋伟：《城市空间韧性研究进展》，《城市建筑》2018 年第 35 期。

陆新征等：《建设地震韧性城市所面临的挑战》，《城市与减灾》2017 年第 4 期。

吕悦风等：《从安全防灾到韧性建设——国土空间治理背景下韧性规划的探索与展望》，《自然资源学报》2021 年第 9 期。

明晓东等：《多灾种风险评估研究进展》，《灾害学》2013 年第 1 期。

缪惠全等：《基于灾后恢复过程解析的城市韧性评价体系》，《自然灾害学报》2021 年第 1 期。

倪晓露、黎兴强：《韧性城市评价体系的三种类型及其新的发展方向》，《国际城市规划》2021 年第 3 期。

宁宁等：《灾难性医疗需求激增情境下卫生系统韧性概念内涵》，《中国公共卫生》2022 年第 2 期。

欧阳虹彬、叶强：《弹性城市理论演化述评：概念、脉络与趋势》，《城市规划》2016 年第 3 期。

彭翀、林樱子、顾朝林：《长江中游城市网络结构韧性评估及其优化策略》，《地理研究》2018 年第 6 期。

容志：《从失序到有序：大城市城乡结合地区社会治理困境的成因与对策分析》，《上海行政学院学报》2016 年第 1 期。

容志：《构建卫生安全韧性：应对重大突发公共卫生事件的城市治理创新》，《理论与改革》2021 年第 6 期。

阮鑫鑫等：《湖北省自然灾害社会脆弱性综合测度及时空演变特征》，《安全与环境工程》2019 年第 2 期。

商彦蕊：《自然灾害综合研究的新进展——脆弱性研究》，《地域研究与开发》2000 年第 2 期。

石晟等：《高层钢结构不同减震加固方案的抗震韧性评估》，《土木工程学报》2020 年第 4 期。

孙晶、王俊、杨新军：《社会—生态系统恢复力研究综述》，《生态学报》2007 年第 12 期。

孙立、田丽：《基于韧性特征的城市老旧社区空间韧性提升策略》，《北京规划建设》2019 年第 6 期。

谭日辉、陈思懿、王涛：《数字平台优化韧性城市建设研究——以北京城市副中心为例》，《城市问题》2022 年第 1 期。

王峤、臧鑫宇：《应对突发公共事件的韧性城市空间规划维度探讨》，《科技导报》2021 年第 5 期。

王静、朱光蠡、黄献明：《基于雨洪韧性的荷兰城市水系统设计实践》，《科技导报》2020 年第 8 期。

王忙忙、王云才：《生态智慧引导下的城市公园绿地韧性测度体系构建》，《中国园林》2020 年第 6 期。

王岩、方创琳、张蔷：《城市脆弱性研究评述与展望》，《地理科学进展》2013 年第 5 期。

吴佳、朱正威：《公共行政视野中的城市韧性：评估与治理》，《地方治理研究》2021 年第 4 期。

肖文涛、王鹭：《韧性城市：现代城市安全发展的战略选择》，《东南学术》2019 年第 2 期。

肖文涛、王鹭：《韧性视角下现代城市整体性风险防控问题研究》，《中国行政管理》2020 年第 2 期。

谢起慧：《发达国家建设韧性城市的政策启示》，《科学决策》2017年第 4 期。

修春亮、魏冶、王绮：《基于"规模—密度—形态"的大连市城市韧性评估》，《地理学报》2018 年第 12 期。

徐芬、郑媛媛、孙康远：《江苏龙卷时空分布及风暴形态特征》，《气象》2021 年第 5 期。

徐江、邵亦文：《韧性城市：应对城市危机的新思路》，《国际城市规划》2015 年第 2 期。

徐耀阳等：《韧性科学的回顾与展望：从生态理论到城市实践》，《生态学报》2018 年第 15 期。

许慧等：《基于 ISM-AHP 的城市复杂公共空间韧性影响因素评价研究》，《风险灾害危机研究》2019 年第 2 期。

许珞等：《提升电力信息物理系统韧性的通信网鲁棒优化方法》，《电力系统自动化》2021 年第 3 期。

许涛、王春连、洪敏：《基于灰箱模型的中国城市内涝弹性评价》，《城市问题》2015 年第 4 期。

许渭生：《心理弹性结构及其要素分析》，《陕西师范大学学报》（哲学社会科学版）2000 年第 4 期。

杨敏行等：《基于韧性城市理论的灾害防治研究回顾与展望》，《城市规划学刊》2016 年第 1 期。

杨秀平等：《韧性城市研究综述与展望》，《地理与地理信息科学》2021 年第 6 期。

杨雪冬：《走向社会权利导向的社会管理体制》，《华中师范大学学报》（人文社会科学版）2010 年第 1 期。

殷为华：《长三角城市群工业韧性综合评价及其空间演化研究》，《学术论坛》2019 年第 5 期。

于伟、张鹏：《中国农业发展韧性时空分异特征及影响因素研究》，《地理与地理信息科学》2019 年第 1 期。

俞孔坚、许涛、李迪华、王春连:《城市水系统弹性研究进展》,《城市规划学刊》2015 年第 1 期。

喻小红、夏安桃、刘盈军:《城市脆弱性的表现及对策》,《湖南城市学院学报》2007 年第 3 期。

袁万城等:《桥梁抗震智能与韧性的发展》,《中国公路学报》2021 年第 2 期。

翟长海、刘文、谢礼立:《城市抗震韧性评估研究进展》,《建筑结构学报》2018 年第 9 期。

翟国方等:《风险社会与弹性城市》,《城市规划》2015 年第 12 期。

张明斗、冯晓青:《韧性城市:城市可持续发展的新模式》,《郑州大学学报》(哲学社会科学版)2018 年第 2 期。

张明斗、冯晓青:《中国城市韧性度综合评价》,《城市问题》2018 年第 10 期。

张明顺、李欢欢:《气候变化背景下城市韧性评估研究进展》,《生态经济》2018 年第 10 期。

赵冬月等:《城市韧性多因素综合评估模型研究》,《中国安全生产科学技术》2022 年第 5 期。

赵瑞东、方创琳、刘海猛:《城市韧性研究进展与展望》,《地理科学进展》2020 年第 10 期。

郑艳、王文军、潘家华:《低碳韧性城市:理念、途径与政策选择》,《城市发展研究》2013 年第 3 期。

郑艳等:《基于适应性周期的韧性城市分类评价——以我国海绵城市与气候适应型城市试点为例》,《中国人口·资源与环境》2018 年第 3 期。

周利敏:《从自然脆弱性到社会脆弱性:灾害研究的范式转型》,《思想战线》2012 年第 2 期。

周利敏:《复合型减灾:结构式与非结构式困境的破解》,《思想战线》2013 年第 6 期。

周诗伟、黄弘、李瑞奇:《城市基础设施韧性评估与敏感性分析》,《武汉理工大学学报》(信息与管理工程版) 2020 年第 3 期。

周文婧等:《灾难性医疗需求激增情境下卫生系统韧性评价指标体系构建》,《中国公共卫生》2022 年第 2 期。

朱金鹤、孙红雪:《中国三大城市群城市韧性时空演进与影响因素研究》,《软科学》2020 年第 2 期。

朱正威、刘莹莹:《韧性治理:风险与应急管理的新路径》,《行政论坛》2020 年第 5 期。

二 英文文献

Adger W. Neil, et al. , *Social-ecological Resilience to Coastal Disasters*, Science, 2005 (5737).

Ahern, J. , "From fail-safe to safe-to-fail: Sustainability and Resilience in the New Urban World", *Landscape and Urban Planning*, Vol. 100, No. 4, 2011.

Allan Penny, Bryant Martin, "Resilience as a Framework for Urbanism and Recovery", *Journal of Landscape Architecture*, Vol. 6, No. 2, 2011.

Barnett, G. & Bai, X. , "Urban Resilience Research Prospectus: A Resilience Alliance Initiative for Transitioning Urban Systems towards Sustainable Futures", *Resilience Alliance*, 2007.

Bruijn Km De, et al. , *Flood Vulnerability of Critical Infrastructure in Cork*, Ireland, 2016.

Bruneau, M. , et al. , "A Framework to Quantitatively Assess and Enhance the Seismic Resilience of Communities", *Earthquake Spectra*, Vol. 19, No. 4, 2012.

Chang, S. E. , Shinozuka, M. , "Measuring Improvements in the Disaster Resilience of Communities", *Earthquake Spectra*, Vol. 20, No. 3,

2004.

Cimellaro, G. P. , Reinhorn, A. M. , Bruneau, M. , "Framework for Analytical Quantification of Disaster Resilience", *Engineering Structures*, Vol. 32, No. 11, 2010.

Cimellaro, G. P. , Solari, D. , Bruneau, M. , "Physical Infrastructure Inter-dependency and Regional Resilience Index After the 2011 Tohoku Earthquake in Japan", *Earthquake Engineering & Structural Dynamics*, Vol. 43, No. 12, 2015.

Cohen, O. , et al. , "The Conjoint Community Resiliency Assessment Measure as a Baseline for Profiling and Predicting Community Resilience for Emergencies", *Technological Forecasting and Social Change*, Vol. 80, No. 9, 2013.

Cutter, L. S. , Burton, G. C. , Emrich, T. C. , "Disaster Resilience Indicators for Benchmarking Baseline Conditions", *Journal of Homeland Security and Emergency Management*, Vol. 7, 2010.

D. Yangfan, Li, A. B. , et al. , "Applying the Concept of Spatial Resilience to Social-ecological Systems in the Urban Wetland Interface", *Ecological Indicators*, Vol. 42, No. 1, 2014.

Dong, X. , et al. "Temporal and Spatial Differences in the Resilience of Smart Cities and Their Influencing Factors: Evidence from Non-Provincial Cities in China", *Sustainability*, Vol. 12, No. 4, 2020.

Donovan K. Crowley Née, Elliott, J. R. , "Earthquake Disasters and Resilience in the Global North: Lessons from New Zealand and Japan", *Geographical Journal*, Vol. 178, 2012.

Edwine, et al. , "From Bouncing Back, to Nurturing Emergence: Reframing the Concept of Resilience in Health Systems Strengthening", *Health Policy & Planning*, 2017.

Emily, et al. , "Adaptive Climate Change Governance for Urban Resilience", *Urban Studies*, 2014.

Francis, R. , Bekera, B. , "A Metric and Frameworks for Resilience Analysis of Engineered and Infrastructure systems", *Reliability Engineering & System Safety*, Vol. 121, 2014.

Godschalk, David R. , "Urban Hazard Mitigation: Creating Resilient Cities", *Natural Hazards Review*, Vol. 4, No. 3, 2003.

Holling, C. S. , "Resilience and Stability of Ecological Systems", *Annual Review of Ecology and Systematics*, 1973.

Holling, C. S. , "Understanding the Complexity of Economic, Ecological, and Social Systems", *Ecosystems*, Vol. 4, No. 5, 2001.

Karamouz, M. , Zahmatkesh, Z. , Nazif, S. , Quantifying Resilience to Coastal Flood Events: A Case Study of New York City, *World Environmental & Water Resources Congress*, 2014.

Marina, A. , et al. , "Integrating Humans into Ecology: Opportunities and Challenges for Studying Urban Ecosystems", *Bioscience*, No. 12, 2003.

Mavhura, E. , Manyangadze, T. , Aryal, K. R. , "A Composite Inherent Resilience Index for Zimbabwe: An Adaptation of the Disaster Resilience of Place Model", *International Journal of Disaster Risk Reduction*, Vol. 57, No. 1, 2021.

Meerow, S. , Newell, J. P. , Stults, M. , "Defining Urban Resilience: A review", *Landscape and Urban Planning*, Vol. 147, 2016.

Min, O. , Due As-Osorio L. , Min, X. , "A Three-stage Resilience Analysis Framework for Urban Infrastructure Systems", *Structural Safety*, Vol. 36 – 37, 2012.

Moghadas, M. , et al. , "A Multi-criteria Approach for Assessing Urban Flood Resilience in Tehran, Iran", *International Journal of Disaster Risk Reduction*, 2019.

Nahiduzzaman, K. M. , Aldosary, A. S. , Rahman, M. T. , "Flood Induced Vulnerability in Strategic Plan Making Process of Riyadh city", *Habitat*

International, Vol. 49, 2015.

Ning Xiong, et al., "Sustainability of Urban Drainage Management: A Perspective on Infrastructure Resilience and Thresholds", *Frontiers of Environmental Science & Engineering*, Vol. 7, No. 5, 2013.

Novotny Vladimir, Ahern Jack, Brown Paul, "Planning and Design for Sustainable and Resilient Cities: Theories, Strategies, and Best Practices for Green Infrastructure", *John Wiley & Sons*, Ltd., 2010.

Orencio, P. M., Fujii, M., "A Localized Disaster-resilience Index to Assess Coastal Communities Based on an Analytic Hierarchy Process (AHP)", *International Journal of Disaster Risk Reduction*, Vol. 3, 2013.

Pickett Sta, Cadenasso, M. L., Grove, J. M., "Resilient Cities: Meaning, Models, and Metaphor for Integrating the Ecological, Socio-economic, and Planning Realms", *Landscape & Urban Planning*, Vol. 69, No. 4, 2004.

Reed, D. A., Kapur, K. C., Christie, R. D., "Methodology for Assessing the Resilience of Networked Infrastructure", *IEEE Systems Journal*, Vol. 3, No. 2, 2009.

Rezende Osvaldo M., et al., "A Framework to Evaluate Urban Flood Resilience of Design Alternatives for Flood Defence Considering Future Adverse Scenarios", *Water*, Vol. 11, No. 7, 2019.

Sharifi, A., Yamagata, Y., "Principles and Criteria for Assessing Urban Energy Resilience: A Literature Review", *Renewable & Sustainable Energy Reviews*, Vol. 60, 2016.

Siambabala, Bernard, Manyena, "The Concept of Resilience Revisited", *Disasters*, Vol. 30, No. 4, 2006.

Stantongeddes, Z., Jha, A. K., Miner, T. W., "Building Urban Resilience: Principles, Tools, and Practice", *The World Bank*, 2013.

Susan, et al., "Social Vulnerability to Environmental Hazards", *Social Science Quarterly*, 2003.

Tate Eric, "Social Vulnerability Indices: a Comparative Assessment Using Uncertainty and Sensitivity Analysis", *Natural Hazards*, Vol. 63, No. 2, 2012.

Todini, E., "Looped Water Distribution Networks Design Using a Resilience Index Based Heuristic Approach", *Urban Water*, Vol. 2, No. 2, 2000.

Turnquist Mark, Vugrin Eric, "Design for Resilience in Infrastructure Distribution Networks", *Environment Systems & Decisions*, Vol. 33, No. 1, 2013.

Windle, Gill, "What is Resilience? A Review and Concept Analysis", *Reviews in Clinical Gerontology*, Vol. 21, No. 2, 2011.

Zhong, M., et al., "A Framework to Evaluate Community Resilience to Urban Floods: A Case Study in Three Communities", *Sustainability*, Vol. 12, No. 4, 2020.

Zobler, L., White, G. F., "Natural Hazards: Local, National, Global", *Geographical Review*, Vol. 66, No. 2, 1976.